自然生态保护

水坝与生态

Ecological Perspectives on Large Dams

主编　吕植

参编人员（以姓氏笔画为序）：
王　昊　冉江洪　朱　铭　孙文鹏
麦可婷（Kristen McDonald）李　成
李　翀　杨　勇　张晓川　周宇晶
郑易生　姚锦仙　徐道一　隋晓云
鲁春霞　蔡满堂

北京大学出版社
PEKING UNIVERSITY PRESS

图书在版编目(CIP)数据

水坝与生态/吕植主编. —北京：北京大学出版社，2014.12
（自然生态保护）
ISBN 978-7-301-25131-7

Ⅰ.①水… Ⅱ.①吕… Ⅲ.①挡水坝－水利工程 Ⅳ.①TV64

中国版本图书馆 CIP 数据核字（2014）第 272052 号

书　　名	水坝与生态
著作责任者	吕　植　主编
责任编辑	黄　炜
标准书号	ISBN 978-7-301-25131-7
出版发行	北京大学出版社
地　　址	北京市海淀区成府路 205 号　100871
网　　址	http://www.pup.cn　新浪微博：@北京大学出版社
电子信箱	zpup@pup.cn
电　　话	邮购部 62752015　发行部 62750672　编辑部 62752038
印 刷 者	北京大学印刷厂
经 销 者	新华书店
	720 毫米×1020 毫米　16 开本　15.5 印张　300 千字
	2014 年 12 月第 1 版　2014 年 12 月第 1 次印刷
定　　价	70.00 元

“山水自然丛书”第一辑

“自然生态保护”编委会

序一

在人类文明的历史长河中，人类与自然在相当长的时期内一直保持着和谐相处的关系，懂得有节制地从自然界获取资源，“竭泽而渔，岂不获得？而明年无鱼；焚薮而田，岂不获得？而明年无兽。”说的也是这个道理。但自工业文明以来，随着科学技术的发展，人类在满足自己无节制的需要的同时，对自然的影响也越来越大，副作用亦日益明显：热带雨林大量消失，生物多样性锐减，臭氧层遭到破坏，极端恶劣天气开始频繁出现……印度圣雄甘地曾说过，“地球所提供的足以满足每个人的需要，但不足以填满每个人的欲望”。在这个人类已生存数百万年的地球上，人类还能生存多长时间，很大程度上取决于人类自身的行为。人类只有一个地球，与自然的和谐相处是人类能够在地球上持续繁衍下去的唯一途径。

在我国近几十年的现代化建设进程中，国力得到了增强，社会财富得到大量的积累，人民的生活水平得到了极大的提高，但同时也出现了严重的生态问题，水土流失严重、土地荒漠化、草场退化、森林减少、水资源短缺、生物多样性减少、环境污染已成为影响健康和生活的重要因素等等。要让我国现代化建设走上可持续发展之路，必须建立现代意义上的自然观，建立人与自然和谐相处、协调发展的生态关系。党和政府已充分意识到这一点，在党的十七大上，第一次将生态文明建设作为一项战略任务明确地提了出来；在党的十八大报告中，首次对生态文明进行单篇论述，提出建设生态文明，是关系人民福祉、关乎民族未来的长远大计。必须树立尊重自然、顺应自然、保护自然的生态文明理念，把生态文明建设放在突出地位，以实现中华民族的永续发展。

国家出版基金支持的“自然生态保护”出版项目也顺应了这一时代潮流，充分体现了科学界和出版界高度的社会责任感和使命感。他们通过自己的努力献给广大读者这样一套优秀的科学作品，介绍了大量生态保护的成果和经验，展现了科学工作者常年在野外艰苦努力，与国内外各行业专家联合，在保护我国环境和生物多样性方面所做的大量卓有成效的工作。当这套饱含他们辛勤劳动成果的丛书即将面世之际，非常高兴能为此丛书作序，期望以这套丛书为起始，能引导社会各界更加关心环境问题，关心生物多样性的保护，关心生态文明的建设，也期望能有更多的生态保护的成果问世，并通过大家共同的努力，“给子孙后代留下天蓝、地绿、水净的美好家园。”

许智宏

2013 年 8 月于燕园

序二

1985年，因为一个偶然的机遇，我加入了自然保护的行列，和我的研究生导师潘文石老师一起到秦岭南坡（当时为长青林业局的辖区）进行熊猫自然历史的研究，探讨从历史到现在，秦岭的人类活动与大熊猫的生存之间的关系，以及人与熊猫共存的可能。在之后的30多年间，我国的社会和经济经历了突飞猛进的变化，其中最令人瞩目的是经济的持续高速增长和人民生活水平的迅速提高，中国已经成为世界第二大经济实体。然而，发展令自然和我们生存的环境付出了惨重的代价：空气、水、土壤遭受污染，野生生物因家园丧失而绝灭。对此，我亦有亲身的经历：进入90年代以后，木材市场的开放令采伐进入了无序状态，长青林区成片的森林被剃了光头，林下的竹林也被一并砍除，熊猫的生存环境遭到极度破坏。作为和熊猫共同生活了多年的研究者，我们无法对此视而不见。潘老师和研究团队四处呼吁，最终得到了国家领导人和政府部门的支持。长青的采伐停止了，林业局经过转产，于1994年建立了长青自然保护区，熊猫得到了保护。

然而，拯救大熊猫，留住正在消失的自然，不可能都用这样的方式，我们必须要有更加系统的解决方案。令人欣慰的是，在过去的30年中，公众和政府环境问题的意识日益增强，关乎自然保护的研究、实践、政策和投资都在逐年增加，越来越多的对自然充满热忱、志同道合的人们陆续加入到保护的队伍中来，国内外的专家、学者和行动者开始协作，致力于中国的生物多样性的保护。

我们的工作也从保护单一物种熊猫扩展到了保护雪豹、西藏棕熊、普氏原羚，以及西南山地和青藏高原的生态系统，从生态学研究，扩展到了科学与社会经济以及文化传统的交叉，及至对实践和有效保护模式的探索。而在长青，昔日的采伐迹地如今已经变得郁郁葱葱，山林恢复了生机，熊猫、朱鹮、金丝猴和羚牛自由徜徉，那里又变成了野性的天堂。

然而，局部的改善并没有扭转人类发展与自然保护之间的根本冲突。华南虎、白暨豚已经趋于灭绝；长江淡水生态系统、内蒙古草原、青藏高原冰川……一个又一个生态系统告急，生态危机直接威胁到了人们生存的安全，生存还是毁灭？已不是妄言。

人类需要正视我们自己的行为后果，并且拿出有效的保护方案和行动，这不仅需要科学研究作为依据，而且需要在地的实践来验证。要做到这一点，不仅需要多学科学者的合作，以及科学家和实践者、政府与民间的共同努力，也需要借鉴其他国家的得失，这对后发展的中国尤为重要。我们急需成功而有效的保护经验。

这套“自然生态保护”系列图书就是基于这样的需求出炉的。在这套书中，我们邀请了身边在一线工作的研究者和实践者们展示过去30多年间各自在自然保护领域中值得介绍的实践案例和研究工作，从中窥见我国自然保护的成就和存在的问题，以供热爱自然和从事保护自然的各界人士借鉴。这套图书不仅得到国家出版基金的鼎力支持，而且还是“十二五”国家重点图书出版规划项目——“山水自然丛书”的重要组成部分。我们希望这套书所讲述的实例能反映出我们这些年所做出的努力，也希望它能激发更多人对自然保护的兴趣，鼓励他们投入到保护的事业中来。

我们仍然在探索的道路上行进。自然保护不仅仅是几个科学家和保护从业者的责任，保护目标的实现要靠全社会的努力参与，从最草根的乡村到城市青年和科技工作者，从社会精英阶层到拥有决策权的人，我们每个人的生存都须臾不可离开自然的给予，因而保护也就成为每个人的义务。

留住美好自然，让我们一起努力！

吕植

2013年8月

目　　录

前　言

目前中国处于水电高速、大规模开发时期，尤其在西南地区更为突出，如金沙江，不论是干流还是支流都已实施了梯级开发规划。

水电开发在带来良好经济效益的同时，对生态环境和社会经济也造成了显著影响，但很多不利影响并未以(或很难以)经济价值的形式体现，而这些影响造成的后果却多为不可逆的，甚至灾难性的，比如对生态环境的影响。西南地区水电开发存在的问题则更为显著。因此，只有从多元价值观的角度，综合考虑水电的所有成本与收益(生态的、环境的、社会的、经济的)，才能更准确地评价水电开发对社会的贡献和影响。虽然水电建设项目的环境影响评价是评估水电项目外部性成本与收益最直接的方式，但它目前尚无法做到全面、综合地评估其效益。

针对以上问题，北京大学自然保护与社会发展研究中心在中国科协的支持下，经过实地研究和政策讨论，与生物、环境、水利水电、地质、经济与社会等领域的专家合作，参考国内和国际的经验与教训，从多学科交叉和多元价值观的角度，对水电综合效益评估框架中的主要外部性成本与收益及其存在的问题进行探讨，并尝试提出水电综合效益评估的框架。同时，在与众多专家合作的过程中，专家的真知灼见也显得弥足珍贵，因此，我们将项目的研究成果以及我们邀请的生物、环境、水利水电、地质、经济与社会等领域的资深专家就水电开发的效益与风险撰文所表达的知识和观点汇集成册。其中以研究的结果为本书的上篇，专家观点为本书的下篇。上下两篇既独立又互相呼应，希望为读者提供更加丰富的信息和视角。

在上篇中，我们着重展示了如下研究成果:

① “水电综合效益评估框架”的构建已基本体现于“水电建设项目环境影响评价报告”的内容中，但实际问题则在于，一方面，环境影响评价报告多流于形式，未充分

和真实地反映水电建设对环境的不利影响，且对不利影响的补偿措施缺乏足够重视；另一方面，对全流域规划的环境影响评价方法体系尚不完备。

这些问题在对水洛河流域实地考察的结果中均有体现。研究组于2010年秋季对位于四川西南部金沙江中游的一级支流——水洛河进行了综合考察。选取水洛河的主要原因为：水洛河作为"最后香格里拉"的原型，具有其独特的文化和景观价值；它在2006年金沙江中游阿海电站的环境影响评价报告中被作为替代生境（长江特有鱼类繁殖场被淹没的解决方案），因此水洛河不应有水电开发，但实际却自2007年开始当地就存在规划和在建电站的问题。

考察结果显示：水电开发及其前期交通建设带来的便利，致使当地金矿遭到突击采集，采矿对流域生态造成的破坏极其严重；水电开发对两栖动物、鱼类会产生较大的，甚至是毁灭性的影响；流域相关生态与环境保护工作缺乏，尤其是具体措施严重缺乏；根据环保部要求，水洛河已建水坝上留出了生态流量通道，但通道的效果有待评估；生态补偿资金有预算，但落实到生物多样性保护方面的具体实施措施却基本没有，换言之，水电企业有愿望参与和实施保护，但需要机制来引导生态学家、生物多样性等方面的专家参与到环评后的监督与具体保护措施的制订与实施中来。

此外，现行的水电建设项目的环境影响评价报告对生态、环境的具体影响及其补偿措施重视不够，主要表现在缺乏足够的基础监测数据、准确的长远影响预测、具体的环境修复措施等。水洛河案例也体现了全流域规划环境影响评价（下文有时简称"环评"）的缺失，目前的环境影响评价报告更多的是从单个建设项目的角度而不是从流域规划的角度来评价水电项目的环境影响。

② 如果从多元价值观的角度来估算水电工程的综合效益，生态系统的安全则是其重要组成部分，而"物种的零灭绝"可以作为"生态安全底线"的直观指标来对生态系统的安全进行评估。

因此，针对目前金沙江流域水电趋于无序化开发的现状，根据已有的鱼类分布文献资料和地理信息系统（GIS），结合鱼类专家的意见，我们制作了存在于金沙江至长江上游及其支流的21种珍稀濒危鱼类近年来的分布图，结果显示：珍稀濒危鱼类的分布与水电开发之间存在矛盾；这些鱼类现存的最适宜生境已经不多（如赤水河、绰斯甲和大小通江），而且这些生境仍面临水电开发的威胁，为了生态系统的安全，应该对这些生境予以保留，并作为水电开发的底线，执行"生态一票否决制"。

③ 将中国的河流保护措施与国外较成熟的河流保护框架（如美国、加拿大、挪

威和欧盟等）相比可知，国外体系建立的动机最初都源自公众的呼吁，而且在指定保护某些河流或河段时有一定的灵活性；同时，国外要求所制订的综合性河流管理计划和政府机构间能协调配合；有公众参与和利益相关方的协商。

相比而言，国内目前在河流保护方面的缺陷是：法律上存在一定的空白；普遍缺乏部门、地区协调机制，各自为政，互不统一；缺乏公众参与意识，忽视河流保护与治理项目中民众的主体性。虽因国情有异，文化背景和政治体系不同，河流保护制度的可借鉴性有限，但其建立过程和保护机制依然可以在中国河流开发，特别是水电开发的政策制订中提供重要参考。

在上篇中，北京大学自然保护与社会发展研究中心针对研究成果还提出了下列建议：

建立生态受益的制度保障。为完善综合效益评估框架及解决环境影响评价中存在的问题，建立生态受益的制度保障，即通过立法、政府统筹回拨专项生态补偿资金等政策手段，以及引入第三方环境评价机制，企业自身开展保护相关工作并经营流域生态系统部分服务功能等市场手段来改善现状。

实施“生态一票否决制”从多元价值观的角度来对水电综合效益进行评估，在水电项目决策中考虑生态系统的安全，即对未建或规划中的水电工程，应统筹水资源总量，并结合体现生态安全及物种零灭绝、流域生态景观及人文景观保护等多元价值观的方法来估算水电工程的综合效益。若有效益，则工程需在满足上述多元价值观的框架下开工建设并运行；若无效益或将产生无法挽回的损失，则应视情况选择政府及业主共同参与补偿以使有害环境影响最小化的抢救性策略，或执行“生态一票否决制”。

开发适应中国国情的河流价值评估工具作为河流评级、分类、判断优先级和批准河流加入保护系统，以及是否适于建设水电项目的依据。河流或河段一旦被评定了级别，保护系统就应该要求这条河流或河段的级别不能因任何原因而降低，监督管理部门有责任定期检查和报告河流状态。

在下篇中，各路专家针对中国西南地区的水坝建设就地质及生态环境保护方面倾尽肺腑之言。郑易生研究员提出，水电建设应采用“慎始原则”，并在没能很好地回答怒江开发可能面临的生态问题之前，先搁置怒江干流梯级开发计划。孙文鹏、徐道一、朱铭以及杨勇等研究员认为，西南地区是新构造运动强烈活动区，区内的雅鲁藏布江、怒江、澜沧江、金沙江等都是活动的深大断裂走向河流，环境极其脆弱。沿江频发强烈地震、泥石流等地质灾害，建坝尤其是梯级开发的风险非常大，建议政府部门应该慎重考虑水坝建设的决策；提议在西南地区应该因地制宜，优化开发布局和规模，兼顾农田、草场水利建设，多建少破坏原生态的低坝水电站，以兼顾水利建设与环保。鲁春霞提出水坝建设对河流景观、生物多样性会产生很大的影响，甚至可能对原来流域中的原生鱼类等生物产生灾难性的影响，水坝的建设还会影响土地资源，加剧水环境的污染，而目前中国在水电开发与生态环境影响评估中存在诸多问题，只有对中国水电开发的特征及其生态与环境效应进行正确评估，才能有助于我们理性地分析水电开发过程中生态与环境正负效应，为降低负效应，提高正效应提供科学依据。李成以水坝所导致的栖息环境的丧失和片段化为主线，论述了水坝对两栖动物的卵、蝌蚪、成体、群落以及基因库的影响。隋晓云分析了库坝对河流生态系统的干扰以及对鱼类的直接和间接的影响，并提出了绿色水电评估体系的建立。同样，蔡满堂就建立基于水生态功能分区的技术体系以及建立水环境管理的技术支撑提出具体的技术路径和保障体系框架。冉江洪就凉山山系的水电开发状况进行了分析并提出了小水电开发的一系列管理建议。

本书的完成除了要感谢各位专家的支持之外，还要感谢中国水利水电科学院中国水电可持续发展研究中心、中国社会科学院数量经济与技术经济研究所、中国建设银行凉山彝族自治州分行、水洛河水电开发有限公司、华润鸭嘴河水电开发有限公司在项目数据采集过程中提供的帮助与便利。感谢中国建设银行凉山彝族自治州分行廖国宏行长、中科院成都生物研究所李成研究员在木里调查期间的指导与帮助。感谢中国科学院水生生物研究所危起伟研究员、四川大学生命科学学院宋昭彬教授在鱼类分布图制作过程中提供的数据及帮助。感谢中国水利水电科学院陆吉康研究员、北京大学环境工程学院徐晋涛教授、四川大学生命科学学院冉江洪教授、中国横断山研究会杨勇先生、大自然保护协会郭乔羽女士在项目研究过程中的交流与建议。感谢国家发展和改革委员会能源研究所副所长李俊峰研究员、中国水利水电科学院副所长贾金生研究员、中国水利水电科学院副总工程师何少苓研究员、中国地震局地质研究所徐道一研究员、核工业北京地质研究院孙文鹏研究员、中科院地理科学与资源研究所鲁春霞研究员、云南大学何大明教授、清华大学杨大文教授、北京大学蔡满堂教授、公众环境研究中心主任马军先生、大众流域管理研究及推广中心主任于晓刚先生、山水自然保护中心（北京）原执行主任孙珊女士、山水自然保护中心（成都）杨彪先生等人出席在北京大学举行的两次专家研讨会并对项目的研究提供宝贵意见。感谢北京大学自然保护与社会发展研究中心的朱小健老师及宋瑞玲、余晓、胡亚楠同学在研究过程中给予的帮助与支持。

最后，感谢中国科协调研宣传部给予的研究资金的支持和关注。

上　篇

水电开发效益的综合评估

雅砻江河谷(杨勇　摄)

第一章　中国西南地区的水电开发概况

一、中国西南地区概况

1. 复杂的气候与地质条件

中国西南地区包括青藏高原东南部、四川盆地和云贵高原大部，四川省、云南省、贵州省、重庆市及西藏自治区共三省一市一区，地理面积共约 231×10^4 平方千米，约占中国国土面积的 1/4。

西南地区气候类型多样，是中国自然条件最为复杂且较为优越的地区，以亚热带和温带气候为主，雨水丰沛，地形地貌迤逦，海拔落差悬殊，垂直气候差异显著。全国的主要河流的发源地大多在西南地区或流经西南地区。

从自然地理环境来看，西南地区土地面积广阔，平均海拔较高，全区多高山大河，几乎没有宽阔的平原，世界第一大山脉喜马拉雅山从该区经过，青藏高原的一大半也位于西南地区，四川盆地、云贵高原等地理环境复杂的地区都在该区。中国西南地区由于具有深切的河谷和湍急的河流而成为水力资源富集的地区，同时，该地区也处在印度洋、欧亚、太平洋三大构造板块的碰撞结合带，新构造运动十分活跃，地质环境很不稳定，地质灾害十分频繁，是中国主要的地震活动区和最重要的滑坡与崩塌多发区。

川滇地区的地质构造十分复杂，构造活动频繁。从图 1-1 中可以看出，该地区是几大地质板块相交、碰撞的区域(杜方，吴江 ，2005)。

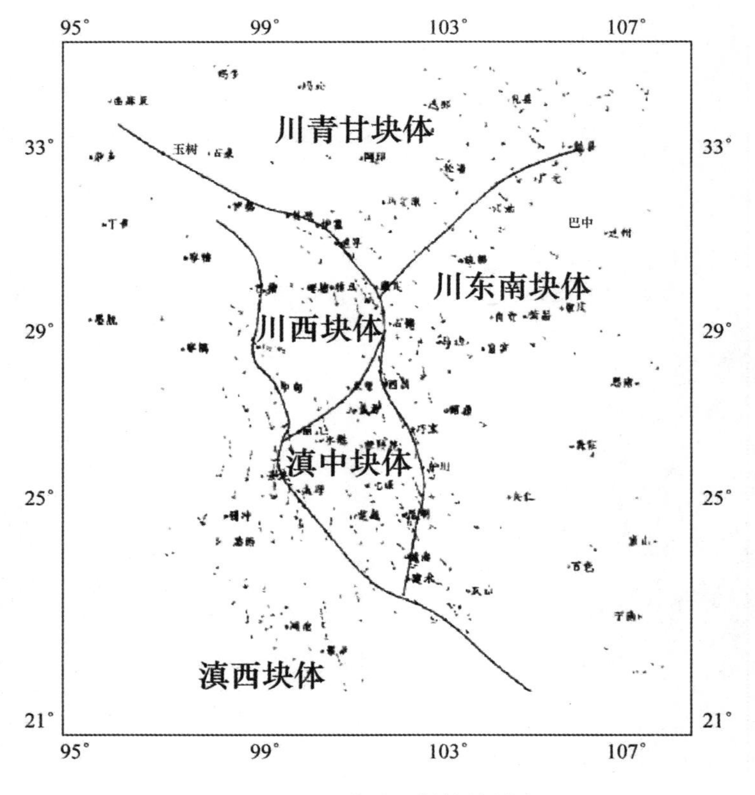

图 1-1　西南地区板块的划分

(杜方，吴江，2005)

从强震活动角度来看，川滇地区是中国大陆地震活动最强烈、最频繁的地区之一(表 1-1)。仅四川和云南两省，按中国地震局预报处整编和续编的《中国强震目录》，公元前 26 年—2001 年，川滇两省共发生 5 级以上地震 639 次，其中 5.0—5.9 级地震 475 次，6.0—6.9 级地震 124 次，7.0—7.9 级地震 39 次，8.0 级地震 1 次。据20 世纪资料统计，中国大陆共发生 7 级以上的强震 63 次，而川滇地区就发生了 20 余次，约占 30%。自 20 世纪 70 年代以来，川滇地区相继发生了一系列强烈地震，如 1970 年通海 7.8 级地震、1973 年炉霍 7.6 级地震、1974 年昭通 7.1 级地震、1976 年龙陵 7.4 级地震、1976 年松潘 7.2 级地震、1988 年澜沧—耿马 7.4 级地震、1995 年孟连西南 7.3 级地震，1996 年丽江 7.0 级地震以及 2008 年汶川 7.9 级大地震等(马宏生，2007)。

表 1-1　西南划分预报区域地震累计频度(1970—2004)(王世芹,1999)

震级 区域	2.0—2.9 级	3.0—3.9 级	4.0—4.9 级	5.0—5.9 级	6.0—6.9 级	7.0—7.9 级
川青甘区	13593	1931	195	27	10	2
川西区	6200	996	70	33	13	2
川东南区	5380	1098	110	38	4	1
滇中区	20129	3446	388	96	12	2
滇西南区	12506	4219	691	96	25	7

2. 少数民族众多,经济发展较落后

从人文环境来看,西南地区民族众多,是中国少数民族分布最多的地区之一,除汉族外,还有藏、彝、苗、布依、白、哈尼、壮、傣、侗、回等 30 多个少数民族。这里还是中国少数民族聚集较为集中的地区之一,民族文化丰富多彩。西南地区还拥有丰富的自然旅游资源,因此,旅游业收入是当地许多百姓收入的主要来源。由于多民族世代居住在这片土地上,因此,少数民族的文化和生活方式与土地和自然资源形成了紧密的依存关系。

西南地区的人口超过 2900 万,人口分布极其不均匀,大多分布在边境地区,贫困人口比例大。西南地区经济基础比较薄弱,发展相对落后,该地区的 GDP 仅占全国 GDP 总量的 10%左右。经济结构以第一产业农业为主,农业产值和效益较低;工业产业结构老化,品种单一,整体结构失衡;第三产业占 GDP 的比重较低(李翀,王昊,2009)。农业上,仍保持着浓厚的民族特色,农业劳动工具极具独特性,农业的产品结构也具有独特性。

3. 全球生物多样性热点地区和优先保护的生态区域

中国西南是全球生物多样性热点地区和优先保护的生态区域,在这一区域中已划定了上百个受国家法律保护的自然保护区和风景名胜区。另外还有受世界瞩目的九寨沟风景名胜区、黄龙风景名胜区、三江并流保护区、四川大熊猫栖息地、中国南方喀斯特和澄江化石地等六处世界遗产地,这些地方都受世界遗产公约的保护。目前西南地区水电开发项目已经涉及其中的 3 处世界遗产地、12 处国家级自然保护区和 13 处国家风景名胜区。此外,长江是中国最重要的水生生物基因库和鱼类资源库,拥有大量特有的和珍稀的物种。大量的水坝建设将不可避免地对这些资源产生影响。

中国西南山地热点地区(关键生物多样性区域,简称 KBA 区域)西起西藏东南

部，横亘川西地区，延伸至云南中部和北部。该地区东与成都盆地接壤，西邻青藏高原，复杂的地理和气候条件造就了这里独特的生物和文化多样性。地势从海拔几百米的河谷地带陡然攀升到六七千米的山脉顶部，错落生长着谱系完整的植被类型：海拔较低的地方是热带、亚热带常绿阔叶林，再往高处依次是温带落叶阔叶林、阔叶针叶混交林、伴有茂密竹林和杜鹃等下层林木的亚高山针叶林，一直到树木线以上的高山草甸。这一地区的树木线可达到海拔 4600 米的高度，堪称世界之最。夏季，位于西北部的青藏高原把东南季风挡在了热点地区之内，致使该地区形成多云潮湿的封闭环境，其高山植物之茂盛是别处所罕见的。该地区复杂的地形与有利的湿润条件的独特结合致使其生物多样性极其丰富，拥有大量的特有动植物物种，这里可能是世界上温带区域植物物种最丰富的地区。另外，在西南地区已发现的 12 000 多种高等植物中，有 29% 是本热点地区的特有种。在已经记录到的 230 种杜鹃中有一半是本区所特有的。其他本地区特有植物物种还包括独叶草和两种树蕨。

中国西南山地热点地区的野生动物物种同样非常丰富，记录在案的有 300 多种哺乳动物和 686 种鸟类。该热点地区还有大量的本地特有动物和珍稀濒危物种，包括大熊猫、小熊猫、金丝猴、雪豹、羚牛、四川梅花鹿、麝、白唇鹿以及 27 种雉类，如绿尾虹雉和白马鸡等。此地崇山峻岭，河谷纵横，复杂的地形成为黑颈鹤等鸟类迁徙的通道。此外，西藏东南的墨脱县还拥有中国仅存的孟加拉虎种群。该热点地区约占中国地理面积的 10%，但却拥有约占全国 50% 的鸟类和哺乳动物以及 30% 以上的高等植物。中国 87 个濒危陆生哺乳动物物种中，本地区拥有 36 个。

值得关注的是，中国西南地区藏东、川西和滇西北一带还是中国鱼类物种组成最复杂和集中的地区，该地区鱼类资源非常丰富，组成分布极具特色，具有很高的研究及保护价值。西南山地热点分布区内的原生鱼类计有 20 科、98 属、215 种，包括有 6 个特有属、76 个区内特有种和 142 个中国特有种。厚颌鲂、大口鲶等十几种鱼是西南地区重要的经济鱼种(樊恩源，冯庚非 等，2006)。

二、中国及西南水电开发概况

目前西南地区是中国水能开发的重点，在金沙江、澜沧江、怒江等流域，不论是干流还是支流都已实施了梯级开发规划。这 3 条江河的干流，加上大渡河、雅砻江、嘉陵江、岷江、乌江、珠江、红河、洞庭湖支流，正在兴建和规划中的大坝(超过 15 米)至少有 200 级，较小的支流上的中小水电站尚不在此列。这中间的大部分工程预计在2020年前建成或破土动工，目前正在建设的水电工程装机容量估计达26兆瓦，保守数字也有10兆瓦，相当于中国现有的水电装机容量。全国共形成12个水电基地（表1-2，图1-2），西南地区囊括了近一半，其中包括金沙江水电基地（石鼓—宜宾）、长江上游水电基地（宜宾—宜昌、清江）、大渡河水电基地、澜沧江干流水电基地、雅砻江水电基地（两河口—河口）。表1-2中的数据显示，西南地区的水电基地拥有1000兆瓦以上的大坝的装机容量最大，总装机容量占12个水电基地总数的90%以上。西南地区水电基地还拥有大型、特大型大坝，例如，已建成的三峡大坝，其装机容量比除西南地区以外的每个水电基地的装机容量都高。从表1-2还可以看出待建和正在建设的数千兆瓦以上的大坝也集中在西南地区。

表1-2　中国12个水电基地的1000兆瓦以上容量的大坝建设情况

基　地	装机容量/兆瓦	最高装机容量/兆瓦
金沙江水电基地（石鼓—宜宾）	717 400	12 600（溪洛渡）
长江上游水电基地（宜宾—宜昌、清江）	28 890	18 200（三峡）
大渡河水电基地	23 400	3300
澜沧江干流水电基地	25 600	5850
黄河上游水电基地	17 860	4200
雅砻江水电基地（两河口—河口）	28 560	4800
闽、浙、赣水电基地	14 870	1400
南盘江、红水河水电基地	12 390	5400
东北水电基地（黑龙江、第二松花江、嫩江、牡丹江、鸭绿江）	11 980	–
湘西水电基地（沅、资、澧、清水江）	7780	1200
黄河中游北干流水电基地	6090	2100
乌江水电基地	11 000	3000
总　和	901 260	

西南的水电开发又以金沙江为主，其水能蕴藏量为1.124×10^8千瓦，约占中国水能蕴藏总量的16.7%，其中可开发水电装机容量达0.89×10^8千瓦，年发电量可达5000×10^8千瓦时。金沙江水能资源主要集中在中、下游河段，规划可开发装机容量59.08吉瓦，居中国十二大水电基地之首（表1-3）。金沙江一个水电基地的装机容量就超过其他11个水电基地装机容量的总和，如图1-2所示。

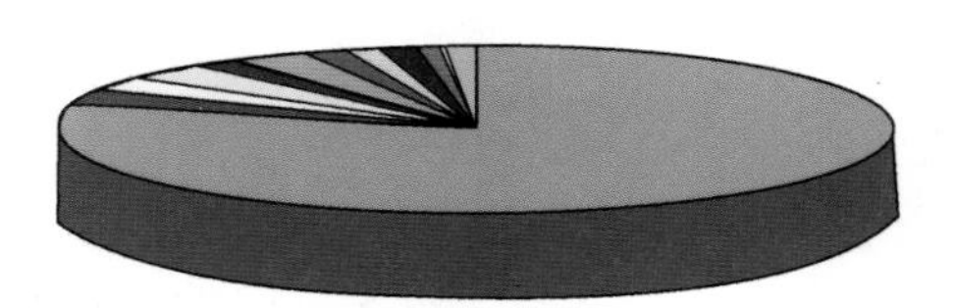

图 1-2　中国 12 大水电基地装机容量饼图(数据来自 Trasha,2000)

表 1-3　金沙江下游各梯级水电站主要指标(王洪炎,肖富仁,等,1994)

项　目	单　位	梯级水电站				合　计
		乌东德	白鹤滩	溪洛渡	向家坝	
总库容	10^8 立方米	40.0	195	120.6	47.7	403.3
调节库容	10^8 立方米	16.0	93	64.6	9.1	182.7
装机容量	兆瓦	4600/7400	8400/12 500	12 000/15 000	5000/7200	30 000/42 100
保证出力	兆瓦	1400/2899	3250/4926	3377/6300	1390/2886	9417/17 011
年发电量	10^8 千瓦时	250/320	457/550	543.8/655	265/308.5	1515.8/1833.5
淹没耕地	平方千米	1166.6	4926.6	1673.3	1493.3	
受淹人口	人	14230	60660	27738	63800	

注:装机容量、保证出力、年发电量的指标分别列出单独运行(上)和梯级联合运行(下)两种情况。

三、金沙江水电站梯级开发情况

目前金沙江上已建好的大坝都在其小支流上,以水利工程为主。金沙江上游已规划电站,尚未开工;中下游以及大的支流都在全面开发中,有的水电站已经开始发电。金沙江分为上、中、下游,上游是石鼓以上,根据水电规划报告,上游规划是一库十三级；中游是石鼓到攀枝花，这段河长564千米，目前规划一库八级，一库是指虎跳峡这个梯级，下有阿海、龙开口、鲁地拉、观音岩等梯级，龙盘水电站（即原虎跳峡水电站）是金沙江中游规划的特大型水电站，是中游八级水电梯级的龙头电站；金沙江下游是攀枝花到宜宾，规划有四个大的梯级水电站——乌东德、白鹤滩、溪洛渡、向家坝电站，四级开发，是中国西电东送的主要工程。

1. 金沙江所有支流已建有水库

金沙江已建好的大坝主要在小支流上，基本建造于2000年以前，高约30米，库容$(1000\sim3000)\times10^4$立方米，以防洪、灌溉水库为主；具有发电功能的大坝装机容量也较小，约为10兆瓦，兼具灌溉、防洪等功能。金沙江已建大坝涉及的移民规模较小，移民人数在万人以下。

二滩水电站是在金沙江最大的支流雅砻江下游修建的水电站，该水电站于1991年正式开工，2000年竣工，是中国在20世纪建成投产的最大水电站，所发电力供应四川和重庆。多年来，平均发电量170×10^8千瓦时，二滩双曲混凝土拱坝高240米，在同类坝型中居世界第三（吴世勇，2004）。

2. 金沙江中游规划一库八级水电站

金沙江上游（石鼓以上），长958千米，平均比降1.76‰，区间流域面积为7.6平方千米。本段为典型的深谷河段，相对高差可达2500米以上，除局部河段为宽谷外，大部分为峡谷。两岸人烟稀少，经济落后，矿产资源有铜、铁、云母、石棉、金等，大部分未开发。森林主要分布在玉树以下。水能理论蕴藏量达1306万千瓦，由于地势险峻，交通不便，高原气候恶劣，水能资源尚未开发利用，但目前已经规划有梯级水电站开发。

金沙江中游（石鼓—攀枝花）和下游（攀枝花—宜宾）横跨川滇两省间，全长1326千米，落差1570米，平均比降1.2‰，区间流域面积26.8×10^4平方千米。南流的金沙江过石鼓后急转弯流向东北，形成“长江第一弯”，然后穿过举世闻名的虎跳峡大峡谷（图1-3），南北两岸为海拔5000多米的玉龙雪山和哈巴雪山，峰谷高差达3000多米。峡谷全长17千米，落差210米，平均比降1.24‰，是金沙江落差最集中的河段。水洛河口以下，又复南流的金沙江再折转向东，两岸山岭稍低，河谷有所展宽，但峰谷之间高差仍达1000米左右。

（1）　虎跳峡一库八级龙盘水电站简介

龙盘水电站是金沙江水电规划中、下游水电站的龙头水库，水电站尚在设计中。方案之一是:龙盘水电站上虎跳坝址采用混凝土双曲拱坝,水库正常蓄水位2010米时,拱坝最大坝高276米,水库总库容385.15×10^8立方米,有效库容215.15×10^8立方米,水库具有多年调节能力。水电站装机容量4200兆瓦,保证出力1847.8兆瓦,年发电量168.78×10^8千瓦时。龙盘水电站位居金沙江中、下游一系列大型和巨型水电站的龙头,至长江上的三峡、葛洲坝可利用水头达1700米,龙盘水库蓄1立方米水,相当于蓄能4千瓦时,其巨大的调节库容及独有的水库蓄能量,对下游梯级水电站产生巨大的调节补偿作用,可增加下游13个梯级(两家人、黎园、阿海、金安桥、龙开口、鲁地拉、观音岩、乌东德、白鹤滩、溪洛渡、向家坝、三峡、葛洲坝)的保证出力11 460兆瓦,年发电量111.71×10^8千瓦时,枯水期电量397.04×10^8千瓦时。

图1-3　金沙江虎跳峡河谷(杨勇　摄)

(2) 虎跳峡一库八级两家人水电站简介

两家人水电站位于龙盘两家人村,上游与虎跳峡龙头水电站相距不到20千米。总装机容量3000兆瓦,正常水位1810米,总库容7.42×10^5立方米,设计洪水位1813米,坝高99.5米。

(3) 虎跳峡一库八级梨园水电站简介

梨园水电站坝段位于迪庆藏族自治州中甸县与丽江地区丽江县交界处,在三江中上游15千米的下咱日河段,控制流域面积22.0×10^4平方千米,多年平均流量1430立方米/秒,此坝段为斜向谷,水面宽约100米,枯水位1510米,两岸基本对称,左岸1540米以下坡度较缓,约14°,以上至1600米约36°;右岸山坡较均匀,约 30°，坝段受冲沟限制，长约 1000 米。

梨园水电站正常蓄水位 1620 米，总库容 8.82×10^8 立方米，装机容量 1800～2000 兆瓦。装机容量 2400 兆瓦，初步计划 2009 年导流洞截流，2013 年第一台机组发电，预计 2016 年全部建成发电。

(4) 虎跳峡一库八级阿海水电站简介

阿海水电站(图 1-4)位于玉龙县与宁蒗县交界的金沙江中游河段，是"一库八级"中的第四个梯级电站，总投资 1 605 122.46 万元，装机容量 2000 兆瓦，计划今年投资 4 亿元，2008 年导流洞过水截流，预计 2015 年第一台机组发电，2017 年全部建成发电。梨园水电站位于玉龙县与迪庆香格里拉县交界的金沙江中游河段，是一库八级中的第三个梯级水电站，装机容量 2400 兆瓦，初步计划到 2009 年导流洞截流，2013 年第一台机组发电，2016 年全部建成发电。

图 1-4　金沙江中游阿海水电站(杨勇　摄)

(5) 虎跳峡一库八级龙开口水电站简介

龙开口水电站位于云南省鹤庆县中江乡境内的金沙江中游河段上，是规划中金沙江中游河段 8 个梯级电站的第六级，上接金安桥水电站，下邻鲁地拉电站。该工程是以发电为主。电站距昆明、攀枝花和大理的直线距离分别为 565 千米、266 千米、226 千米，距鹤庆县县城公路里程 120 千米。

龙开口水电站坝址以上控制流域面积 24×10^4 平方千米，水库正常蓄水位 1297.0 米，相应库容 4.846×10^8 立方米，调节库容 1.1×10^8 立方米，库容系数

0.002，水库具有周调节能力。电站装机容量 1800 兆瓦，保证出力 739.6 兆瓦，多年平均发电量84.67×10^8千瓦时。

(6) 虎跳峡一库八级鲁地拉水电站简介

鲁地拉水电站位于云南省大理白族自治州宾川县与丽江地区永胜县交界的金沙江中游河段上，是金沙江中游河段规划 8 个梯级电站中的第七级电站，上接龙开口水电站，下邻观音岩水电站。坝址距龙开口坝址 99 千米，距观音岩坝址 98 千米，距宾川县城 95 千米，距大理市公路里程 160 千米，距昆明市公路里程 515 千米。坝址控制流域面积为 247 346 平方千米。

该工程以发电为主，水库正常蓄水位 1223 米，总库容 16.93×10^8 立方米，有效库容 5.64×10^8 立方米，具有周调节性能。电站装机容量 2100 兆瓦，保证出力 996.2 兆瓦，年发电量 102.93×10^8 千瓦时。

(7) 虎跳峡一库八级金安桥水电站简介

金安桥水电站位于云南省丽江市境内，距丽江及永胜的公路里程均约 52.5 千米，距昆明公路里程约 589.5 千米，距四川省攀枝花公路里程约 225.5 千米。坝址控制流域面积约 23.74×10^4 平方千米，占金沙江流域面积的 50.2%。

金安桥水电站枢纽由排水、泄洪、冲沙、引水发电等建筑物组成。挡水建筑物为碾压混凝土重力坝，最大坝高 160 米。水库正常蓄水位为 1418 米，相应库容为 8.47×10^8 立方米，其中调节库容 3.13×10^8 立方米，具有周调节性能。坝后厂房内安装 4 台单机容量为 600 兆瓦的混流式水轮发电机组，总装机容量 2400 兆瓦，枯水期平均发力为 472.9 兆瓦。

(8) 虎跳峡一库八级观音岩水电站简介

观音岩水电站位于云南省丽江市华坪县(左岸)与四川省攀枝花市(右岸)交界的金沙江中游河段，为金沙江中游河段规划八个梯级水电站的最末一个，其上游与鲁地拉水电站相衔接。水电站坝址距攀枝花市直线距离约 27 千米，距华坪县城公路里程约 42 千米，距昆明市公路里程约 360 千米。坝址左岸有简易公路与华坪至攀枝花市的公路相接。

观音岩水电站库容 21.75×10^8 立方米，其中调节库容 5.42×10^8 立方米。电站总装机容量 3000 兆瓦。在龙盘水库建成前，水电站保证出力 529.4 兆瓦，年发电量126.22×10^8千瓦时，年利用小时数 4207 小时。在龙盘水电站投入运行后，观音岩水电站的保证出力将提高到 1455.5 兆瓦，年发电量达 138.52×10^8 千瓦时，年利用小时数 4617 小时。

3. 金沙江下游规划四级水电站

金沙江下游河段规划四级水电站，是中国“西电东送”的主要工程，分为乌东德、白鹤滩、溪洛渡、向家坝4座梯级水电站，装机量30吉瓦，保证出力9420兆瓦，年发电量1515.8×10^8千瓦时，目前下游规划的水电站已经开工建设。如加上支流雅砻江上的二滩(在建)、锦屏一级和两河口三大水库的调节效益，理论上金沙江下游段四级电站装机容量、年发电量还会提高(王洪炎，肖富仁，等，1994)。

乌东德水电站是金沙江下游四个梯级开发中最上游的梯级水电站，坝址右岸是云南省昆明市禄劝县，左岸是四川省会东县。电站上距攀枝花市213.9千米，下距白鹤滩水电站182.5千米，控制流域面积40.61×10^4平方千米，占金沙江流域面积的86%；多年平均流量3810立方米/秒，多年平均径流量1200×10^8立方米(阮娅，傅慧源，等，2008)。

《乌东德水电站预可行性研究报告》中推荐水电站正常蓄水位为975米，死水位950米，防洪限制水位962.5米，装机容量8700兆瓦，水库常年回水末端位于雅砻江口以下约2.2千米，回水长206.7千米。初步拟定的水库调度原则为：6—7月按防洪限制水位运行；8月初水库开始蓄水，8月底蓄至正常蓄水位；9月以后尽量维持高水位方式运行，次年5月降落至汛期限制水位或死水位(阮娅，傅慧源，等，2008)。

白鹤滩水电站是金沙江下游梯级水电站的第二级，已经开始建设。白鹤滩水电站坝址位于金沙江下游四川省宁南县和云南省巧家县境内，控制流域面积43.03×10^4平方千米，占金沙江流域面积的91%，多年平均流量4110立方米/秒，多年平均径流量1297×10^8立方米(统计年份1958—2000年)。白鹤滩水库为河道型水库，在正常蓄水位825米(黄海高程基准，下同)时，水库长约190千米，水面宽200～400米，总库容185.32×10^8立方米。库区内主要入汇支流有黑水河、普渡河、小江及以礼河(蔺秋生，万建蓉，等，2009)。

溪洛渡水电站(图1-5)是金沙江下游河段开发规划中的第三个梯级水电站。工程以发电为主，兼有防洪、拦沙和改善下游航运条件等综合效益，并可为下游水电站进行梯级补偿，是金沙江上最大的一座水电站。溪洛渡水电站工程于2003年年底开始筹建，2005年底正式开工，2007年实现截流，计划2013年首批机组发电，2015年工程完工。

图 1-5　溪洛渡水电站

(http://news.xinhuanet.com/photo/2007-11/09/content-7037528.htm)

溪洛渡水电站位于四川省雷波县和云南省永善县接壤的金沙江峡谷段，由拦河坝、泄洪、引水、发电等建筑物组成。拦河坝为混凝土双曲拱坝，坝顶高程 610 米，最大坝高 278 米，坝顶弧长 698.07 米；左、右两岸布置地下厂房，各安装 9 台水轮发电机组，电站总装机 13 860 兆瓦，多年平均发电量为 571.2×10^{8} 千瓦时。水库正常蓄水位 600 米，死水位 540 米，水库总库容 126.7×10^{8} 立方米，防洪库容 46.5×10^{8} 立方米，调节库容 64.6×10^{8} 立方米，可进行不完全年调节。

向家坝水电站(图 1-6)是金沙江梯级开发的最末一级水电站，位于四川省宜宾县(左岸)和云南省水富县(右岸)交界的金沙江峡谷出口处。是中国继三峡、溪洛渡之后的第三大水电站。水电站控制流域面积 45.88×10^{4} 平方千米，占金沙江流域面积的 97%。向家坝水电站静态总投资 350 亿元，总装机容量 6000 兆瓦，保证出力 2009 兆瓦，多年平均发电量 307.47×10^{8} 千瓦时。该电站建成后，每年可减少原煤消耗 1400 万吨。电源主要输送华中、华东电网，并兼顾四川、云南的用电需要。

图 1-6　金沙江峡谷尾段建设的向家坝水电站(杨勇　摄)

四、小结

根据中国的水电发展规划,近期将建设的大型水电工程主要集中在中国水资源丰富的西南地区,特别是金沙江流域。西南地区地处中国西南,包括三省一市一区,是中国水资源最丰富的地区,也是中国少数民族聚居、经济相对落后的地区。西南地区同时也是地质不稳定、灾害频发的地区。该地区还是中国生物多样性最丰富的地区,在这么短的时期内修建如此庞大规模的水利工程在世界上也是前所未有的,各种大型工程的影响叠加会给当地的生态造成什么影响尚没有研究。作为西南地区水能最丰富的金沙江,其所有支流都已经建有水坝,已建的水电规模都较小,但干流目前尚没有一座建成的水坝,根据金沙江水电规划,干流会在 2020 年以前分三个梯级建设十几座大型及特大型水坝,水库库容与三峡是一个数量级。

金沙江峡谷（杨勇　摄）

第二章　中国水电开发效益及其负外部性

一、水电开发的效益及分配

1. 水电开发的投资与直接效益

水电工程的投资(费用)构成包括工程投资、运营成本、税金和利息支出等(付金强,2006)。

一般来说,工程投资指建设期间所投入的建筑、设备、移民、管理等费用的总和,包括建筑安装工程费、设备购置费、工程建设其他费用、预备费、固定资产投资方向调节税、建设期借款利息和流动资金等。

运营成本是指维护工程正常运行每年支出费用的总和,又称经营成本。包括职工工资与福利、材料费、燃料及动力费、库区维护费和其他费用等,同时还包括运营期的大修理费、保险费和其他如水库移民后期扶持基金等费用。

税金和利息也是水电工程费用支出的重要组成部分,税金是国家依据法律对有纳税义务的单位和个人征收的财政资金,目前在水电行业主要征收增值税、城市维护建设税、教育费附加和所得税等税种;利息支出包括长期借款利息(包括债券利息)、流动资金借款利息以及必要的短期贷款利息。

水电工程项目的收益构成主要是发电效益,此外还包括综合利用收益,例如防洪、灌溉等(付金强,2006):

水力发电效益是指水电建设项目向电网或用户提供容量和电量所获得的效能和利益。对梯级水电站,除考虑本水电站的效益外,还要考虑由于本水电站的建设可增加其他梯级水电站的效益。此外,同一供电系统的水电站联合运用,还可以获得补偿效益,增加供电系统的电量和有效容量。一般而言,水电工程财务效益包括电量效益和容量效益。

水电工程除具有水力发电效益以外，还有诸如防洪效益、灌溉效益、航运效益、环境效益等综合效益，这些效益可能来自于其获利部门的经济补偿，或是这些部门对项目建设投资的分担。

2. 水电开发的利益相关方

水电开发直接的利益相关方很多，主要包括国家、开发商、当地政府、受电地区、水电开发服务部门等(表 2-1)，它们直接参与了水电开发的投资与水电效益的分配。而移民是水电开发中最直接的受害者，他们没有参与到发电效益的分配中。此外还有一些隐性的利益受损方也没有参与到发电效益的分配中，最大的受损方是原有河流生态系统中以及依赖河流的生物，它们的生存环境直接被侵占或破坏。此外，国家为安置移民付出的成本，上、下游生态环境被破坏，接受移民地区的资源被挤占等都使其成为水电开发隐性的利益受损方。

表 2-1　水电开发的利益相关方

获益方	国家	税收或直接投资
	开发商	直接投资获益
	当地政府	税收及地区产业的发展、增加就业
	受电地区	获得电能以及发展机会
	水电开发服务部门(包括勘测、建设)	直接参与项目的收益分配
直接利益受损方	移民	丧失土地、工作、原有的生活环境，并有文化以及心理影响
隐性利益受损方	除人类以外依赖河流资源的其他生物	栖息环境受到破坏
	国家	安置移民以及对大坝次生灾害的处理
	发电地区	丧失对水资源的使用权
	上游地区	水库淹没，泥沙淤积，环境破坏
	下游地区	受泥沙冲击，减少造陆，水量减少等，环境恶化
	接受移民的地区	资源被挤占，环境恶化

中国水电的开发方主要是国家的五大电力集团，包括中国大唐集团公司、中国华能集团公司 、中国华电集团公司 、中国国电集团公司和中国电力投资集团公司。参与金沙江中游水电建设的电力公司还包括云南金沙江中游水电开发有限公司(成立于 2005 年，华电参股 33% 、华能 23% 、大唐 23% 、华睿投资集团有限公司 11%、云南省开发投资有限公司 10%)，该公司全资建设龙盘、两家人、梨园和阿海水电站，参股建设金安桥、龙开口、鲁地拉和观音岩水电站。金沙江下游水电由中国三峡总公司负责建设、运营，包括金沙江下游河段的乌东德、白鹤滩、溪洛渡、向

家坝 4 座巨型水电站。

3. 水电收益的分配

水电开发大部分的水电收益由国家、水电开发商、水电建设方以及参与水电建设的服务方分配。

水电开发的当地政府也获得一部分税收，但比例较低。在水电税收政策方面，目前中国水电要交纳的税费 30 余种，其中影响较大的有：增值税、所得税、耕地占用税、矿产资源税、矿产资源补偿费、场内公路的养路费、货运附加费、进口关税等。其中增值税税率为 17 %，为价外税，增值税不能用于还贷，而且水电是一次能源和二次能源同时开发，没有上游产品增值税可以抵扣，需要全额缴纳。在水电建设期，由于中国增值税为“生产型”增值税，水电建设购置固定资产的支出以及计提的固定资产折旧，均不允许扣除。水电所得税税率为 33 %，大部分归国家，当地能提留的比例较低。在当前西电东送工程的实施中，国家尚未出台特殊的支持这个战略的财税政策。一方面，西部水电开发项目没有享受到一定的税收优惠政策，应该减免一些税负；另一方面，西部当地能从中分享的比例较低，国家应当进行增值税和所得税的返还，使水电租金的分配适当向西部倾斜(陈秀山，丁晓玲，2005)。

一部分水电收益被受电方获得。在跨区域送电情况下，水电租金的分配状况直接决定着电力输出地与输入地之间的区域利益分配。在当前的西电东送南通道，广东是西电的唯一市场，因而处于买方垄断地位，发电方处于弱势地位。在这种非竞争性市场条件下，电力的交易价格往往被受电方主导或控制。以南方电网为例，目前西电落地价 0.34 元/度，而广东境内平均上网电价 0.40 元/度，过低的电价，实际上将西电输出地应得的一部分水电租金转移到了西电输入地(陈秀山，丁晓玲，2005)。

二、水电开发的负外部性

中国和世界上的大量实例表明，大型水电工程开发常常对坝区和周边的经济、社会和生态有着多重的和深远的影响，而水电项目本身在投资时对这些负外部性的内化尚显不足，导致国家或百姓为这些负面影响承担隐性利益损失。这些都会使大型水坝这类投资巨大的工程项目的效益大打折扣。例如，水利工程的兴建也会带来复杂的移民问题，影响渔业产业，淹没农业、林业用地、历史遗迹等，并间接地影响地方的其他产业、投资项目、土地利用以及旅游业等。

1. 水的综合服务功能效益

河流水资源具有远远不止一种功能，水电只是它诸多功能之中的一项(图 2-1)。除发电外，河流还具有供水、灌溉、航运、防洪、旅游、渔业等诸多生态服务功能，更重要的是健康的河流是有生命的，它为生态系统的健康提供必要的生态环境。

近 20 年来中国的水电开发强度过大，没有考虑到河流的其他效益，过度挖掘水电效益导致河流的其他功能受到影响。

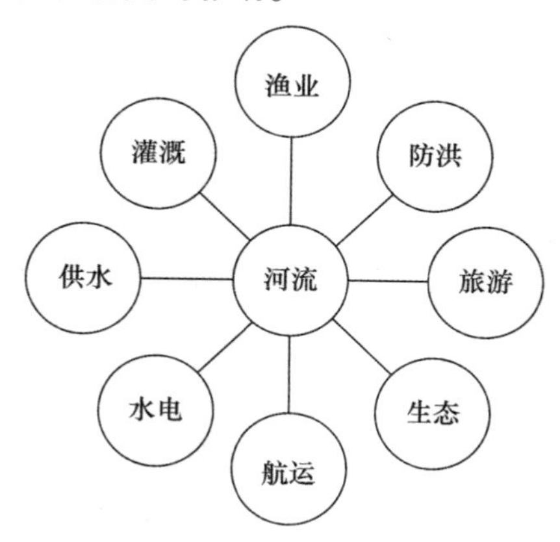

图 2-1 水的综合功能

一般来讲，大的具有发电效益的水利工程往往同时兼灌溉、供水、防洪、航运等综合性功能，也就是说，这样的水电开发同时具有灌溉、供水、防洪、航运等效益。但实际上中国目前的水电建设过热开发，其他几项功能的作用大大弱化，甚至由于用水矛盾，由于水库建设导致河道泥沙淤积而影响了河道的航运功能，水电开发带对这几项功能的实际促进作用有待评估。

与水电开发直接矛盾的是水的生态功能，水电建设导致的河流阻隔、水量减少、水的理化性质改变、土壤淹没等直接改变河流生态环境，影响河流生态系统。

河流的发电功能与河流的旅游效益和渔业效益开发也存在矛盾。大坝的修建直接减少了中国的野生鱼类种群资源，导致渔业捕捞的减产甚至某些物种无法形成渔汛。建筑工程对自然景观的破坏会导致旅游资源以及潜在的旅游资源的丧失，例如，三峡水电站的修建直接改变了原有三峡的自然风貌。但从另一角度而言，水库的形成有利于养殖业的发展，水电建成后有时会带来新的旅游机会。水电开发对河流旅游效益和渔业效益的实际影响，有待评估。

2. 移民安置、补偿标准过低

在中国水电建设中最大的利益分配不均问题体现在移民的问题上。

兴建水库常常会引起的较大数量的、有组织的人口迁移及其社区重建活动，即水库移民。水库移民往往涉及整村、整乡、整县人口的大规模迁移与社会经济系统重建，且具有非自愿性质，涉及社会、经济、政治、人口、资源、环境、文化、民族、工程技术诸多方面，是一项庞大而复杂的系统工程（施国庆，1999；钟涨宝，杜云素，2009）。

由于水库移民的非自愿性和强制性，原有的社会经济系统被破坏后，移民往往面临着巨大的经济风险，通常包括丧失土地、丧失财产、无家可归、失业、食物没有保障等（段跃芳，2004）。此外，移民还面临着对陌生环境、语言、文化、风俗习惯、生产方式的适应过程，承受巨大的心理压力（唐传利，施国庆，2002）。从历史经验来看，水利水电工程建设给移民带来的经济和社会负面影响并没有在工程建设成本中得到真实的反映，移民搬迁后不能获得足额的补偿，受影响的人群不公平地承担了工程建设带来的经济和社会成本（朱东恺，施国庆，等，2006）。

移民安置的分类很多，可以分为后靠移民与外迁移民；土地安置移民或非土地安置移民；开发性移民和补偿性移民等（高建国，于国兴，等，1998）。

从安置的人口类型来划分，可分为非农业人口的安置和农业人口的安置，大农业安置模式是农村移民安置最基本的方式。它是指农村移民搬迁之后，移民仍以土地作为基本的生活安置条件。非农业人口的安置，一般随城镇和企事业单位一同搬迁，可以不改变原生产方式和职业性质，安置相对较为简单；而安置农业人口所需的土地和山林资源一般要涉及安置区的集体和农户的利益，容易产生诸多问题。农村地区的移民安置是中国库区移民安置的重点。

从移民安置的地域来划分，大多是顺从移民的意愿，采用“分散就近后靠”的方式将移民安置在库区周围；也有“集中远迁”到指定地区安置；少数是自找地点，投亲靠友。后靠的好处是变动较少，移民迁往原住地附近，生活习惯、生产习惯相似，比较容易融入新的生活中。这种安置方式存在的问题是收留移民的地区环境容量有限，特别是耕地资源有限，移民与原有居民之间抢占资源，容易产生矛盾。但后靠没有充足环境容量时，移民政策往往不得不采用外迁的方式，将移民集体迁往外市或外省。生活环境的骤变导致移民很难融入新的环境中。

20 世纪 80 年代以前，水库移民仅以单纯性的补偿安置为主，由于缺乏详细的移民安置规划以及补偿标准较低等原因，产生了较多的遗留问题。80 年代以后，移民的安置工作开始关注开发性的移民安置，即把移民安置同地区经济和社会发展规划以及生态建设结合起来,通过移民安置促进地区经济和社会发展(田劲松,张乾元,1999)。

目前中国对农民的移民补偿主要按照其原有土地、房屋、生产生活资料进行价格折算补偿,最新的也是最高的移民补偿标准为每人每年4800～6000元。以二滩水电站为例,人均可获得一次性补偿约10万元。相对于二滩水电站200多亿元的投资,移民补偿的费用仅有2亿多元,与国外的移民补偿相比,比例非常之低。

2006年国务院决定完善大中型水库移民后期扶持政策,在全国销售电量的电价上平均每千瓦时加价0.62分,用于建立大中型水库移民后期扶持基金,扶持农村移民改善生产生活条件,促进库区和移民安置区经济社会和谐发展。

3. 被严重忽视的水资源费征收

在中国,至今为止,水资源费始终未能列入主要的水电成本当中。中国从1984年开始征收资源税。自1992年开始,中国对水电生产用水收费。收费多少由不同的城市和地区自定,但目前仅为象征性收费。1994年对资源税做调整时,又开征了矿产资源补偿费。2002年,国家颁布《中华人民共和国水法》(以下简称《水法》),规定水资源有偿使用,征收水资源管理费。根据《水法》的规定,各省、市、自治区对水利工程开发已经陆续制订了适合当地情况的水资源补偿办法(陈秀山,丁晓玲,2005)。

4. 对资源使用权的无偿取得

世界上政府获取水电租金的主要方式包括直接征收水电租金税和水资源补偿费等。而水电开发使当地居民的社会、经济、环境利益受到较大影响,其中受到影响最大的群体是移民,移民能否从中受益、获得发展的机遇和经济扶助是重要问题;此外还有库区居民和城镇、水库上下游地区受到影响的群体的补偿问题,以及生态环境问题等。目前在各国实践中,比较重视当地利益群体参与水电租金的分享。当地利益群体参与分享水电租金的机制有:① 给予当地以优惠电价。如挪威给予水电项目当地以较低的电价。② 资产税分享。如法国实施水电资产税与当地政府共享。③ 权利金分享。如哥伦比亚收得的权利金一半用于电力设施附近地区的电气化,另一半资金用于大坝上游与其他对项目产生影响区域内的环境保护。巴西将45 %权利金用于库区16个受影响的城镇的损失补偿。④ 与电力购买者进行股权分享。如加拿大魁北克省,当地群体可以入股,与魁北克省电力部门组成合资企业,从而分享股权投资带来的利润(陈秀山,丁晓玲,2005)。

在中国,水电开发权的无偿取得,实际上促使几大发电集团四处"圈地",竞相垄断一定区域水电资源的开发权。

5. 水库淹没大量耕地、林地以及自然、人文景观的价值易被忽略

水电建设往往需要修建水库用于蓄水，水库蓄水会淹没大量的耕地和林地（图2-2）。而水库淹没导致的自然景观和历史遗迹的永久消失，这个无法估量的价值却往往没有计入到水电成本当中，从目前的资料来看，中国没有对这些公众资源补偿的机制。另外，水库对于生物栖息地的淹没也没有体现在其建设成本当中。

图 2-2 澜沧江水电站即将淹没的农田（杨勇 摄）

6. 大坝拆除等费用未计入水电投资成本

不管是什么样的水电工程，都有一定的使用寿命，当水库淤满之后，不仅水电的功能消失，同时会带来极大的安全隐患，这时，大坝必须拆除。而中国水电建设大坝拆除的费用并没有计入到水电投资成本当中，最终需要由国家买单。

三、水电项目建设的生态与环境地质影响

1. 水电项目建设带来的水质污染

虽然水电不像火电那样，在运行过程当中需要排放温室气体，但水电也并非完全无污染的清洁能源。水库淹没导致动水变成静水，进而导致水质恶化，常常会引起浮游植物的增生，严重的会引起水华的爆发。此外，水库库区的清理不净还会造

成水质的污染。

水质的污染还直接产生用水安全问题。

2. 对河流生态系统的影响

水电项目对水生生物的直接影响包括：一方面大坝对水流的隔断阻碍了洄游鱼类的路径；另一方面，水电项目建设引起河流一系列理化性质的改变，间接改变了水生物种的生境，从而影响其生存(图 2-3)。有数字显示，水电是导致世界上1/5淡水鱼濒于灭绝或灭绝的主要原因，建坝多的国家这个数字还要高，在美国近2/5，而在德国则有 3/4(麦卡利，2005)。中国大坝数量和密度都要远远高于这两个国家，西南作为中国生物多样性最丰富的地区，受到的影响更加难以计算。

图 2-3　大坝对河流的阻隔效应

水电项目对河流生态系统的影响具体可以见表 2-2，首先大坝建设直接使原来河流的动水变成了静水，阻隔了大坝上、下游的联系，改变了河流的水文周期，从而改变了一系列局部水段的水的理化性质，如流速、水温、水深、盐度、酸碱度、溶解氧等，而原先生活在水中的鱼类经过上万年的演化，已经适应了原先的水体，骤然改变的环境对鱼类的生存造成了巨大的困难，特别是许多鱼类的繁殖与水的某些理化性质息息相关，改变后许多鱼类无法产卵，或产出的卵不能成活。

水电项目对河滨和陆地生态系统的影响主要是通过水库对土地的淹没，造成原有动物栖息地的损失。

表 2-2　水电对河流生态系统的影响

水电效应	生境条件改变		对生物的影响
动水变成静水	流速	①水流速度减慢	①鱼类产卵缺乏水流刺激，降低产卵量，影响漂浮性鱼卵孵化
		②含氧量降低	②鱼类出现"冒头"现象，甚至缺氧死亡
		③水滞留时间延长，水质发生变化	③浮游植物大量繁殖，富营养化
	水温	①水库深处的水，冬暖夏凉；水库顶部流出的水比河水更温暖	①冷水型鱼类不适应温水环境
		②季节温度改变	②鱼类繁殖和孵化失去水温的刺激，幼虫的繁殖、孵化和蜕变受到影响
		③溶解氧和悬浮物数量改变	③对鱼类生存和鱼卵发育都产生影响
	水深	①大坝上游被水库淹没的河段水深增加	①原来上游的生物群落分层，往往被鱼类作为越冬场所
		②大坝下游减水河段水深下降，枯水期甚至断流	②不利于大型鱼类的活动；枯水期鱼类、两栖类失去休息场所和产卵场；幼小生物失去发育和避难的场所；鸟类及爬行类失去栖息和觅食场所
	盐度	水库中水大量蒸发，水体盐度增加	营养盐有利于鱼类饵料生物的繁殖，但过多会促进浮游植物大量繁殖，造成水体富营养化；一些金属盐类浓度过高对鱼类有毒害作用；盐度对鱼类繁殖也有很大影响
	酸碱度	酸度增加	酸性水体直接影响鱼类生理状况；低 pH 不利于鱼类胚胎发育，孵化率下降
	溶解氧	①库水溶氧量降低，出现明显的季节和昼夜变化	①鱼类出现"冒头"现象，甚至缺氧死亡
		②库水的溶氧量垂直分布不均匀	②不利于漂浮性卵的孵化
	生境	多元的河流生态系统被单一的水库生态系统所取代	生物多样性降低；"河流型"异养体系向"湖沼型"自养体系演化；静水型生物对动水型生物造成物种入侵

续表

水电效应	生境条件改变		对生物的影响
阻隔效应	河流	河流形态的非连续化	生物群体被分割,造成隔离甚至灭绝; 阻断鱼类洄游; 阻止物种随水流的扩散,切断河谷生命网络
	沉积物和泥沙	①大量泥沙石砾在河道中沉降,改变下游河床底质	①影响鱼类的产卵和沉性卵及部分黏性卵的孵化;无脊椎动物(如昆虫、软体动物和贝壳类动物等)也失去了生存环境
		②有机质聚集,改变水体溶氧	②水体溶氧量影响鱼类生存和漂浮新鱼卵的发育
		③增加了富营养化细沙泥的沉积	③大型水生植物能够生长繁殖
	下游河道	大坝下游的河水剥蚀下游河床,降低河流的蜿蜒性和异质性	流域生境多样性下降,生物多样性剧减
改变河流的水文周期	径流量	径流峰值减小,河水季节变化趋于平缓	影响鱼类繁殖,产卵和洄游等;影响植物扩散;对洪泛平原的动植物生态系统造成灾难性后果
	河流水位	河流水位变动大且不规律	妨碍鱼类产卵和栖息;幼小生物失去发育和避难的场所;并且对湿地生态系统也产生影响
影响河滨和陆地生态系统	陆地	①淹没部分森林和沼泽	①淹没一些珍稀植物原产地;野生动物栖息地丧失;觅食地转移,活动范围受限;爬行类产卵地丧失
		②陆地岛屿化和片段化	②造成野生动物栖息地破碎化,可能造成种群隔离

3. 对其他水生生物和陆生生物的影响

水库在蓄水初期,对浮游植物区系组成、生物量、初级生产力等都会产生影响,并常因藻类的大量繁殖而加速富营养化过程。对高等水生植物,主要是通过淹没,间接改变了水域的形态特性、土壤、水的营养性能、水位状况和原始种源,从而影响了高等水生植物的生存和生长(刘兰芬,2002)。

水库建成后,水文、水温、水质和底质的变化对底栖生物的组成及生物量会产生巨大影响,据周建波等(1990,1994)对东江水库库中、库尾及坝下共 10 个检测断面的分析结果,由于水体环境的变化,建库后库区水生微生物分离出异养菌种类较建库前增加了将近 1 倍,数量上增加了 3～4 倍,而藻类较建库前增加了 44 属(周建波,袁丹红,2001)。

水电工程对于陆生生物的影响主要体现在淹没其栖息环境。

4. 大坝带来的环境地质安全隐患

大坝的修建可能引发次生的灾害，世界上已有的≥6级的水库诱发地震案例，均位于活动断裂带不发育的弱震区，而在有强震、大震背景的地震带上，水库究竟能诱发多大级别的地震尚未得到科学验证。根据世界上的已有案例，水库诱发地震可以突破甚至远远超过当地天然地震的已知最大震级，而一个地区的地震设防目前都是根据已知的天然地震背景来考虑的，一旦水库诱发或触发远远超过已知天然地震背景上限的地震时，这个地区便会遭遇巨大的生命和财产损失（范晓，2009）。被震损的水利水电工程除了本身的经济损失以及对用电行业带来的巨大影响以外，它们还成为次生灾害或后发灾害链的重大危险源（范晓，2009）。

值得注意是，由于目前水电开发都是全江、全河的梯级开发模式，从而可能形成链式反应，一旦上游水库出现险情，整个下游的水库就会面临连锁溃坝的巨大风险。岷江上游的天龙湖、铜钟、太平驿、映秀湾、耿达等电站，都曾出现过这样的潜在威胁（范晓，2009）。

四、水电开发的管理问题

目前金沙江及其支流的一些水电修建存在未批先建，缺乏及时合理统筹的水电开发规划等问题，密集的水电开发后是否能达到预期的开发效益尚不可知，而由于对环境、生态可能带来的影响没有得到足够的重视和研究，导致开发规划在管理上呈现无序化的局面。

1. 水资源缺乏统一管理

一个非常严重的问题是，中国的流域规划要远远落后于水电开发规划。中国虽然已出台了水资源利用的纲要性的规划，但内容不够细致，江河的利用规划也晚于水电开发规划。到2010年为止，中国的水能开发已经达到了可开发量的一半，许多大型水电工程已经在建，而最新的长江流域综合规划还在编写修订中。

水资源统一管理关系到水资源的合理、高效、可持续利用，是贯彻水权管理、建设节水型社会的体制保证。这种统一管理应该包括流域管理和区域管理两个方面。流域管理应该是在水资源统一管理的前提下，建立政府宏观调控、流域民主协商、准市场运作和用水户参与管理的运行模式。区域水资源统一管理要求我们必须实行水务体制一体化管理。这种体制最有利于水资源的合理利用、有效配置和科学管理，最有利于水资源的节约和保护，特别是在当前水资源紧缺问题不断显现，甚至发生水危机的时候。当地政府首先考虑要解决的问题就是建立水务体制(汪恕诚，2009)。

中国经国务院确定的重要流域有七个，其中长江、黄河作为中华文明的发源地，且流域面积总和超过国土面积一半以上，受到流域影响的人口众多，因此，对其进行流域规划就显得更为重要。中国最早的流域规划是1954年的《黄河综合利用规划技术经济报告》。而长江流域方面，1955年在党中央和国务院的领导下，长江水利委员会(简称长江委)开展长江流域综合利用规划工作，1959年完成了《长江流域综合利用规划要点报告》。90年代以前的流域规划的主要任务为“提高下游防洪能力，治理开发水土流失地区，研究利用和处理泥沙的有效途径，开发水电，开发干流航运，统筹安排水资源的合理利用，以及保护水源和环境”。20世纪80年代，长江委对《长江流域综合利用规划要点报告》进行了全面修订，于1990年提出了《长江流域综合规划简要报告》，并经国务院国发[1990]56号文批准。90年代以后，国家及长江流域各行业、区域先后编制了相应的规划。1993年，交通部审查批准了《长江水系航运规划报告(1993年修订本)》；国家发展和改革委员会组织编制完成了《水力资源复查成果(2003年)》，编制完成了《国民经济和社会发展“十一五”规划纲要》；2006年，国土部门编制完成土地资源利用规划。

2000年以后，流域整体管理的观念才开始在流域综合规划的制订过程中有所体现。水利部长江水利委员会于2007年10月拟制《长江流域综合规划修编工作大纲》。该大纲是对长江流域综合规划具体修订工作的总体安排。该大纲包括了流域的基本情况、编制的依据、工作主要内容、组织与分工协作等方面。

2. 决策过程中环保的声音弱于水电开发

虽然水电开发已经被要求先经过环评，而且国家的众多法律规定自然保护区和风景名胜区内禁止修建水电站，但实际上水电开发的环评工作仍流于形式，没有起到真正的建议作用。更有甚者，一些大坝公然地建在国家级自然保护区的核心区，民间机构和学者虽然能够通过媒体等形式在一定程度上公开表达质疑和独立的声音，但在决策过程中这些努力往往被边缘化，而建设部门未批先建等违法操作屡屡发生，决策部门在既成事实面前往往被迫接受。

位于长江上游珍稀特有鱼类国家级自然保护区内的小南海水电站就是一个典型案例。

小南海水电站位于邻水县幺滩场上游 3000 米的御临河上，是国务院批准的《长江流域综合利用规划》规划的梯级水电站。御临河多年平均蒸发量 959.6 毫米，多年平均降水量 1204.7 毫米，最大年降水量 1538.4 毫米，最小年降水量 838.6 毫米。本项目预计总投资 9600 万元。坝址控制流域面积 70.5×10^4 平方千米，装机容量 170 兆瓦，年平均发电量约 93×10^8 千瓦时，工程静态投资约 239 亿元。小南海水电站具有发电、通航、拦沙减淤、供水灌溉、滞洪错峰等功能，电站竣工后，年均售电量将达到 4617×10^4 千瓦时，以上网电价 0.27 元/千瓦时计，年销售收入 1246 万元，年创利 487.22 万元，年创税 168.78 万元，电站建成后拥有的水库综合开发利用收入 100 万元(三峡总公司)。

该水电站于 1991 年 12 月由四川省水电厅以川水发(1991)规 876 号文批复同意进行可行性研究工作；1993 年 5 月四川省水电厅以川水发(1993)规 610 号批复可行性研究报告；1996 年 12 月四川省水电厅以川水(1996)建管 742 号批复初步设计报告；1997 年 7 月四川省计委以川计(1997)能源 585 号文批准列入当年度地方电力基本建设投资计划。工程于 1997 年 12 月开工，因建设资金未落实，工程于 1998 年停建。

2009 年 2 月 17 日至 18 日，农业部组织专家对重庆市政府提交的《长江小南海水电站建设项目对长江上游珍稀特有鱼类国家级自然保护区影响及其减免对策专题研究报告》进行了论证。鉴于小南海水利枢纽的建设将对保护区及长江珍稀特有鱼类造成诸多不利影响，同意重庆市有关部门和中国长江三峡开发总公司在现有研究的基础上，组织开展编制长江小南海水电站建设项目对长江上游珍稀特有鱼类国家级自然保护区影响专题研究报告书的前期工作。其间针对小南海水电站对鱼类资源产生的影响，有关专家提出了诸如栖息地保护、仿生态通道建设、人工增殖放流等补救措施。

但一些参与专家指出，长江上游珍稀特有鱼类国家级自然保护区是为保护珍稀特有鱼类所设立的唯一一个国家级自然保护区，但它自设立至今就一直面临巨大的开发压力。20 世纪开工建设的葛洲坝和三峡水库，截断了多种鱼类的洄游通道，淹没了大量的产卵场。为保护好长江上游珍稀特有鱼类资源，减轻因三峡工程建设对鱼类资源所带来的不利影响，长江合江—雷波段珍稀鱼类省级自然保护区于 1997 年建立，至 2000 年升格为国家级自然保护区。为了给溪洛渡和向家坝水电工程开发让路，有关部门于 2005 年对长江合江—雷波段珍稀鱼类国家级自然保护区的范围和功能区做出调整，并将其更名为“长江上游珍稀特有鱼类国家级自然保护区”。研究表明，作为珍稀特有鱼类重要的栖息地和生态通道，近年来每年有多达 150 亿尾(粒)的鱼类的苗和卵通过小南海江段水域。而 2010 年 11 月为了给小南海水电站等建设工程让路,国家级自然保护区评审委员会同意再次调整长江上游珍稀特有鱼类国家级自然保护区,而这次调整给保护区剩下的空间已经不足以维持其原有功能。

贡嘎山南坡仁宗海的水电工程更是如此。该工程位于国家级风景名胜区和国家级自然保护区境内,但不经过风景名胜区主管部门四川省建设厅和国家建设部的审查,也不经过自然保护区主管部门四川省环保局和国家环保总局的审查而动工开建,工程侵入风景名胜保护区,电站建成后国家重新调整了风景名胜区范围(范晓,2004)。

3. 用鱼类资源分布图规范水电开发的重要性

目前,中国的水电项目审批制度,尤其是中小型水电工程的审批制度容易引起各级地方政府为了吸引投资和自身政绩而对辖区内水能资源的掠夺式开发。在这种可能产生的掠夺式开发中,水生脊椎动物栖息地破坏乃至种群灭绝是最直接且最容易被决策者所忽视的负面环境影响。长江上游珍稀濒危鱼类国家级自然保护区由于葛洲坝、溪洛渡、向家坝、小南海等水电工程的先后建设而被迫不断调整直至丧失的事件,以及金沙江中游梨园、阿海等水电工程用已经规划有梯级电站工程并已经开建的水洛河流域作为环评通过的挡箭牌的事件,都是西南地区水电资源无序开发对该地区珍稀濒危鱼类造成严重影响的惨痛案例,所以,全国需要有统一的水资源、特别是鱼类物种资源的分布图来对水利水电开发进行统筹规划。

根据文献记载(中科院水生所鱼类研究室,1976;丁瑞华,1994;武云飞,吴翠珍,1991;陈宜瑜,1998;褚新洛,陈银瑞,1990),我们挑选出 21 种在长江流域有分布的珍稀濒危鱼类,通过查阅上述文献及与西南地区鱼类专家的私人交流制作了它们的分布图。这些种类中不少是中国特有物种甚至是西南地区、金沙江流域的狭域种(见附录)。

图 2-4 显示了这 21 种鱼类的分布数据叠加后的结果,该结果说明长江和金沙江干流是该流域鱼类分布种类最多的江段。此外,红色圆圈标注的江段是目前亟待保护的鱼类物种资源保留较好的生境或一些濒危鱼类物种的最后适宜生境,包括了贵州省的长江一级支流赤水河、重庆市的嘉陵江二级支流(大小)通江、四川省的大渡河正源绰斯甲及其支流。

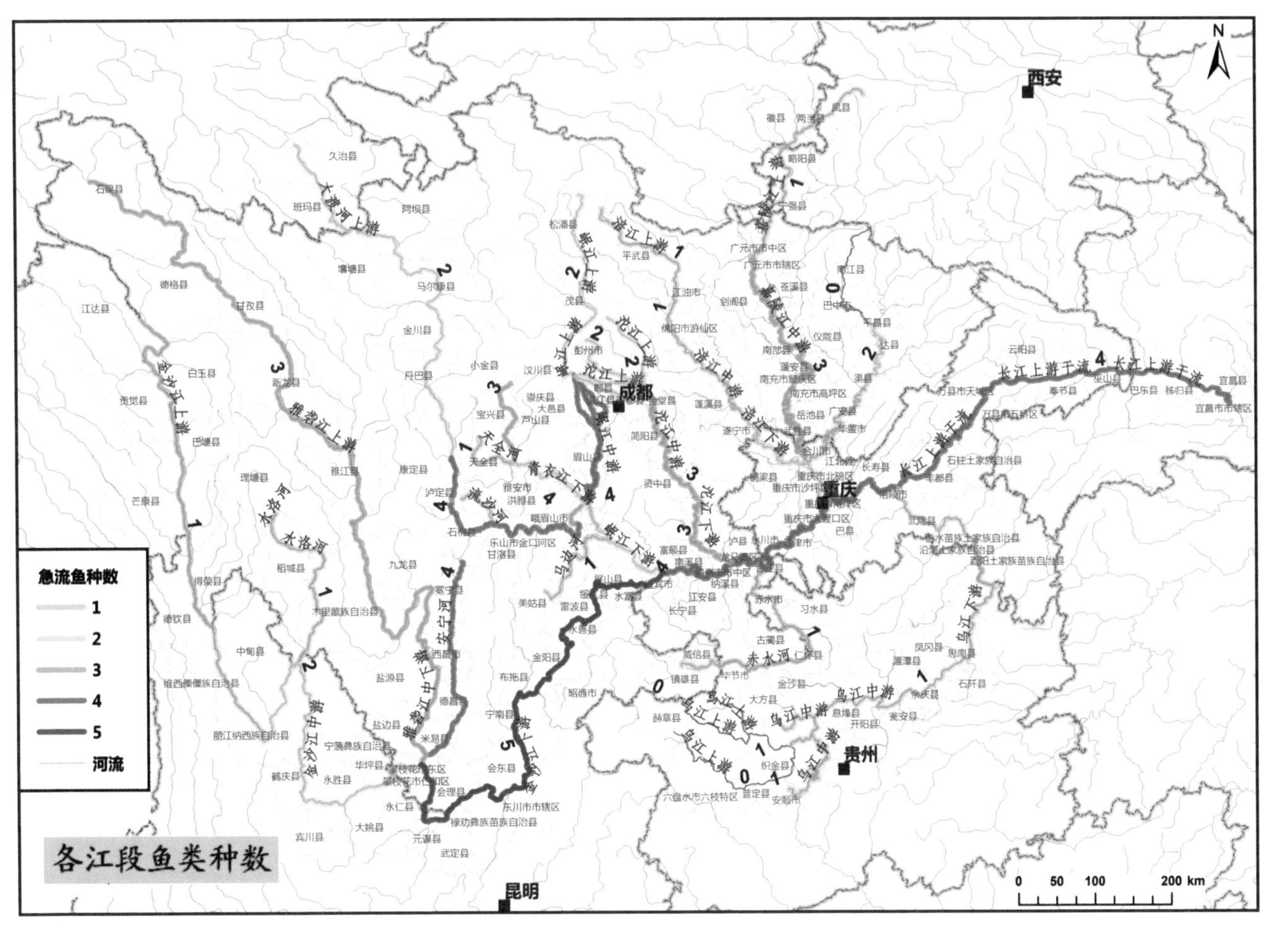

图2-4　长江上游及金沙江流域各江段鱼类种数

五、《三峡后续工作规划》及其启示

三峡工程是迄今世界上最大的水利水电枢纽工程，其总库容达到 393×10^8 立方米，具有巨大的防洪、发电、航运、水资源利用等综合效益。仅就发电效益一方面，三峡工程即提供了巨大的收益。截至 2010 年 12 月底，三峡水电站累计发电 4527×10^8 千瓦时，输变电工程累计送出三峡电量 4492×10^8 千瓦时，作为中国西电东送工程中线的巨型电源点，对促进中国华中、华东地区和广东等省(市)的经济发展做出了积极贡献。但同时，这项工程也不可避免地对环境和生态产生广泛的影响。泥沙和鹅卵石在水库底部淤积，宜昌至重庆成为水势平缓的湖泊，静水化使水体的扩散能力减弱，纳污能力大大下降，库湾及支流回水区多次出现水质污染甚至水华现象；此外，三峡水库库容极大，因此必然会增加库区地震的频率，且两岸山体下部长期处于浸泡之中，未来发生山体滑坡、塌方和泥石流等地质灾害的可能性也会大大提高；还有洄游性鱼类无法正常通过大坝而失去产卵场、蓄水线以下特有植物被淹没、两栖爬行类原有生境被破坏等，都是水利水电工程对环境产生的典型负面效应。

2011 年 5 月 18 日，国务院常务会议讨论通过《三峡后续工作规划》。该规划的主要目标是：到 2020 年，移民生活水平和质量达到湖北省、重庆市同期平均水平，覆盖城乡居民的社会保障体系建立，库区经济结构战略性调整取得重大进展，交通、水利及城镇等基础设施进一步完善，移民安置区社会公共服务均等化基本实现，生态环境恶化趋势得到有效遏制，地质灾害防治长效机制进一步健全，防灾减灾体系基本建立，并提出了 6 项主要任务，其中特别强调了要加强库区生态环境建设与保护，以及消除蓄水对中下游地区带来的不利影响两个重要任务。为达到这一目的，一是要将水库水域、消落区、生态屏障区和库区重要支流作为整体，综合采取控制污染、提高生态环境承载力、削减库区入库污染负荷等措施，建设生态环境保护体系；二要实施生态修复，改善生物栖息地环境，保护生物多样性。加强观测研究，优化水库调度；同时还要提高三峡工程综合管理能力，构建综合的监测体系、信息服务平台和会商决策系统，形成系统的工程运行管理长效机制。

该规划反映出国家近年来对水利工程所造成的环境影响的重视，特别是注意到梯级开发截断水体的影响，打破了过去将河流分段、各地方流域各自治理、缺乏统筹与规划的局面，体现了水域保护的整体化观点。这项规划也反映出目前政策制订上的进步，即对关于工程建设与河流环境的协调的长期后续保障和配套措施方案的完善。

六、小结

中国水电项目的建设可以带来大规模的经济效益。这些经济效益的最大获益者是政府及开发商。中国水电开发可以为流域带来一定程度的社会效益。但水电开发，尤其是“过热”和无序开发会对环境和社会造成显著的影响，很多不利影响因没有以经济价值的形式体现出来而被忽视。水电工程的建设及运行破坏了江河的天然生态环境，威胁到很多野生动植物的生存，特别是鱼类的生存。西南地区本身存在地质风险，水电站建成后可能引发次生地质灾害和水环境问题。水库淹没自然景观和历史遗迹，以及移民对西南少数民族文化遗产的影响都无法估计。水电开发与当地人口的实际受益、移民的经济和社会代价等一直是难以解决的社会问题。如果考虑水电工程的这些外部性因素，水电的实际综合效益值得认真研究。

通天河湾（杨勇　摄）

第三章 中国水电工程环境影响评价制度及其不足

一、中国的建设项目环境影响评价制度的历史

1978 年，中共中央在批转国务院关于《环境保护工作汇报要点》的报告中首次提出了进行环境影响评价工作（下文中有时简称"环评"）的意向。1979 年 5 月，原国务院环境保护领导小组转发的《全国环境保护工作会议情况的报告》中提出了中国环境影响评价制度的概念，同年 9 月 13 日，《中华人民共和国环境保护法》（试行）通过并颁布实施，该法第六条为："一切企业、事业单位的选址、设计、建设和生产，都必须充分注意防止对环境的污染和破坏。在进行新建、改建和扩建工程时，必须提出对环境影响的报告书，经环境保护部门和其他有关部门审查批准后才能进行设计；其中防止污染和其他公害的设施，必须与主体工程同时设计、同时施工、同时投产；各项有害物质的排放必须遵守国家规定的标准。已经对环境造成污染和其他公害的单位，应当按照谁污染、谁治理的原则，制订规划，积极治理，或者报请主管部门批准转产、搬迁。"这是中国法律首次对建设项目规定环境影响评价制度（顾洪宾，喻卫奇，崔磊，2006）。

1981 年 5 月，原国家计委、国家建委、国家经委和原国务院环境保护领导小组联合颁发了《基本建设项目环境保护管理办法》，对环境影响评价的基本内容和程序作了规定，经过 5 年的实践，1986 年 3 月，原国务院环境保护委员会、国家计委、国家经委又联合颁布了《建设项目环境保护管理办法》。

1989 年 12 月 26 日，《中华人民共和国环境保护法》正式颁布施行，该法第十三条为："建设污染环境的项目，必须遵守国家有关建设项目环境保护管理的规定。建设项目的环境影响报告书，必须对建设项目产生的污染和对环境的影响作出评

价，规定防治措施，经项目主管部门预审并依照规定的程序报环境保护行政主管部门批准。环境影响报告书经批准后，计划部门方可批准建设项目设计书。"这是《中华人民共和国环境保护法》(试行)实施10年，经修改完善后的正式颁布，它再一次对建设项目环境影响评价工作的范围、程序和基本内容做出了明确的规定。

1998年11月29日，国务院颁布实施《建设项目环境保护管理条例》，该条例第六条规定："国家实行建设项目环境影响评价制度。"2003年9月1日，《中华人民共和国环境影响评价法》开始实施，该法第三条为："编制本法第九条所规定的范围内的规划，在中华人民共和国领域和中华人民共和国管辖的其他海域内建设对环境有影响的项目，应当依照本法进行环境影响评价。"至此，中国的建设项目环境影响评价工作走上了全面依法进行的阶段(程晓冰，2004)。

二、中国水电环境影响评价的现状及不足

1. 复杂水电环境影响评价对河流生态环境非常重要

目前中国共修建了8万多座水库和大量其他水利工程，这些水利水电工程一方面带来了巨大的社会和经济效益，另一方面又对河流生态系统造成了胁迫。按照1989年《中华人民共和国环境保护法》的规定，水利部作为水利水电建设项目的主管部门，负责对重要水利水电建设项目的环境影响评价工作进行行业管理，从1990年开始，水利部共对近200个水利水电项目进行了环境影响报告书的预审工作，为降低这些项目对生态环境的不利影响发挥了作用(程晓冰，2004)。

水电工程建设对生态环境的影响随着公众环保意识的提高日益受到关注，"怒江水电开发规划""溪洛渡、向家坝电站建设""岷江杨柳湖水利枢纽工程论证"等项目与生态环境保护之间的矛盾是这些关注的集中体现。一方面，中国的现代化需要水利水电资源的开发；另一方面，水电工程建设带来的生态环境问题关系到流域可持续发展，实现水利水电开发与生态环境保护协调发展是时代的要求。如何协调水资源开发利用与生态环境保护的关系，做到人与自然和谐共处，是未来水电工程建设必须考虑的问题。可以预见，生态环境影响问题将成为未来水利水电工程建设的限制性因素(陈凯麒，王东胜，2004)。

2. 中国现行水电环境影响评价规程

根据《环境影响评价法》，水电规划环境影响评价任务是对水电规划实施后可

能造成的环境影响进行分析、预测和评估，提出预防或者减轻不良环境影响的对策和措施以及跟踪监测的方法与制度。水电规划环境影响评价的基本内容包括：规划分析、环境现状调查分析、环境影响识别、确定环境目标和评价指标、环境影响分析与评价、环境保护对策措施、推荐规划方案、公众参与、监测与跟踪评价计划等，并在此基础上编报河流水电规划环境影响报告书（顾洪宾，喻卫奇，崔磊，2006）。

（1）规划分析

规划分布包括分析拟议的规划目标、指标、规划方案与相关的其他发展规划、环境保护规划的关系。具体分为：规划的描述、规划目标的协调性分析、规划方案的初步筛选、确定规划环境影响评价内容和评价范围等。

（2）环境现状与分析

它包括调查、分析环境现状和历史演变，识别敏感的环境问题以及制约拟议规划的主要因素。现状调查应针对规划对象的特点，按照全面性、针对性、可行性和效用性的原则，有重点地进行。调查内容应包括环境、社会和经济三个方面。现状分析与评价的主要工作内容包括：明确当前主要环境问题及其产生原因；生态敏感区（点）分析，如特殊生态环境及特有物种、自然保护区、湿地、生态退化区、特有人文和自然景观以及其他自然生态敏感点等；确定受到规划影响的重点环境因子；分析对规划目标和规划方案实施的环境限制因素；“零方案”分析等。

（3）环境影响识别

识别环境可行的规划方案实施后可能导致的主要环境影响及其性质，编制规划的环境影响识别表，并结合环境目标，选择评价指标（因子）。

（4）环境影响预测分析与评价

环境影响预测分析与评价包括预测和评价不同规划方案（包括替代方案）对环境保护目标、环境质量和可持续性的影响。规划的环境影响分析与评价主要内容包括规划对环境保护目标的影响、规划对环境质量的影响、规划的合理性分析；常用的方法有专家咨询法、核查表法、矩阵法、数学模型法、叠图法等。环境影响预测内容包括直接的、间接的环境影响，特别是规划梯级电站的累积性影响预测。

（5）环境保护对策措施

针对各规划方案（包括替代方案），拟定环境保护对策和措施，确定环境可行的推荐规划方案。拟定监测与跟踪评价计划。

（6）环境影响报告书编制

规划环境影响报告书包括 9 个方面的内容：总则、拟议规划的概述、环境现状描述、环境影响分析与评价、环境保护对策措施、公众参与、监测与跟踪评价、困难和不确定性、执行总结。

3. 中国现行水电环境影响评价内容

水利水电建设项目的环境影响评价工作目的之一就是要在科学分析和评价的基础上，全面预测和描述工程对生态环境可能产生的主要问题，并对这些问题做出评估，比如这些影响是可逆转的还是不可逆转，是永久的、长期的还是短期的，是区域性的还是地方性的，并对影响程度定量评价。在定性和定量评价的基础上，提出相应的防止和减少环境损失的措施，并进一步明确环境生态保护的责任，通过优化工程的设计和加强建设过程中的施工管理，以及对工程建成后的科学调度与运行等提出建议，从而达到将工程对环境和生态的影响降低到最低程度的目标。为此，环境影响评价应包含对以下内容的评价。

(1) 水文及水环境

水文及水环境的评价内容包括工程建设因拦蓄、调水等改变河流、湖泊水体天然性状，应预测水文、泥沙情势变化，评价对环境的影响；水库工程应预测评价库区、坝下游及河口水位、流量、流速和泥沙冲淤变化及对环境的影响；水库工程应预测对库区及坝下游水体稀释扩散能力、水质、水体富营养化和河口咸水入侵的影响；梯级开发工程应预测对下一级工程水质的影响；移民安置应预测生产和生活废污水量、主要污染物及对水质的影响；水温影响应预测水库水温结构、水温的垂向分布和下泄水温及对农作物、鱼类等的影响等。

(2) 工程废料及施工造成的污染

污染评价包括大气环境影响，应预测施工产生的粉尘、扬尘和机械与车辆燃油、生活燃煤产生的污染物对环境空气质量的影响；声环境影响应预测施工机械运行、砂石料加工、爆破、机动车辆等产生的噪声强度、时间及其对环境的影响；固体废物影响应预测施工产生的弃渣、生活垃圾对环境的影响等。

(3) 环境地质

环境地质评价包括大型水库，应分析诱发地震的类型、地震烈度；库岸和边坡稳定影响应预测滑坡、崩塌等及其对环境的影响；水库渗漏、浸没影响应分析周围地质构造、地貌、地下水位、渗漏通道，预测渗漏、浸没程度及其对环境的影响；灌溉、供水工程抽取地下水，应分析对地下水位、地面沉降的影响等。

(4) 水土流失及泥沙淤积治理

水土流失及泥沙淤积治理评价包括土壤环境影响，应预测工程对土壤改良、土壤潜育化、沼泽化、次生盐碱化、土地沙化等的影响；工程淹没、占地、移民安置应预测对土地资源及利用的影响；水土流失影响应预测扰动原地貌、损坏土地和植被、弃渣、损坏水土保持设施和造成水土流失的类型、分布、流失总量及危害等。

（5）生态系统影响

生态系统影响评价包括生态完整性影响，应分析预测工程对区域自然系统生物生产能力和稳定状况的影响；陆生植物影响应预测对森林、草场等植被类型及分布，珍稀濒危和特有植物、古树名木种类及分布等的影响；陆生动物影响应预测对陆生动物、珍稀濒危和特有动物种类及分布的影响；水生生物影响应预测对浮游植物、浮游动物、底栖生物、高等水生植物、重要经济鱼类及其他水生动物，还有珍稀濒危、特有水生生物种类及分布的影响；湿地生态影响应预测对河滩、湖滨、沼泽、海涂等湿地生态的影响；自然保护区影响应预测对保护区、保护对象、范围等的影响等。

（6）景观与文物

景观与文物评价包括景观影响，应预测对风景名胜区、自然保护区、疗养区、温泉等的影响；文物影响应预测对具有历史价值的建筑物、遗址、纪念物、古文化遗址、古墓葬、古建筑、石窟、石刻等的影响。

（7）移民及社会经济

移民及社会经济评价包括移民社会经济影响，应预测移民环境容量、生产条件、生活质量及环境状况；水库淹没涉及城镇、集镇、工矿企业和基础设施，应预测迁建对环境的影响；水库淹没涉及交通道路、通讯线路等专业项目设施，应预测复、改建对环境的影响；社会、经济影响应综合分析工程对流域、区域社会经济可持续发展的作用和影响；水电工程应分析提供清洁能源、促进社会经济发展的作用等（水利水电环境影响评价规范，2003）。

4. 中国水电环境影响评价的不足

（1）环境对工程的影响评价多，工程对环境的影响评价少

目前，中国的环境影响评价工作对工程周围的环境对工程的影响评价的多，如库区的工业和生活污水未达标排放对水库水质的影响；而对于工程建设对移民生存环境、水量与水质、鱼类、野生动物及物种、植被、文化、历史与考古资源、景观资源、休闲娱乐、土地利用等的影响评价还不够充分（程晓冰，2004）。

（2）硬件评价多，软件评价少

目前，中国的环境影响评价工作对工程本身需要的环境保护设施提出的要求比较明确；而对水利水电工程的规划、勘测、设计、施工、运行管理等所有阶段，都要

重视生态环境问题的，对将生态环境的理念贯穿于水利水电工程各个阶段的要求强调得不够(程晓冰,2004)。

(3) 表面的、短期的影响评价多，深层的、长期的影响评价少

目前，中国的环境影响评价工作对工程建设过程中对植被的破坏、施工队伍的生活污染等问题分析充分，而实事求是地评价工程对生态环境深层次的、长期的影响，确定影响的形式、范围、强度和时间，提出切实可行的措施，减少对生态环境的影响和破坏的工作做得少(程晓冰,2004)。

(4) 共性的问题评价多，个性的问题评价少

在不同的河流、不同的河段、不同的坝址上建坝，带来的生态环境问题并不相同，一定要根据实际情况进行具体分析，一个项目带来的主要生态环境问题是什么，以哪一个环境因子作为环境影响评价工作的重点，要具体项目具体分析。而不应该出现不同的工程环境影响评价的主要问题雷同的情况，应突出每一个工程的特点(程晓冰,2004)。

(5) 概念性的评价多，基础性的数据少

目前水利水电工程环境评价工作主要基于影响预测评价，由于生态环境影响效应的长期性和复杂性，目前关于中国的水利水电对生态环境的影响的评价主要是基于概念性的评价，较少考虑工程实施后运行期内流域生态系统功能的变化，流域生态系统结构、功能的退化以及相应的恢复措施等，对生物及环境的影响缺乏有力的数据支撑(程晓冰,2004)。

5. 对水电工程仅作建设项目环评的弊端及开展流域规划环评的必要性

随着科技与认识水平的提高，建设项目环评已不能满足日益提高的环境保护要求，其不足也日渐显露出来。随着《环境影响评价法》的实施，对流域规划环境评价提出要求，而水利水电规划环境影响评价在中国基本上属于空白，只在一些流域或区域进行了概念性的工作，尚无完整的评价理论、技术、方法与标准体系(陈凯麒,王东胜,2004)。

流域梯级开发对环境的影响，除在“第二章　中国水电开发效益及其水电开发外部性”中提到的影响之外，还有一些特征，这些特征使得水电开发无法单纯地用建设项目环评就能客观反映其对环境的影响，也使得推行流域规划环评变得迫在眉睫。流域梯级开发对环境的影响特征列举如下：

(1) 影响的群体性

综合开发有利于发挥梯级群体的优势。以防洪为例，由于流域洪水时空分布

的不均匀性，以及各梯级水库容积与淹没损失等差异，进行梯级群水库统一防洪调度，能达到有效拦蓄洪水、调度灵活、效益好、损失少的效果。一般梯级水电站对生态环境的累积影响，大于单项工程的影响之和，还是小于单个工程影响之和，应视具体情况研究而定。这就是梯级水库对环境影响的群体效应。梯级开发在航运、发电、灌溉等功能方面，对生态环境有利影响的群体效应与防洪工程的群体效应也是一致的。

例如，以溪洛渡巨型水电站(12 000 兆瓦)为例，经该电站调节所引起的不稳定流，日变幅达 4500 个流量，相当于金沙江多年平均流量，使下游河段航运及生态环境受到极大影响。在金沙江流域规划时，布置了一个反调节水库——向家坝水电站(6000 兆瓦)，基本消除了溪洛渡水电站不稳定流下泄对下游河段带来的生态环境问题。发挥梯级水库对生态环境有利影响的群体效益，是在系统学指导下，以统一调度、宏观控制来实现的；而减缓梯级水库对生态环境的不利影响，则多是在梯级工程的布置上，采取相应措施来解决的。

(2) 影响的系统性

河流梯级开发为流域建立了一个工程群—社会—经济—自然的人类复合生态系统。这个系统相互联系、相互制约、相互影响，组成一个具有整体功能和综合效益的集群。在这个集群中，人和工程对环境的作用与干扰大大加强了，它对环境的影响性质、因素、后果都是系统的。在这个人类复合生态系统里，若工程群规划得当，实施得力，就能与自然相协调、相融合；反之，这个系统将是不稳定的，甚至工程群对这个系统主体的人，不是带来利益，而是造成灾难的。

(3) 影响的累积性

梯级开发对环境影响突出的特点就是具有累积性。有些生态环境因子的变化，不仅受一个工程的影响，而且还受到梯级其他工程的影响，这些影响具有叠加、累积性质。

例如，红水河梯级开发对水温的影响就是一例。红水河共分 10 级开发，从上游到下游为：天生桥一级、龙滩、岩滩、大藤峡水库等。抬高水位在 100 米以上的有天生桥一级和龙滩，库容最大、水库最深的为龙滩水电站。天生桥一级库区河段，多年平均水温为 19.8℃。龙滩水库河段，多年平均水温为 21℃。天生桥一级水库和龙滩水库，水库水温都具有稳定分层特性。天生桥一级水库下泄水流使龙滩水库入库年平均水温降低 3.9℃，降低最大达 6.3℃。龙滩水库不仅受本身建库的影响，且还受天生桥下泄水流水温的影响。而岩滩水库则同时受龙滩水库和天生桥水库下泄低温水的累积影响。

(4) 影响的波及性

流域梯级开发对环境影响的范围,一般比单一工程对环境影响所涉及的范围大,它所影响的区域,除固定的影响区、常年影响区外,还随工程的施工与运行所涉及的范围的不同而不同。如,红水河梯级开发,不仅对红水河流域的社会、经济、环境产生影响,同时对红水河上游、下游以及有利益关系的跨流域、跨地区产生影响,如对贵州、广东等省的社会经济影响较大,对珠江三角洲的生态环境冲击也较大。

(5) 影响的潜在性

单个水库对环境的影响虽也有潜在性,但易于区别与防范,而梯级开发对环境潜在的影响则要复杂得多。

在流域已建几个工程情况下,如诱发地震、塌岸、滑坡,潜藏着三者同时发生的可能性,也存在着几个梯级同时诱发地震的可能性。

对水库水质具有影响,如泥沙的富集作用,有毒、有害物质沉积于水库,这些物质可能是潜在的二次污染源,要预测它对水生生物、人体的危害及其发生的区域、时段、条件,它们的梯级间的相关影响、叠加作用、连锁反应都是十分复杂的。

景观资源的影响也具有潜在性,只有在开发利用后,这种潜在效益才显示出来。

开展流域规划环评,是从源头预防生态问题的战略举措。2003 年 9 月 1 日实施的《环境影响评价法》,规定要对规划进行环境影响评价,配套出台的《规划环境影响评价范围》要求水电开发规划必须编制环境影响报告书。未进行环境影响评价工作的河流水电开发规划,审批机关不得予以审批。

要通过水电开发规划的环境影响评价,促进水电开发布局、规模、结构、方式和开发时序的科学调整,从流域整体上统筹考虑生态环境保护,协调水电与其他资源开发关系,促进水电开发与经济、社会、环境的协调发展。

三、小结

中国自 20 世纪 80 年代起对水电建设项目开展环境影响评价工作,旨在降低这些项目对生态环境的不利影响。虽然经历了 30 年的发展,如今水电环评工作仍然存在不足,以致不能全面、客观地反映水电项目对环境与社会的影响,主要表现在缺乏足够的基础监测数据、准确的长远影响预测、具体的环境修复措施等,全流域规划的环境影响评价方法系统也还不完备。环境影响评价本是评估水电项目外部性成本与收益的最直接的方式,但目前尚无法做到全面、综合地评估其效益。

第四章　中国西南水电开发综合效益评估框架及相关国际经验

一、西南水电开发综合效益评估框架

1. 尝试建立综合效益评估框架的必要性

目前中国共修建了8万多座水库和大量其他水利工程，这些水利水电工程一方面带来了巨大的社会和经济效益，另一方面又对河流生态系统造成了胁迫。按照1989年《中华人民共和国环境保护法》的规定，水利部作为水利水电建设项目的主管部门，负责对重要水利水电建设项目的环境影响评价工作进行行业管理，从1990年开始，水利部共对近200个水利水电项目进行了环境影响报告书的预审工作，为降低这些项目对生态环境的不利影响发挥了作用（程晓冰，2004）。

目前在西南水电项目决策、环境影响评价及工程建设过程中可能存在问题，水资源的生态价值和流域内存在的其他生态系统服务价值和人文社会价值在这些过程中是容易被忽视的，流域多元价值观应该在决策与环评中被考虑。

西南地区水电开发中，水资源使用以及水资源使用权的取得目前几乎没有收费，水库对耕地、林地、自然景观、人文景观的淹没没有计入到水电成本中。移民作为水电工程中最大的利益受损方，没有真正参与到水电的收益分配之中。生态效益以及由水电建设引起的灾害防治成本未纳入到目前的水电成本核算当中，各种因素的影响下、长江水量是否能维持水电站设计发电所需水平需要进一步研究，如果将资源的使用成本、水电的所有外部性社会经济成本、灾害防治成本以及生态成本计入水电开发的综合效益评估，水电的实际收益将大大降低，并有可能是负值。

为此，在西南水电开发前进行详尽的、以全流域为对象的综合效益评估非常重要。

2. 针对流域水资源综合利用的水电开发综合效益评估框架

流域综合利用规划及其综合效益评估能促进流域水资源治理开发、综合利用的规划，实现水资源优化配置和可持续利用，保证经济社会的可持续发展。综合效益评估后可行的流域综合利用规划也可能会对当地生态环境和居民生活带来一定的影响。如流域梯级规划实施可能阻隔鱼类洄游通道；扩大水面面积，影响局地气候；加大水体深度，水流变缓，使水体扩散能力降低，水库产生泥沙淤积；排沙对下游造成冲刷、破坏鱼类产卵场；淹没农田、村庄、造成居民拆迁；梯级水库群的建设可能产生水土流失；工程施工将对施工区环境产生较大影响；梯级水电站的运行，将对区域社会、经济、库区及下游区水环境产生影响。因此，应按照《环境影响评价法》的要求，对流域综合利用规划进行环境影响评价，使环境因素与社会、经济因素一并在规划形成的早期阶段得到重视，使规划更加符合可持续发展的要求；通过综合效益评估(表 4-1)，完善所编制的流域综合利用规划，促进流域资源的合理利用，以实现保护生态环境与流域可持续发展的双赢。

表 4-1　西南水电开发综合效益评估框架

水电综合效益														
直接收益					间接收益	工程成本				外部性成本				
发电收益	供水	灌溉	防洪	渔业	减少碳排放	基础建设投资	运营成本	税金	贷款利息	移民、淹没与社会稳定	生物多样性损失	次生地质灾害风险	自然景观与人文景观	水土流失、清淤、工程污染等

二、学习和参考西方国家成熟的保护框架

为保护河流及其多样化价值，有些国家已经建立特殊的河流保护体系。其中美国的《原生景观河流法律》、加拿大遗产河流保护系统、挪威的河流保护计划、《欧盟水框架指令》都是非常全面和有效的系统。中国目前虽有诸多与河流保护间接

相关的法律，但体系十分不完善，针对范围也很狭窄，尚缺乏防止河流生态受到工程建设等因素破坏的专门法律。因此，为了从根本上规范水电开发项目的建设并保护河流，迫切需要加快立法进程，完善现有法规；而西方国家在这些方面有着丰富的经验和教训，它们较为成熟的体制值得借鉴和参考。

1. 美国的《原生景观河流法律》

美国的《原生景观河流法律》(The Wild and Scenic Rivers Act, WSRA)在1968年由美国国会通过。其目的主要在于保护具有显著的自然或文化价值的河流和阻止在体系内河流上建立新的水坝。河流可以通过国会决议或者州政府提议而被纳入该系统；国会在决议之前，通常会要求并资助美国内政部(国家公园管理局)或者美国农业部(林务局)对该河流展开调查研究。这个系统将河流分为“野地河流”“风景河流”“供消遣的河流”三类：野地河流是仅能通过小路到达且河流没有被阻断的原生态河流；风景河流是可以经由公路到达，未被阻断，大部分保持原生态、未经开发的河流；供消遣的河流则是沿岸有开发项目，过去曾经被阻断的河流。纳入系统后该分类必须一直被保持，不可降低。

《原生景观河流法律》最重要的特点之一就是保护紧邻河流周围的环境，不仅河流本身，其两岸多达约1/4英里的河流廊道也会得到保护；另一个重要的特点是河流综合管理计划，该计划由相应管理机构负责，必须在河流进入系统后的三年内完成。该法律鼓励在联邦管理机构、州政府、利益相关群体之间协调合作，共同承担管理原生景观河流的责任，但每条河流依然由唯一机构管辖。此外，该法律允许提名整条河流或河段，允许同一条河流被归入不同的分类，保证了实施的灵活性。

2. 加拿大遗产河流保护系统

加拿大遗产河流系统(Canadian Heritage Rivers System, CHRS)于1984年1月18日建立，旨在“保证加拿大的河流在未来仍可以保持纯净、自由流淌的状态，如同从更新世的巨大冰原融化而来一样。”(《加拿大遗产河流保护系统》,2009)加拿大公园管理局被指定为管理该系统的领头联邦机构。

与美国的《原生景观河流法律》不同，该系统的功能性目标是致力于整合河流的经济和环境价值。系统中河流的遗产价值必须得到保护和管理，但是只要不影响遗产价值，伐木、采矿和其他工业活动是可以进行的。进入该系统的河流需满足以下三点：① 具有显著的自然、文化或娱乐价值；② 经公众协商，表明民众高度支持保护该河流；③ 可以实施有效的管理措施确保河流保持其显著价值。河流被提名后要首先受到遗产河流委员会的审查，委员会接受申请后再推荐给当地相关政府和加拿大公园管理局。该系统还建立了河流自然价值框架和文化价值框架，用于评估潜在遗产河流和现有河流的状态，识别缺陷，确定管理优先级和开展有效的监管研究。加拿大遗产河流保护系统是一个自愿的体系，在保护河流或河段方面没有法律强制性，所以对维持项目的有效性来说，公众和利益相关者的参与显得尤其重要。

3. 挪威的议会干预制度

挪威的主要能源来源是水电，截至2008年，水电占挪威电力生产能力的96%，因此，如何在水电开发和环境保护之间取得平衡，挪威的案例具有重要的参考意义。1973年，挪威议会采纳的第一项保护计划使95条河流永远免受水电开发的干扰(Lafferty，Rudd，2008)。这成为挪威河流保护立法和水电管理规定的开端。目前，挪威大约40%的河流已经受到保护，不可以在其上开发水电。挪威每年205×10^{8}千瓦时的发电能力中，有59%已经被开发，有22%被永久保护，不得开发。三项关于河流保护和开发的主要法规是《水资源保护计划》《水资源总体规划》和《水资源法》，其中《水资源总体规划》中包含了河流的16项公众利益，包括水电效益、自然保护、污染防治、防洪、野生动植物等常见方面，也包括气候影响、测绘与制图、户外娱乐等。在建立该规划前，挪威政府做了大量调研，调查了全国每条河流潜在的水电开发项目，并依据这十六项公众利益进行影响评估，包括定性和定量的评价；此外还使用了成本估计来评估潜在水电项目的经济利益。大西洋鲑鱼是在挪威经济中占有重要地位的鱼种，而挪威河流为鲑鱼提供栖息地至关重要；2003年，挪威议会建立了国家鲑鱼河和峡湾系统，现在已有52条国家鲑鱼河，这些河上不允许开展任何可能对鲑鱼群产生负面影响的活动，包括新的水电开发项目。

挪威模式的缺点在于，大部分保护是政治上的而非法律上的，其实施与否取决于议会的判断；管理措施的全面掩盖不了政策实质上的分散，会导致一定程度的忽略。但挪威的例子仍然证明了，一个国家既可以高度依赖于水电开发以满足其能源需求，又可以开发一个有效的保护体系来保护那些对国家经济、社会和环境至关重要的河流价值。

4.《欧盟水框架指令》

《欧盟水框架指令》(European Union Water Framework Directive，WFD)经

开放的协商过程而发展建立，参与者包括欧洲议会环境委员会、环境管理者委员会、地区官员、用水户和非政府组织等其他机构和个人。与会各方达成共识，认为现有的欧洲水政策太过分散破碎，而一个完整的框架应该具备如下特征：① 把水资源保护的范围扩大到所有水体(地表水和地下水)；② 使欧洲所有水域达到"良好"的级别；③ 提供基于流域的水管理方案；④ 确保更强的公众参与；⑤ 简化立法。该框架也包括有效保护自流河流及其价值的机制。欧洲的许多河流和水路已经因用于导航、防洪、发电、供水和其他用途而遭到严重改变，若被归类为"人工的"或"被严重更改"，就不必遵守"良好"等级的标准。

关于"良好"等级要求的豁免牵扯到《欧盟水框架指令》的一项关键性条款，这项条款使用了详细而创新的成本-收益分析，考虑了许多一般不被开发项目包括在内的水体价值。这些价值包括水生态系统的健康和生物多样性；人类健康；减缓气候变化的影响；水供给安全；可持续地创造工作岗位；上游和下游社区可以平等地使用水资源等。

在该框架中，河流流域是水体管理的基本单位；欧盟成员国根据流域建立水理事会，因为很多欧洲河流跨越国界，有些水理事会是国际组织。水理事会必须在2009年以前准备好流域管理规划，并且每六年更新一次。目前为止，大多数欧洲的河流流域都有管理规划。

5. 四国河流保护政策比较(表4-2)

表4-2　四国河流保护政策比较

国家/地区	美　国	加拿大	挪　威	欧　洲
政策名称	《原生景观河流法律》	加拿大遗产河流保护系统	《水资源保护计划》《水资源总体规划》和《水资源法》	《欧盟水框架指令》
政策目的	保护河流或河段保持自流状态，保护这些河流的水质，并实现其他重要的保护目的	可持续地识别、保护、管理加拿大的重要河流及其自然遗产、人类遗产(文化、历史)和娱乐价值	保证社会合理地利用和管理河流系统和地下水	建立框架来保护内陆表层水区、过渡水区和地下水
政策起因	自流河流及其自然价值的丧失	因水坝、水资源开发和污染对河流造成的负面影响的担心	水电开发带来的利益与环境利益的冲突	公众对清洁水资源的要求

续表

河流保护机制主要特征	系统中的河流必须是自流河流；阻止修建水坝等可能影响河流价值的活动；必须要有河流管理计划；同时保护河流周边的环境	由政府机构间合作实施的自愿体系；强调保护河流的文化特色	将河流按照可以/不可以修建水坝分类	除特殊情况，所有河流必须在2015年以前达到“良好”的生态状态；分类等级保护了等级高的、作为“参考条件”的河流；必须有流域管理计划，并且要每6年修订一次
河流选择机制	国会提案或者由州政府提出，通常先由公民团体和（或）联邦资源机构提出	由公众、社会团体和政府提名；委员会审阅并向负责部门推荐；负责部门做出最终决定	经由国会批准	所有河流都包括在系统中；流域管理委员会和成员决定河流等级分类和保护区范围
管理范围	独立的河流和河段；由联邦政府管理	独立的河流和河段；由加拿大遗产河流委员会监督，由负责部门管理	独立的河流和河段；由国家级机构管理	水质量区；由流域管理委员会负责管理相关流域；成员保留管理职责
管理计划	河流进入系统后三年内，管理计划为强制性	自愿	（无资料）	2009年以前要有流域管理计划，每6年必须更新一次
研究过程	有	有（非正式）	有	有
是否要求有公众参与	是，并且要遵守《国家环境政策法》的规定	是	是	是
是否要求利益相关方参与咨询	是，尤其是由多方共管的河流	是	是	是
是否要有政府机构协调	是，并通过机构协调委员会来协商	是	是	是
可能的缺陷	在河流管理方面，联邦政府被赋予很大的决定权	政策没有法律约束力，是靠自愿实施的	对于河流沿岸没有采取保护措施；国会有权随时更改河流的分类等级	没有针对每条河流的特殊保护措施；没有针对水资源开发的直接规定

6. 对中国河流综合管理、保护与利用的启示

加州伯克利大学的硕士生 Matt Freiberg 等根据对中国河流的研究，列举了应重点得到保护的河流或河段，及相应的应该着重保护的价值，现将表格翻译如下以供参考(表 4-3)：

表 4-3　中国应重点保护的河流及其价值(Kristen McDonald, 2009)

河流及其位置	价　值
黑龙江，黑龙江省	风景、动植物保护、渔业、供水
通天河，西藏自治区	文化、风景、生物栖息地、宗教
赤水河，四川省、贵州省	风景、供水
虎跳峡，长江第一湾，云南省	风景、文化、地质学、历史、娱乐
怒江大峡谷，西藏自治区、云南省	生物多样性保护、文化、娱乐、风景、地质学、渔业
漓江，广西壮族自治区	风景、旅游业、文化、渔业
雅鲁藏布江大峡谷，西藏自治区	风景、地质学、生态(生物栖息地)、生物多样性保护
澜沧江月亮峡	风景、生物多样性保护
黄河晋陕峡谷，保德	风景、历史
太行三峡，河南省	风景、地质学
归春河，广西壮族自治区	风景、历史、文化、娱乐
九龙河，云南省	风景、地质学
打帮河，贵州省	风景、地质学

针对政策执行过程中可能存在的责任模糊、标准不统一等问题，国家应在政策框架中详细指明，比如，如何识别河流价值、判断是否应该进行水电开发。学者和河流保护工作者研究出了河流价值识别工具来解决这一问题。图 4-1 为一项河流价值评估工具，类似地，河流保护和管理中的其他地方也可以用到这种量化的手段。

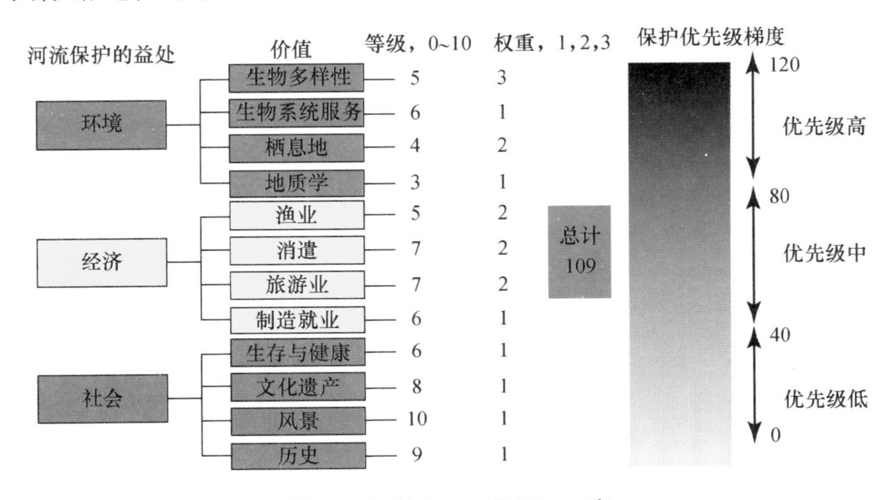

图 4-1　河流价值评估工具示意

这个河流价值评估工具列出了河流的综合价值，其中包括地质特性、文化遗产、水边居民及其独特风俗等往往被忽视的价值。在评估时，按照每一项为河流打分，乘以不同的权重后加和算出总分，根据总分来为河流评级、分类、判断优先级和批准河流加入保护系统等。中国引入这个工具时可以根据具体需要调整、设计需要考虑的价值及其权重，如目前长江中下游旱灾引起人们更加重视河流和水电的农田灌溉功能，这一点在农业发达的中国是非常重要的，有必要加入河流价值之列并且在环评报告中着重探讨水电开发对农田灌溉或淹没的影响。

同时，这项价值评估工具可以结合公众参与决策的环节使用。一方面考虑专家的科学论证，一方面考虑利益相关者的实际需要，综合考虑后将河流评级和分类，并且设定一个标准线，如，超过一定分值，该河流或河段应该被重点保护，不应建设水电项目；低于一定分值则可以开发水电；处于中间段的河段或河流在建设水电项目时需要对其强度控制有一定要求。

根据挪威的经验，河流或河段一旦被评定了级别，保护系统就应该要求这条河流或河段的级别不能因任何原因而降低，监督管理部门有责任定期检查和报告河流状态。例如，若建设小南海水电站，其所在的金沙江段流域价值会因鱼类资源遭到威胁而大幅下降，其等级可能也会下跌，保护系统应制止其项目开发并要求其做出调整。

三、小结

按照《环境影响评价法》的要求，对流域综合利用规划进行环境影响评价，使环境因素与社会、经济因素一并在规划形成的早期阶段得到重视，使规划更加符合可持续发展的要求；通过综合效益评估，完善所编制的流域综合利用规划，促进流域资源的合理利用，实现保护生态环境与流域可持续发展的双赢，这是合理的综合评估框架应该有的功能。国外的成功保护框架都有着如下的共同点：所有体系建立的动机最初都源自公众呼吁加大力度保护水质或河流的自流状态；在指定保护某些河流或河段时都有一定的灵活性；要求综合性的河流管理计划和政府机构间的协调配合；所有体系都要包括公众参与和利益相关方的协商。和这些较为成熟的系统相比，国内目前在河流管理上的缺陷是显而易见的：专门法律上存在空白；普遍缺乏部门、地区协调机制，各自为政，互不统一；缺乏公众参与意识，忽视了河流保护与治理项目中群众的主体性。虽因国情有异，文化背景和政治体系不同，这些制度的可借鉴性是有限的，但是其建立过程和保护机制依然可以在中国进行河流开发，特别是水电开发的政策制订中提供重要参考。

第五章　水洛河水电项目综合效益调查结果

一、选取水洛河作为案例的原因

对水电站做生态评价的工作，中国现阶段缺少一个很技术、很规范的、可以量化的指标，导致客观的评价工作开展起来非常困难。我们希望能够找到具体的案例，把拟定的评价的范围和评价的指标付诸实践。金沙江流域的生态效益评估实际上是很复杂，也是很系统的工程，所以选取一条支流进行一次试点研究是非常有必要的。

水洛河位于四川省凉山州木里藏族自治县，因出现在美国人洛克 1928 年的游记中而首次闻名于世。这里被称为“最后的香格里拉”。洛克在 20 世纪 20 年代来到木里，在当地土司的安排下，洛克和他的 21 位随从从木里县穿越至贡嘎地区，一路危险重重，但景色壮观唯美。洛克回国后在美国《国家地理》中第一次把木里及周围地区介绍给世人。

作家希尔顿根据其记录描述，创作了《消失的地平线》一书，其中讲述的“香格里拉”也随之传遍全球。水洛河具有的独特人文价值是考察水电建设综合影响中非常重要的因素。

但是，近年来从这一世外桃源传出了一些对生态有着非常不利影响的消息，使得我们更加迫切地想了解当地的情况。水洛河的河床中蕴藏丰富的金砂，如今水洛河的河床以及河岸生态已被蜂拥而至的淘金者严重破坏。水洛河干流曾经作为金沙江中游的替代生境写入金沙江中游一些电站的环评报告中，作为鱼类栖息地破坏的解决方案，但正在这条河上修建的水电站使其河流生态更加不堪重负。

水洛河从四川发源，一直流到云南的金沙江中游，除了彝族、藏族，还有几个少数民族，人口总量比较少，是相对比较封闭的流域系统，因为它比较封闭，所以可控性更强。目前我们对水洛河流域的资料掌握相对充足，选取这样的河流开展水电项目多元价值评估的案例研究工作，工作量相对较小，对其他的一些河流的评价应该会有一些借鉴意义。

二、水洛河概况

水洛河（又称稻城河、冲天河）（图 5-1）为金沙江中游左岸的一级支流，发源于甘孜州境内著名的海子山（海子山第四纪冰川作用极为发达，古冰川遗迹分布广泛。在夏塞峰的南坡几条沟均是古冰川谷。谷壁陡立，谷底平坦，为典型的“U”冰川谷），源头海拔高程 4600 米以上。老林口道班以上有正北向巴隆曲、西北向的其它宗和东北向的木楠哈三条支流汇合后始称稻城河，流经稻城县城、东朗乡、水洛乡、宁朗乡，在捷可上游与东义河汇合后注入金沙江，流域面积 1.4×10^4 平方千米（四川省发展改革委能源处，2006）。

图 5-1　水洛河

1. 水文情况

水洛河水量丰富，河床坡降陡，自然落差大。在高山和山原上，由于地形和构造的原因形成了众多大小天然湖泊（水海子）。干流老林口道班至河口长 273.8 千米，落差 2547.9 米，平均比降为 9.31‰，其中，干流老林口道班至额斯河道长 85.1 千米，落差 945.7 米，平均比降为 11.1‰，额斯至河口河道长 188.7 千米，落差 1602.2 米，平均比降为 8.49‰。流域内水力资源理论蕴藏量 1700 兆瓦，其中四川境内 1601.6 兆瓦，可开发量 2.8 兆瓦。

河流水系发达，左岸较大支流有尼亚隆雄、拉曲、东朗沟、地里沟、吉东沟、依吉沟、撒多沟等；右岸较大支流有巨龙河、俄初河、赤土河、撒绒沟、嘎巴来沟、拉排贡沟、拉根瓦沟、东义河、沙汝河等。各支流构成不对称羽状水系(四川省发展改革委能源处,2006)。

2. 地质地貌情况

水洛河流域所处大地构造位置特殊,地壳运动比较强烈,褶皱、断裂构造十分发育。其流经的木里县南部以短轴背斜为主褶皱形态;东为长枪背斜;西为贡嘎岭穹状体,博科、水洛背斜介入期间。其中以长枪背斜最完整,其余因断裂破坏,只能看到一些残迹。县境南部地区,构造线呈南向突出的弧形;北部地区构造线呈西北—东南向展布。断裂构造以西北向为主体,规模巨大,平行展布,纵贯全境。

水洛河流经的木里县地处青藏高原东南缘,横断山脉中段东侧,是青藏高原向云贵高原过渡地带,地势北高南低,为切割深刻的残余高原,是典型的高山峡谷区。

境内重峦叠嶂,山势峥嵘,奇峰林立,千姿百态。5000 米以上的山峰 19 座;4500～4999 米的山峰 345 座;4000～4499 米的山峰 622 座;3500～3999 米的山峰 642 座;3500 米及以下的山峰无计其数。境内地形复杂,山高坡陡谷深,沟谷纷繁。全县最高点恰朗多吉峰。海拔 5958 米,最低为冲天河与金沙江汇流处的三江口,海拔 1470 米。全县平均海拔 3000～3500 米,由北至南,逐渐由 4000 米降至 2000 米。山脉河流,自北而南,呈平行或近似平行排列,纵贯全境(四川省发展改革委能源处,2006)。

3. 气候情况

水洛河地处青藏高原和云贵高原过渡地带,受其复杂多样地貌的控制,气候的垂直变化十分明显,从低到高出现了暖温带、温带、亚寒带及永久冰雪带等气候类型。根据稻城县和木里县气象站资料分析,流域干湿季节明显,冬天晴朗少云,气候干燥,降雨量极少,日照充足,气温较低。夏天降雨集中,形成明显的雨季,降雨从上游到下游递增趋势。总的气候特点是干湿分明,冬无严寒,夏无酷暑,气温年变化小,日变化大,湿度小,日照多,风大。

水洛河径流补给以季节性融水为主,其次是大气降水产生的直接径流和高原湖泊水,上游地区的湖泊沼泽补给也占有一定的比重,且对河川径流具有重要的调节作用。河口多年平均流量 193 立方米/秒,年总水量 60.9×10^8 立方米。径流年内分配比较均匀,湿季水量约占全年总水量 65.5%,干季各月占全年总水量 34% 左右。径流年际变化上游地区较小,下游稍大,变差系数为 0.23～0.25(四川省发展改革委能源处,2006)。

4. 生物情况

水洛河所在的木里县素有“动植物乐园”之称。境内山高林密，人口稀少，适合野生动物繁殖，整个山区就是一座天然的动物园，常见种类 200 多种，其中国家一级保护动物有白唇鹿、牛羚、羚羊、云豹、豹、金雕等十多种；二级保护动物有小熊猫、短尾猴、猕猴、黑熊、斑羚、马鹿、岩羊等 50 多种，受国家一、二级保护的鸟类有 18 种；此外，列入四川省重点保护鸟类有鹰鹃、八声杜鹃、小白腰雨燕等 3 种。

境内木本植物 627 种，81 科，199 属；受国家一、二级保护的树种在 10 种以上，其中包括一些珍稀濒危种类。境内经济林木有花椒、核桃、沙棘及野生果类等 50 种左右。中药材资源也十分丰富，全年药材产量达 100 吨，国家指定的 24 种二类药材中，木里就有 12 种，其中贵重药材有虫草、贝母、天麻、熊胆、麝香、鹿茸等。菌类有蘑菇、鸡枞、木耳、牛肝菌、刷把菌、马鹿菌等，尤以松茸为特别珍贵，产量高且远销海外(四川省发展改革委能源处，2006)。

三、考察内容

我们于 2010 年 11 月上旬赴木里县，实地考察了水洛河干流的情况以及水洛河下游在建的宁朗和撒多电站(图 5-2)，对水洛河水电公司的负责人及当地居民进行了访谈调查。调查组成员包括北京大学自然保护与社会发展研究中心王昊博士、中国水利水电科学院李翀教授、中国科学院成都生物研究所李成研究员、中国建设银行凉山彝族自治州分行行长廖国宏等人。

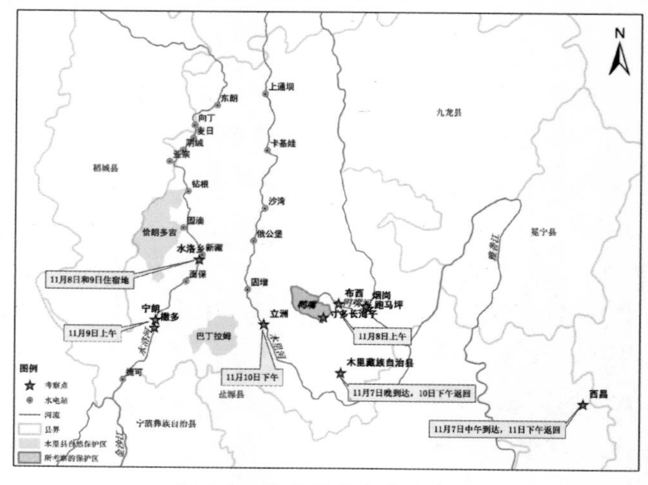

图 5-2 木里县考察点分布图

四、水洛河梯级水电站与金沙江上游(阿海以上)替代生境

1. 水洛河一库十一级

水洛河是四川省中型河流中径流量较大的河流之一,开发条件较为优越。2007年4月26日,四川省发展改革委批准了"水洛河干流水规划报告"(川发改能源【2007】154号),同意水洛河干流按一库十一级开发,总装机容量1293兆瓦;多年平均发电量(58.2/62.5)×10^8千瓦时(单独运行/联合运行),静态总投资115.03亿元。截至目前,宁朗水电站已经核准(图5-3),主体工程已开工,计划于2011年3月投产发电;撒多水电站已在2009年下半年获得核准,2010年元月开工建设,计划2011年年底投产发电;钻根水电站、固滴水电站、新藏水电站、博瓦水电站四个电站已完成预可行性研究报告和部分专题报告的审批。向丁水电站、麦日水电站预可行性研究报告完成评审。其余3座电站已在进行勘测设计工作,争取在2011年内完成可行性研究报告(水洛河干流水规划报告,2007)。

图5-3　水洛河宁朗工地

2. 木里县水电资源

水洛河开发的缘由,主要是其作为木里县乃至凉山州的主要河流之一的水能蕴藏量。木里县水资源相当丰富,主要河流有雅砻江、木里河、水洛河,县域内流域

面积在100平方千米以上的河流有32条，流域面积在100平方千米以下的河流有37条，多年平均径流量为58.1×10^8立方米，人均水资源量为5.81×10^4立方米，是四川省人均占有量的18.6倍。

木里县境内河流水能理论蕴藏量为4673.7兆瓦（不含雅砻江），可开发的水能资源在2500兆瓦以上，其中，已开发的仅119兆瓦，不足可开发水能资源的5.8%，木里县水能资源的开发潜力极大。为了充分利用水能资源，木里县政府制订了水电开发的“3551”工程（即从2006年起，三年内建成500兆瓦装机，五年建成1000兆瓦装机），水洛河由于交通相对便利，工程技术经济指标优越，已被地方政府确定为水电开发的重点，是实现“3551”工程的重要组成部分之一。梯级电站的建设必将成为全县经济新的增长点，对促进当地经济建设和社会发展发挥重要作用（水洛河干流水电规划可行性研究报告，2006）。

3. 水洛河水电的生态影响

虽然水洛河的工程建设条件好，规划梯级工期短、见效快，完全实施后全流域将具季调节能力，能够缓解地方电网缺电，特别是枯水期缺电的局面，并为地方经济发展提供有力支持。但是它地处中国西南横断山区，是全球生物多样性热点地区和优先保护的生态区域，在这一区域中已划定了上百个自然保护区和风景名胜区，这些保护区都受国家法律的保护。另外还有6处世界遗产地，受世界遗产公约的保护和全世界的瞩目。目前西南地区水电开发项目已经涉及其中的3处世界遗产地、12处国家级自然保护区和13处国家风景名胜区。长江是中国最重要的水生生物基因库和鱼类资源库，拥有大量特有的和珍稀的物种。大量的水电工程建设将对这些资源产生不可避免的影响。

值得关注的是，中国西南地区藏东、川西和滇西北一带还是中国鱼类物种组成最复杂和集中的地区，该地区鱼类资源非常丰富，组成分布极具特色，具有很高的研究及保护价值（图5-4）。西南山地热点分布区内的原生鱼类计有20科、98属、215种，包括6个特有属、76个区内特有种和142个中国特有种。这些鱼类物种正因金沙江及其支流的水电工程建设而受到致命的威胁。水电工程对水生生物的直接影响包括因大坝对水流的隔断而阻碍了洄游鱼类的路径；水电工程建设引起的河流的系列理化性质改变间接改变了水生物种的生境，从而影响其生存。有数字显示，水电是导致世界上1/5淡水鱼濒于灭绝或灭绝的主要原因，建坝多的国家这个数字还要高，在美国近2/5，而在德国则有3/4（麦卡利，2005）。中国水电工程数量和密度都要远远高于这两个国家，西南作为中国生物多样性最丰富的地区受到的影响更加难以计算。

图 5-4　鲈鲤(来自百度图片)

水电工程建设直接使原来河流的动水变成了静水，阻隔了大坝上下游的联系，改变了河流的水文周期，从而改变了一系列局部水段的水的理化性质，如流速、水温、水深、盐度、酸碱度、溶解氧等，而原先生活在水中的鱼类经过上万年的演化，已经适应了原先的水体，骤然改变的环境给鱼类的生存造成了巨大的困难，特别是许多鱼类的繁殖与水的某些理化性质息息相关，改变后许多鱼类无法产卵，或产出的卵不能成活。水电工程对河滨和陆地生态系统的影响主要是水库淹没土地，造成原有栖息地的损失。因为中国西南地区生态具有多样性程度高、脆弱等特点，水洛河梯级电站工程的建设必须要充分考虑其生态影响。

4. 水洛河与金沙江中游水电规划

水洛河与在金沙江干流上规划的水电工程，尤其是金沙江中游规划的一库八级电站还有着密切的联系。据长江管理委员会 2003 年 10 月编制的《金沙江干流综合规划报告》中推荐的梯级开发方案，金沙江水电开发由 19 个梯级组成，其中中、下游河段的金安桥、观音岩、乌东德、白鹤滩、溪洛渡和向家坝 6 个梯级为近期工程。而根据《长江流域综合利用规划简要报告》，金沙江中、下游规划兴建梯级电站数量被增加到 12 座，装机总容量为 58.58 吉瓦。其中雅砻江口至宜宾下游河段规划按四级开发，即向家坝、溪洛渡、白鹤滩、乌东德；而奔子栏至雅砻江口的金沙江中游计划开发一库八级，即龙盘、两家人、梨园、阿海、龙开口、金安桥、鲁地拉、观音岩水库。

除水洛河外，全江其他支流也基本被开发殆尽：金沙江流域的岗曲河、普渡河、牛栏江、横江、白水江等共有56个梯级；乌江流域的芙蓉江有十个梯级，猫跳河有六级；嘉陵江流域的涪江干流31级，涪江上游火溪河四级，涪江上游虎牙河三级；渠江上游巴河五级；岷江流域的马边河九级，青衣江十八级，杂谷脑河一库八级，黑水河二库五级；在大渡河流域，瓦斯沟一库七级，梭磨河八级，小金川十七级，田湾河二库四级，南桠河七级，官料河七级；在雅砻江流域，九龙河六级，木里河一库六级（吕植，等，2009）。

而水洛河作为金沙江中游仅存的年均径流在 50×10^8 立方米以上的一级支流，曾被视为金沙江阿海电站闸址以上江段的鱼类替代生境而写进阿海、梨园等水电工程的环评中，并且是这些电站的环评之所以能获得通过的关键补救措施。然而，现在阿海、梨园电站以及水洛河一库十一级梯级电站的环评均获通过并且已全面开工建设的事实，使金沙江流域在这个海拔已经不存在连续的鱼类生境。水洛河作为金沙江中游鱼类的替代生境这一解决方案还没有机会实施就宣告破产。直到2010年11月，建设单位给环保组织的回信仍然说："如果国家政策支持，建立支流生态补偿机制，支流的有限制地开发或不开发（通过收购拆除已建水电站）不是没有可行性。"

五、水洛河流域规划对环境的影响

由于调查时间限制，我们没有在水洛河流域做详细的生态环境本底数据调查以及其他具体调查。对水洛河流域规划的环境影响的调查方法主要采用访谈与文献研究。

1. 水洛河流域规划对两栖爬行类的影响

（1）两栖爬行动物多样性现状

根据实地考察和资料信息，木里水洛河电站开发工程区域共有两栖类7种，爬行类8种。没有国家Ⅰ、Ⅱ级保护动物，也没有四川省重点保护的珍稀两栖类和爬行类。

① 两栖动物：工程区涉及两栖动物7种，隶属于4科、7属，均为无尾目（表5-1）。在区系组成上，均为东洋界物种，其中仅在西南区分布的有6种，占86%。这表明该地区物种混杂程度比较低，没有古北界物种分布，以东洋界物种为绝大多数，此与该区域为热河谷区的情况相一致。

两栖动物以溪流和湿润的沼泽或池塘附近区域为主要的生活环境，在较大河流及附近主要有四川湍蛙和华西蟾蜍分布，其余物种少见。

表 5-1　水洛河流域两栖动物名录及分布

物　种	区系分布	生境分布
宽头短腿蟾 *Brachytarsophrys carinensis*	西南	山溪
华西蟾蜍 *Bufo andrewsi*	西南	草丛、乱石堆
华西雨蛙 *Hyla annectans*	西南、华中、华南	稻田
无指盘臭蛙 *Odorana grahami*	西南	山溪
双团棘胸蛙 *Paa yunnanensis*	西南	山溪
昭觉林蛙 *Rana chaochiaoensis*	西南	草丛、水塘、沼泽
四川湍蛙 *Amolops mantzorum*	西南	山溪

② 爬行动物：工程区涉及爬行动物 8 种，隶属于 1 目、4 科、10 属（表 5-2），其中蛇类 6 种，占 75%；蜥蜴类有 2 种，占 25%。在区系组成上，以东洋界物种为主，有 5 种，占 62.5%；有 3 种跨界分布，占 37.5%。物种混杂程度较两栖类高，这可能与爬行类较两栖类的活动能力强有关。

该区域的爬行动物除黑眉锦蛇、棕网腹链蛇在溪流附近有出没外，其余种类陆生性极强。

表 5-2　水洛河流域爬行动物名录及分布

物　种	区系分布	生境分布
草绿攀蜥 *Japalura flaviceps*	西南、华中	稀疏灌丛及岩石
康定滑蜥 *Scincella potanini*	西南	山坡乱石、朽木下、泥缝
棕网腹链蛇 *Amphiesma johannis*	西南	流溪附近
王锦蛇 *Elaphe carinata*	华北、西南、华中、华南	乱石堆、水塘边
黑眉锦蛇 *Elaphe taeniura*	东北、华北、西南、华中、华南	河边、稻田、住宅
大眼斜鳞蛇 *Pseudoxenodon macrops*	西南、华中	高山草原、常绿阔叶林草丛
黑线乌梢蛇 *Zaocys nigromarginatus*	西南	水稻田、村寨附近
菜花原矛头蝮 *Protobothrops jerdonii*	青藏、西南、华中	高山、高原的荒草坪、乱石堆、耕地、灌丛、溪边草丛

（2）水洛河梯级电站开发对两栖爬行动物多样性的影响分析

水电工程建设中的开挖、填埋会对爬行动物赖以生活的环境有所破坏，但这类影响是暂时的，影响程度有限。水电工程建设的影响主要表现在两栖动物方面。

① 两栖动物繁殖场与栖息地减少和单一化。水坝建成后，坝体直接造成水坝上下游物化、地质和栖息环境的巨大改变。由于水坝对沙石的阻拦，水坝上游的河道逐渐被沙石淤满，河道落差减缓，水流减慢，在水坝上游河段原有的激流、缓流与洄水塘等多样化的流水型生境，演变成河面宽阔、深度变浅、水流缓慢的湖泊型水域，由于适合无指盘臭蛙、双团棘胸蛙、四川湍蛙栖息的激流生境的消失，其数量大

幅下降;而适于缓流生活的宽头短腿蟾、适于静水生活的华西蟾蜍、华西雨蛙和昭觉林蛙则在水坝上游大量繁殖(表 5-3)。

表 5-3 水电站对不同习性两栖动物的影响

物　种	生态习性	种群变化
华西蟾蜍、华西雨蛙、昭觉林蛙	静水生活型 卵产在临时性、永久性静水塘或流溪的洄水塘内。卵数多,卵径小,发育迅速,从卵孵化到蝌蚪变态上陆仅需 2 ～ 3 个月,季节性的来水即可成功繁殖。静水型蝌蚪。成体营陆栖和树栖生活	数量增加
宽头短腿蟾	缓流生活型 卵团黏在缓流及洄水塘内的大石块下面。卵数少,卵径大,孵化和变态的时间长。卵历经 2 ～ 3 个月孵化为蝌蚪,蝌蚪需要经过 2 ～ 3 年才能变态上陆。在卵和蝌蚪的发育过程中,短时间的缺水也会对它们的繁衍造成重大危害。流水型蝌蚪。成体营水栖生活	数量增加
无指盘臭蛙、双团棘胸蛙、四川湍蛙	湍流生活型 卵团黏在激流大石块下面,卵数少,卵径大,孵化和变态的时间长。卵历经 2 ～ 3 个月孵化为蝌蚪,蝌蚪需要经过 2 ～ 3 年才能变态上陆。在卵和蝌蚪的发育过程中,短时间的缺水也会对它们的繁衍造成重大危害。流水型蝌蚪。成体营水栖生活	数量减少

② 水坝造成溪流分隔,限制蝌蚪在河道的迁移。水坝上游有华西蟾蜍、华西雨蛙和昭觉林蛙以及宽头短腿蟾等 4 种蝌蚪,广布于静水和缓流。由于水坝的阻隔效应,分布在水坝上游的蝌蚪将无法在溪流中自由向下游扩散。

③ 改变两栖动物成体的分布格局。水坝所导致的栖息环境的剧烈改变,将限制两栖动物成体的数量与分布,即使栖息生境比较泛化的华西蟾蜍、华西雨蛙和昭觉林蛙,其分布也将受到较大影响;而栖息生境要求比较特化的无指盘臭蛙、双团棘胸蛙、四川湍蛙则只能在有限的河道内繁殖,形成片段化的小种群。

(3) 电站开发对两栖爬行动物多样性的总体影响

电站开发对陆栖性较强的爬行动物影响有限,但对水陆两栖,尤其是水栖性较强的两栖动物会产生较大影响。首先,筑坝引水改变了河道主槽、水陆交汇带与临时性的水体,导致繁殖场和栖息地退化与单一化,减低了溪流生态环境的多样性。其次,突出的坝体中断了流溪的连续性,造成河流生境的片段化,阻断了两栖动物的扩散与迁移通道,限制了动物分布。电站开发将使两栖动物面临着严峻的挑战,不仅对河道内繁殖的、蝌蚪多年生的湍流生活型物种有较大影响,而且对在河道外,临时性水体中繁殖的、蝌蚪当年变态的静水生活型物种也有显著的负面影响。如何促进水能开发和生物多样性保护的协调发展是颇值得深入思考的问题。

(4) 两栖爬行动物多样性的保护对策

根据研究结果,建议保护措施如下:首先,要维持河流的最小生态流量,逐步修复河流生态系统的完整性和生物多样性,宜将两栖爬行动物种群的恢复作为河流修复的生态目标之一。其次,在同一条河流上建设必要的水坝工程时,连续的梯级电站最好不超过 5 个,以有效降低生境片段化对物种多样性的负面效应。最后,由于引水发电导致河道脱水将对水生生物多样性产生致命的影响,因此,采用引水发电方案的电站的建设要十分慎重。此外,在施工过程中,要加大宣传力度,提高施工人员的动物保护意识。

2. 官方环境影响评价的数据

依据《中华人民共和国环境影响评价法》及其配套出台的各项规章制度,水洛河干流的水电规划进行了流域规划环境影响评价。其结果如下(中国水电顾问集团成都勘测设计研究院,2007)。

(1) 梯级规划实施后的生态影响

① 陆生生态。规划实施后的影响程度受水库淹没、减水程度控制。水洛河 12 个梯级中,"控制性水库"东朗水电站采用混合式开发,捷可梯级水电站采用坝式开发,其运行期影响主要由水库淹没、水位的消涨和水体的扩大加深,以及坝、厂址间河道减水造成;其余的 10 个梯级水电站均采用引水式开发,主要影响来自河段减水。

东朗水电站、捷可水电站建坝蓄水后,因水库区地形平缓,且入库流量不大,水位变化较缓慢,因此,水位变动不会对两栖、爬行动物造成重大危害。但水库水位在死水位和正常蓄水位之间变化,水陆交替对两栖、爬行动物的生存、繁殖不利,最终将导致两栖、爬行动物部分外迁并使区域内的数量减少。

减水河段水域减小,湿度降低将不利于两栖、爬行动物的生存、繁衍,但河道减水会使砾石滩的面积扩大,部分干燥向阳的区段适宜于蜥蜴类栖息活动。

水库淹没和河段减水影响的主要为两栖类无尾目的种类和爬行类半水栖的种类。

规划实施后,各梯级电站将拆除临时建筑物,平整与恢复施工迹地,同时,行驶车辆减少等因素将使原有两栖、爬行动物的生存环境、空间得到较大程度恢复,蜥蜴类动物种和壁虎类群受工程施工影响的物种的种群数量也将逐渐恢复。

通常情况下,水电站建成后,水库的形成将改变库区小气候,使库区湿度及年降雨量增加,冬季气温升高。局地气候的改变对植物的生长将产生间接影响。

水洛河水电规划方案各梯级水电站所形成两个面积相对较大水库，一个是“控制性水库”东朗水电站或阴绒水电站，采用混合式开发，一个为最后一个梯级捷可梯级水电站，采用坝式开发，其余10个梯级均引水式开发，形成水库面积相对较小，其中捷可水库为河道型水库，水库面积仅有2.8平方千米，水库形成前后水面积变化不大，对局地气候基本无影响，东朗水库虽然具有一定的调节性能，但水库面积也仅有5.2平方千米，因局地气候的改变而对植被产生的间接影响范围很小。总体而言，规划梯级水库面积较小，对水洛河流域的间接影响有限。

② 水生生态。水洛河流域水电梯级主要采用引水式开发，其梯级水库以典型的河道型水库为主，库区水体交换频繁，建库前后水环境变化不大，水库形成对水生生物的影响不大；具有调节性能的东朗水库，和采用坝式开发的捷可水库建成后，水体增大、变深，流速减缓，库区河段的水生环境将发生较大改变，由此可能导致水生生物现有种类和数量发生变化。

根据鱼类的食谱分析，水洛河的鱼类主要以水生无脊椎动物为食，而水生无脊椎动物赖以生存的食物基础是水生植物。因此，低级水生生物的变化将直接影响鱼类种类和数量。水洛河干流水电规划各梯级电站建成后，特别是库区和减水河段形成，将改变原有的生境，水生植物的种群、数量将发生变化，原有鱼类的种群和数量可能随之发生相应变化。

各梯级水库蓄水后，水库面积为0.1～5.2平方千米不等，较天然河道水面面积大幅度增加，同时，水体容积也增大到天然状态下的几倍至几十倍，为鱼类的生长提供了广阔的空间，有利于鱼类资源量增加。此外，木里河冬季水温受气温影响，温度较低，水库形成后，水体热容增加，将减轻气温对水温的影响，在一定程度上有利于鱼类越冬。

水洛河为山区河流，水流湍急，水库形成后，原有鱼类中流水、急流水底层和中下层生活的刮食性和食虫性鱼类，以及在急流水中营吸着生活的石爬鮡类可能将不存在。流水中下层生活的山鳅等种，在库区支流河口可能不会绝迹，但数量将会大量减少。四川裂腹鱼、细鳞裂腹鱼在水库蓄水后，有可能适应水库缓流水区。大坝形成后，部分四川裂腹鱼、细鳞裂腹鱼产卵场将被淹没，它们将上溯到库区以上干、支流里繁殖，形成新的产卵场。库区水流流速较天然河道大幅度减缓，将对流水性鱼类的鱼卵孵化和鱼苗发育带来一定危害，对鱼类资源产生一定影响。同时，库内环境条件与它们所要求的栖息生境不相适应，种群数量会受到较大影响，原有的优势种将被喜静水或缓流水生境的鱼类所取代。

规划河段实施梯级开发以后，大部分河段将形成不同程度和时间长短不一的减水河段。随着坝下河段距离的延长，两侧支沟来水的汇入，减水程度将逐渐减弱，减水河段形成对鱼类资源的主要影响是减水河段和水库大坝的分割阻隔影响与鱼类生存空间的丧失和缩小。

水洛河分布的鱼类中，没有洄游性种类，且原有河段的中下游水流湍急，跌水众多，在一定程度上阻隔和制约了鱼类上溯，裂腹鱼等经济鱼类较少。闸坝和减水河段的出现将把鱼类原有的生存空间分割为12～13个破碎段，使其基因交流的范围缩小，削弱上、下种群的生存力。考虑水洛河目前的河流形态和鱼类资源状况，上游梯级亚宗、东朗水电站的减水河段和大坝的阻隔影响对相应河段鱼类的影响较为微弱，下游梯级宁朗、撒多、捷可水电站对相应河段鱼类的影响相对明显。受下游梯级水电站的影响，由于大坝和减水河段的阻隔，具有春夏季上溯习性的裂腹鱼等可能在水库上游河段及其支流中的种群数量将会大大减少。

减水河段的形成，大大地缩小了鱼类的生存、繁衍空间，河段呈小溪状，将以小型鱼类生活为主，但在鸟、兽的猎食和人为影响下，小型鱼类的数量会很少，电站减水河段实际上已无渔业意义，仅能维持小型鱼类基本的生存条件。

在各梯级水电站的减水河段，随着河道向下游伸长，两侧支沟流水汇集增大，其水环境、水质、水文、饵料生物等相对稳定，鱼类的生息条件将逐渐好转，但比梯级水电站兴建前，鱼类的生存空间仍减少很多。

规划实施后，水洛河原有的水生生境将发生较为显著的变化。喜流水生境的物种在水库库尾及衔接河段可以留存，但总的种类及数量将大幅度减少，取而代之的是一些喜静水生境的种类。总体上，水生生态系统的结构将发生明显变化。为减轻规划实施对水生生态环境的影响，梯级电站应下泄一定的生态流量，维持水生生物的基本生存条件。

规划方案的引水洞线段总长112.15千米，所对应的减水河段均位于水洛河中下游，受采金活动影响，目前河流中虽然仅有少数浮游动、植物，鱼类资源也相对较少，但河道减水主要对浮游植物和水生无脊椎动物以及四川省级保护鱼类齐口裂腹鱼、细鳞裂腹鱼资源的影响是巨大的，甚至是毁灭性的，应当引起足够的重视。

(2) 对自然及人文景观的影响

“石祖”(图5-5)位于东朗梯级库区的河滩地上，从分布位置和高程来看，大约在海拔2850米，东朗梯级水电站建成蓄水后，“石祖”将被淹没，但由于有在“文革”期间被信教藏民异地保护的先例，可以根据东朗水库正常蓄水位抬高高程搬迁保护或迁地保护(这主要取决于文物主管部门、当地政府和民众的意见)。

在规划的实施过程中，俄西、曲工、嘉龙分布的三座伸臂桥可能被用做临时施工用桥，交通负荷加重，应当设置限重和限高标志，加强保护。

图 5-5　石祖(来自木里外宣网)

新藏梯级建成后,水洛乡东拉村的"穆天王"古堡群将位于减水河段,景观可能受到一定影响,应采取规范施工和下泄景观生态流量等辅助措施。

白水河下游至新藏大桥以下河段河床及两岸亦受采金活动影响,破坏严重,应规范弃渣堆放,保护河谷地区的自然风貌。

本规划实施后,水库淹没区将淹没白塔 3 座,嘛呢堆 20 座,应赔偿或另择址重建,工程建设对文物古迹的影响相对较小。规划涉及的河谷地区基本不涉及风景名胜区及重要景点,本规划对区域景观旅游的负面影响相对较小。

(3) 对环境地质影响

梯级水库蓄水后,除直接淹没改变库区局部边坡的稳定性外,水库蓄水和水位变动以及地下水位的升高造成土体软化,当库水位反复升降时,水位波动对土体侵蚀作用加强,可引起地面塌陷、下沉、地裂等环境地质问题。

本次规划各梯级水电站所形成的水库规模不大,水库面积在 0.1～5.2 平方千米之间(除了控制性水库东朗水库面积为 5.2 平方千米,捷可水库面积为 2.8 平方千米),其余 10 个梯级均采用引水式开发,所形成水库面积均不超过 0.5 平方千米,对环境地质影响相对较小,下面重点就东朗及捷可水库的浸没影响、水库渗透及库岸稳定性影响、水库诱发地震影响等三个方面进行影响分析。

① 水库的浸没影响。本次规划所形成的两个水库库区地势较为陡峻,两岸岩性主要为砂岩、板岩、灰岩及中酸性火山岩、片岩夹千枚岩、大理岩等,透水性较弱,且水库淹没线上下无较大的台地和缓坡地,故梯级水库不会产生明显的浸没影响。

② 岸坡稳定性及水库渗漏评价。东朗电站组成库岸的基岩以砂岩、板岩、灰岩及中酸性火山岩为主，与岸坡呈 30°～40°，蓄水后基岩边坡不会出现大规模变形失稳现象。局部地段由于岩体卸荷及岩层揉皱发育，存在不利组合体，蓄水后可能会发生小规模的滑塌失稳。库区切割较深的相邻沟谷不发育，但发育一条区域性断裂——增东断层，且横穿库区，断层构造破碎带、层间挤压带较发育，有无沿断层构造带产生向下游邻谷渗漏的可能性，还需下阶段进一步研究。

捷可水电站库区地形封闭，岩性以片岩夹千枚岩、大理岩为主，回水区断层、裂隙均不发育，库岸稳定，不存在永久性渗漏问题。

③ 水库诱发地震评价。东朗水库库区发育有区域性断层——增东断层，蓄水后，不排除水库诱发地震的可能性，需下阶段进一步研究。

捷可水电站库区内无区域性断裂发育，而多以揉皱褶曲、层间挤压为主，规模不大，因此，水库形成后不存在诱发地震的可能性。

此外，施工活动对地质灾害的影响也不容忽视，应作好施工规划，避免施工道路、高陡边坡开挖、弃渣和取料的不合理布设及不规范施工活动导致地质灾害发生。

3. 水洛河金矿采集

金沙江中游的阿海电站曾视水洛河为替代生境，但其实在阿海环评初审的 2006 年，即水洛河作为金沙江中游电站淹没珍稀鱼类产卵区以及隔断鱼类洄游路线的替代生境的解决方案第一次提出之时，水洛河就早已没有适宜鱼类生存的河段了，因为流传已久的淘金暴富故事让这条河的河床在 2006 年以前就被翻了好几遍了。

在 2003 年前，水洛河金矿全靠人工打洞淘金，生产落后，但“几个月采金数百斤，稳赚几千万”的传言使得向往这里的人越来越多。2006 年也就是水洛河梯级水电站规划可行性研究通过审批的前一年，水洛河公路开建，其目的明面上讲是为了发展水洛河畔诸乡的经济，但实际上从投资方水洛河电力公司来看，这条公路就是为了修建水电而开通的，于是金矿就借此机会改制，并迎来了比之前的挖掘效率高出几十上百倍的机械开采。与此同时，木里县政府组织国土、林业、黄金办等部门公开拍卖水洛河河段的零星采金点，每米按照 500～2000 元的价款拍卖，以地段的好坏来区分价格。另外，开采人还要对河段沿岸的村民进行补偿。每户补偿基本在 10 万元以上，这使得水洛河成为各种利益者的追逐对象。

现代化淘金方法是，挖渠让河水改道，大型挖掘机刨出河床的土，筛出金子后用车拉走,整条河全部采用明采的方式(图 5-6)。

图 5-6　水洛河的金矿采集

左:水洛河金矿导流明渠　　　　右:水洛河金矿河床砂石堆积场

明采就是在河道旁修一条分水渠,将江水疏导进入分水渠中,露出河床,挖掘机直接在河床上采金,运输车将挖出的沙石运到冲刷机处筛选,留下金粒直接落进上锁的库柜中。原本 10 多米宽的水洛河如今被“瘦身”,所有的水流都从一条宽 3 米的渠道中通过。裸露在日光下的河床,成了挖掘机、摇床等机械的战场。明采要借用大型机械,对原始河流生态破坏很大。

水洛河以水洛大桥为界,分为上半乡和下半乡两段。水洛河从源头岩金矿区冲刷下大量黄金颗粒,在河床弯道处淤积黄金。上半乡的含金量比下半乡要多。如今,上半乡的河床上已被人采过三遍,资源早已枯竭。目前只有 3 家采矿主在上半乡挖金。外地人到水洛河采金,需要打通一切外围关系,诸如办理采矿证、协调农民补偿以及采金安全等,并且都要遵照当地潜规则办事:找一个当地人合作,共同进行采金。否则仅是当地百姓的阻挠,外地采金者就招架不住。

现在更多淘金者都集中在水洛河的下半乡。水洛河下游长十多千米,正在分段修建人工分水渠。数十段河床上,挖掘机正在挖金。其中只有一家湖南人创办的民营企业——木里县银河矿业有限公司获得了政府的采矿许可证。他们的采矿范围为水洛河下游 1300 米,而这一范围正伴随着水洛河电站公路的修建逐渐向南推进。

随着水电业的快速发展,过去曾经给水洛当地人带来冲击的外地采金队伍将会逐步退出历史舞台。也正是因为水电站修建的压力,两年来,木里县没有再对零星金矿进行招拍挂,而是直接协议出让采矿权:因为水电站蓄水后,大多数采金点都将淹没在水坝回水下。目前开放的零星砂金点全部处在水电站压覆区,而水洛河上的一库十一级电站正在开工,最快的 2011 年即可蓄水。按照国家有关规定,水电站压覆区内的矿产资源可以抢救性开采，采金者获得采矿资格后，便会加快施工。采金季是从头年10月到第二年5月的8个月时间，于是他们赶工期，实行三班倒、日夜开采，同时对已经修好分水渠的河段掘地三尺，直至地下岩石层。等到开采完且电站修建好时，这里已经和在人工开挖的运河上修建梯级电站没有什么区别了。

因为水电建设而带来的对生态破坏更加严重的连带开发，之前从未在任何一个项目的环评中体现过。连带开发所引起的这一严重后果，实在是不容忽视。

六、水洛河流域规划对环境的影响

1. 水洛河工程的投资情况

水洛河梯级电站工程预计总投资为1 140 291.20万元，具体投资估算见表5-4和图5-7(四川省发展改革委能源处，2006)。

表5-4　水洛河梯级电站工程估算表

编号	工程或费用名称	投资/万元	占总投资比例/(%)
Ⅰ	枢纽建筑物	828 722.28	72.68
一	施工辅助工程	79 135.18	
二	建筑工程	397 817.27	
三	环境保护工程(包括下泄水孔)	11 196.51	
四	增殖放流引进及管理	18 102.50	
五	机电设备及安装工程	215 440.78	
六	金属结构设备及安装工程	44 726.44	
七	基本预备费	62 303.60	
Ⅱ	建设征地和移民安置	95 488.49	8.37
一	水库淹没处理	41 409.25	
二	建设场地	54 079.24	
Ⅲ	独立费用	124 177.71	10.89
一	项目建设管理费	45 829.29	
二	生产准备费	4425.20	
三	科研勘测设计费	51 589.38	
四	森林淹没补偿税费	20 205.26	
五	其他税费(包括专项生态)	2130.58	
Ⅳ	工程总投资		
	静态总投资	1 048 388.48	91.94
	建设期贷款利息	91 902.72	8.06
	总投资	1 140 291.20	100.00

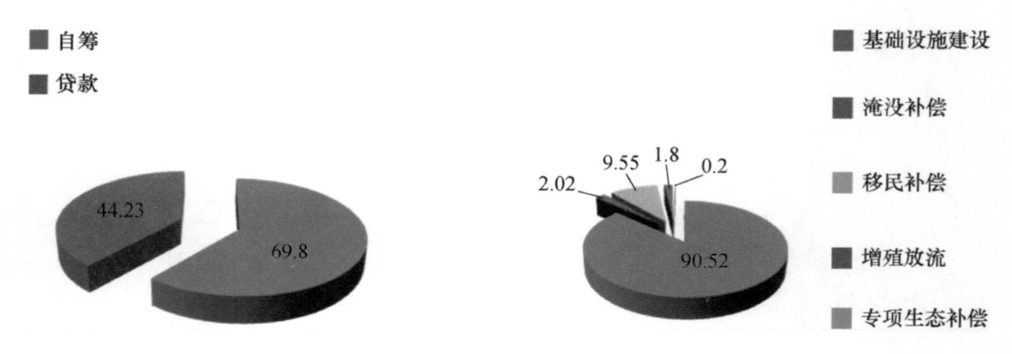

图 5-7　水洛河梯级电站成本结构估算(单位:亿元)

2. 水洛河工程的收益估算

水洛河工程总投资的60%从银行借款,按全部投资财务内部收益率8%测算的经营期基础上网电价为0.242元/千瓦时,相应的资本金财务内部收益率为8.54%,借款偿还期23.3年。按经营期基础上网电价0.242元/千瓦时进行借款还本付息计算。结果表明,工程开工后第24年可还清固定资产投资借款本息,满足借款偿还要求。

经计算,资本金财务内部收益率8.54%。

先期开工的宁朗水电站多年平均发电量为5.781×10^8千瓦时。经电力电量平衡分析计算,本电站从第4年起正常运行后,多年平均有效电量为5.596×10^8千瓦时;第3年为初期运行,多年平均年有效电量3.33×10^8千瓦时。

计算结果表明,各种不确定因素在一定范围内变化时,经营期基础上网电价介于0.22～0.346元/千瓦时之间,与近期设计或拟建的电站相比,水洛河的电站在电力市场中具有较强的竞争力,投资收益较高。

3. 对水洛河工程应用综合效益评估框架

表5-5显示了对水洛河工程应用综合效益评估框架的结果。由评估表可以看出水洛河的工程评估在生物多样性损失的治理及恢复、淹没补偿的具体措施等方面是做得不够的。

表 5-5　水洛河梯级电站综合效益评估表

	项　目	明　细	评　估
工程总投资		设计 114.03 亿元	单位千瓦投资约 7649 元 单位电度投资约 1.61 元 移民补偿约 9 亿元，人均约 10 万元
直接收益	发　电	设计年平均发电 62.5×10^8 千瓦时	待评估
	供　水		无供水效益
	灌　溉		待评估
	防　洪		无防洪效益
	渔　业		待评估
间接收益	环境（少排放 CO_2）	每年可减少消耗煤炭2.38兆吨，减少排放二氧化硫114 千吨，减少燃煤弃渣0.67兆吨	
外部性成本	移民补偿	已发生 119 人	已开工的两水电站已发生移民 119 人，移民补偿可能存在上半乡与下半乡的分配不均问题，因为其收入有差异且不容易评估
	淹　没	耕地 1 万亩以上，已缴纳淹没补偿 2 亿元	政府未与百姓协调，补偿效果待评估
	污染（包括泥沙淤积）	水土流失治理方案由各梯级项目制订	待评估
	生物多样性	水洛河干流将被梯级电站隔断，大坝建造有无闸阀的生态水下泄孔，直径 1.2 米	下泄生态水的生态效果待评估
	次生灾害	泥石流防治	地震风险待评估
	疫病防治		具有血吸虫病传染的条件，需投入成本防治

4. 水洛河环境投入与生态补偿需求的关系

虽然水洛河梯级水电站规划在淹没补偿、生态补偿等具体措施上做得不够，但投资方按淹没损失等支付了补偿款。这笔补偿款从金额上来看是基本可以满足流域的生态补偿需求的，但实际上目前还没有任何实质的生态补偿、生态恢复的措施付诸实施。

（1）水洛河梯级电站工程的实际环境投入与环保规划

水洛河梯级电站工程的环境保护相关投入超过 4 亿元，至少在其可行性研究报告中是这样体现的。而在中国一个国家级自然保护区的初期建设投入一般不超过 2000 万元。按内部收益率 8%计算，其年收益保守估计约有 8 亿元，而一般国家级自然保护区的年运营资金在1000万元以内。这个投资事实与收益预期是和在当地尚未开展任何保护措施的事实不相匹配的。详见图5-8。

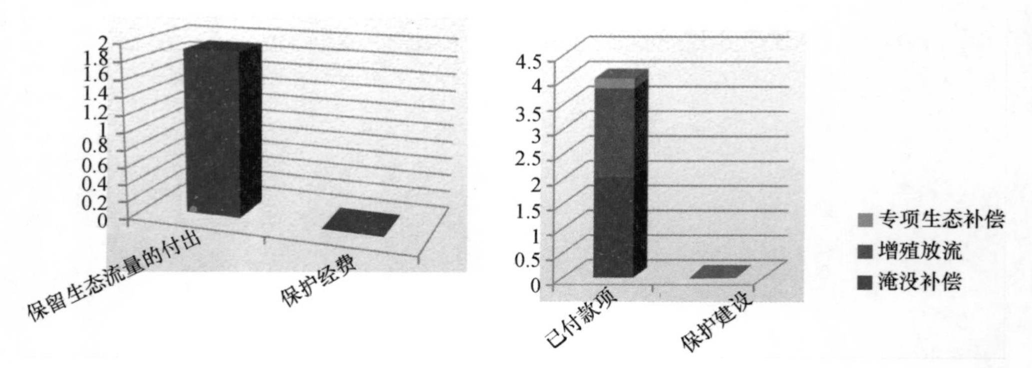

图5-8 水洛河梯级电站生态补偿需求与已付出的价值对比

水洛河梯级电站工程规划中对其影响最为深刻的水环境影响提出了两个主要的解决方案:

第一是水域景观及生态需水保障措施(图5-6)。工程涉及的中下游河段受采金等人为活动影响,河谷的原始形态已遭受了一定程度的破坏,自然景观的观赏价值不大,下游河段地势极为陡峻,无旅游开发价值和条件,且该区域没有人烟,无其他综合

表5-6 各梯级坝(闸)址枯水年枯水期逐月平均流量表

(中国水电顾问集团成都勘测设计研究院,2008) 单位:立方米/秒

坝　址	多年平均流量(6月—翌年5月)	枯水期平均流量(11月—翌年5月)	下泄景观生态流量
亚　宗	53	17.2	5.0(建议值)
东　朗	55.7	18.1	5.0(建议值)
向　丁	59.5	19.4	5.0(建议值)
麦　日	70.1	22.8	5.0(建议值)
钻　根	99.5	32.3	5.0(建议值)
固　滴	106	35.4	5.3
新藏(新)	112	36.3	5.6
博瓦(新)	121	39.4	6.0
宁　朗	129	41.9	6.5
撒　多	132	43	6.6
捷　可	182	59.2	9.1

利用要求。综合考虑上述因素，本规划水域景观及生态需水保障措施以维持河道湿润，保持沿河两栖、爬行动物基本生存环境为底线。因工程河段污染源分布稀少，无风景名胜等重要景观，基本无工农业及居民生活用水要求，故生态环境需水量以满足"维持栖息地用水"为主要目标，即以确保闸、厂址间维持小河状，维护鱼类基本生存条件为主，同时兼顾景观等其他用水要求。

第二是开展人工放流增殖。业主希望和科研单位协作，投入适当资金，对重要经济鱼类的生物学、增殖养殖技术进行研究，同时，在规划实施初期，为尽快恢复规划河段资源量，拟结合流域和邻近的金沙江阿海电站的增殖站，在巨龙河、赤土河、白水河和群英河等较大支沟附近及各电站水库区投放鱼苗，通过购买鱼苗，尤其是裂腹鱼类和鲈鲤的鱼苗进行人工放流，使之恢复、增殖。但其具体种类数量及规格还未明确，将在项目环评中逐一体现。

(2) 水洛河开展以业主为主体的生态补偿的可行性

水洛河梯级电站的环评虽然对工程的生态环境影响做出了评价，但是环评提出的解决方案存在很大局限性。水洛河的生态流量为下泄景观生态流量，计算方法仅按照公式(杜发兴，徐刚，李帅，2008)

河流系统生态环境需水＝MAX｛维持栖息地需水，自净需水，景观需水｝＋

人畜生活用水＋农业灌溉用水＋工业取水－区建汇流

则方式过于简单，且没有与鱼类保护措施相结合。在建库造成鱼类生存环境不复存在的情况下，增殖放流措施同样被认为已经失去意义，难以让物种延续下去。环境影响评价提倡的在巨龙河、赤土河、白水河和群英河等较大支沟附近及各电站水库区投放鱼苗的方案，其保护建设的速度甚至还没有木里县颁布水洛河支流开发条例快，因而整个方案形同虚设。

对于水洛河梯级电站工程，若要在其生态标准不清的现实条件下将其解决方案细化，除了加强现在提出的生态流量、增殖放流方案实施与细化的力度外，还应该有关于预期保护区建设、水生生物及其栖息地不可替代性的抢救性调查，以及流域生境整体性评价等多个生态标准的建立。以水洛河的具体情况来看，据专家估算(来源于中国科学院水生生物研究所危起伟博士、四川大学生命科学学院宋昭彬博士、中国科学院成都生物研究所李成博士等)，进行鱼类资源抢救性调查需要30万元，两栖爬行类抢救性调查需要15万元，流域森林生态系统抢救性调查需要25万元。若要在巨龙河、赤土河、白水河和群英河等较大支沟流域建立保护区，结合其保护面积和涉及的物种、自然景观等，建立关键栖息地及自然景观的保护区初期基建需花费400万元，年保护事务开支约30万元，年保护人员开支约60万元。这些保护措施的初期投入总计在500万元以内,年维护及工作费用在100万元以内。这笔资金对比水洛河业主规划的动辄上亿的环保工程规划投入,是完全存在可行性的。

如果水电业主投入的相关资金能够全部投入具体的保护措施,就可以重新规划坝与坝之间的距离,做一些更深入的物种的保持、生境的规划等事项。企业向政府上交了专项生态补偿,这时需要一个传递链,能够将补偿资金返回到当地的生态保护上。另外,政府可通过出台新的条例,或者通过第三方的仲裁机制,来规范现有的环评机制。修正环评是指,当水电对生态存在不可逆转的负面影响时,在环评报告里一定要要求水电业主拿出一些资金来做一些细化的生态补偿。对于水电业主而言,只要有合适的项目计划和预算,他们是具有强大的支付意愿的,而目前欠缺的是如何来制订具体细化的保护方案,以及在更高层面上细化水电环评中的生态标准。对于目前水电工程已经修建的现状,保护工作的开展可以由原来国家立项的传统方式转为以业主为补偿主体的生态补偿方式,如调节某两个水坝间的流量及距离以使静水鱼类保持生态功能,或者针对支流流域提出保护措施,这些都是存在实施的可行性的。

七、小结

目前水洛河流域的一库十一级水电工程已经规划完成,并已陆续在建。因水电修路促进的金矿采集对流域生态破坏极其严重,而流域相关保护工作缺乏,尤其是具体措施严重缺乏。

经调查,水洛河梯级水电站工程总投资114.03亿元,其中贷款69.8亿元,自筹44.23亿元。投资中90.52亿元用于基础设施建设,9.55亿元用于移民补偿,2.02亿元用于河岸森林及湿地淹没补偿,1.8亿元用于建立增殖放流站,0.2亿元用于涉及野生动物保护的专项生态补偿。水洛河梯级电站工程建成后预计多年平均发电量62.5×10^{8}千瓦时,年收益约19亿元。

水洛河水电项目计划投入超过4亿元的资金用于环境保护相关工作,这个金额可以满足在流域开展生态补偿及其他生态恢复工作的需要。目前没有任何保护工作得到实施的现状亟待改善。

第六章　结论及建议

一、结论

西南水电开发速度过快，会存在一定生态环境风险。西南水电开发，尤其是金沙江及其支流的水电开发目前正处于全面、过快发展的状态。金沙江小支流几乎全面开发完毕，干流上游已经规划有梯级水电站，中、下游规划的一库十二级水电站已经开始建设，大的支流也已经全面规划梯级水电站并开工建设。虽然西南地区的水能资源丰富，具有发展水电的先决条件，但是在西南水电开发过程中没有足够重视西南地区的其他特征——地质灾害频发、少数民族聚居、生物多样性高度发育、生态环境脆弱等，从这些方面讲，西南的水电开发会比别的区域有更大的地质灾害隐患、移民困难以及生态破坏。

水电开发过快实际上是中国经济发展速度受能源问题制约的一个体现。中国能源问题遭遇许多困难，包括能源需求不断增加，甚至远远超过预期，而能源的短缺限制了经济发展的速度，局部地区出现拉闸限电的现象。按照目前对能源的需求量，2015 年发电量要达到折合 4.0×10^9 吨标准煤的指标，届时中国装机量将与美国相当，全社会用电量更是超过美国。对能源总量的需求带来了能源结构上的问题，福岛事故后，核电发展受到影响，其实，包括水电、核电、风电在内的各种能源都有自身的问题所在，国家对水电更寄予厚望，原本到 2020 年水电能源规划是 4×10^8 千瓦，这个数字基本已是最高开发潜力。调整能源结构有很大难度。

水电环评虽涵盖面广，但存在一些问题。在现行的西南水电项目的环境影响评价中，虽然包含了水电项目对水文及水环境的影响、工程废料及施工造成的污染、环境地质影响、水土流失及泥沙淤积治理、生态系统影响、景观与文物的淹没、移民及社会经济的影响的评估，但在具体操作中，往往不能对这些影响进行准确的定量评估,这样不可避免地会出现低估水电开发外部性成本的情况。

此外,现行水电项目的环评很多是从单个电站工程建设的角度来考虑其环境影响,而更加准确、客观地评估水电开发的综合效益,应该从全流域规划乃至全国水资源规划的角度来评价,因此,更需要战略环评。另外,目前西南的大小水电项目的环境影响评价报告中,很少有提出具体、有效的生态保护和生境恢复措施的。

因此,在水电项目综合效益评估中对其带来的综合环境影响及社会影响进行重点评价,重点考虑其对流域生态系统服务功能的影响,并提出切实有效的保护措施是非常重要的。

对于水洛河一库十一级梯级电站规划,其可行性研究及环境影响评价报告对工程产生的移民、耕地损失、人文及自然景观损失、生物多样性及生境损失、水文及水环境影响、污染及泥沙淤积治理、次生地质灾害等均有涉及,并已写入其工程投资计划中。然而,虽有投资计划,却缺少具体的措施来减少这些负面影响,尤其是对水洛河流域的生态系统恢复及生物多样性保护的具体措施重视程度是不够的。已建的两个水电站工程虽均按环保部的规定在大坝上建有生态流量通道,但效果有待评估。经访谈调查得知,水电业主有意愿对流域的环境保护工作进行投资并开展具体工作,这说明细化水电环评标准、落实具体保护工作、以业主为主体的生态补偿等机制都是可行的。

二、完善建议

1. 生态受益的制度保障

对于已建水电工程的流域的抢救性生态调查及环境影响再评估非常重要,因为目前水电环评涉及面窄,物种资源调查流于形式、不够深入,导致无法给出工程影响的具体程度及工程建成后的具体修复及保护措施。水电业主为流域生态系统服务带来了负外部性,且水电成本-收益结构允许水电业主成为流域生态系统服务功能的补偿主体,因此政府可以通过立法、政府统筹回拨专项补偿资金等政策手段,引入第三方环评机制,企业自身开展保护相关工作并经营流域生态系统部分服务功能等市场手段来改善现状。

具体来说,未来的水电建设有以下几条发展策略:

① 明确水电开发规模、布局和时序,在此基础上进行生态保护;

② 推进水电价格改革;

③ 全面实施“先移民、后工程”政策，逐步推广投资型移民模式；

④ 建立流域生态补偿机制，协调干、支流开发和生态保护关系；

⑤ 建立流域生态环境监管体系，统筹协调流域生态保护；

⑥ 注意工程的安全问题。

2. 在水电决策中考虑生态安全底线

(1) 生态安全底线的位置

① 保持干流及支流的自然流量(特别是旱季)；从技术上或从流域规划上避免河流的自然流量丧失。

② 零物种灭绝(水生及陆生物种)；不应有因水电开发而产生的物种野外绝灭或更严重水平的绝灭。

③ 保护具有国家和国际水平遗产保留价值的自然与文化景观；水电开发不能以淹没流域内有遗产价值的自然景观及文化景观为代价。

④ 保持流域生态系统服务功能；河流生态不应因水电开发产生不可逆的异质性变化。

以上四条在水电决策中应视为生态安全的底线，如影响了河流的这些基本价值，则应适用“生态一票否决制”。

在本项目的鱼类分布研究中，作为目前亟待保护的鱼类物种资源保留较好的生境或一些濒危鱼类物种的最后适宜生境——贵州省的长江一级支流赤水河、重庆市的嘉陵江二级支流(大小)通江、四川省的大渡河正源绰斯甲及其支流，都不应因水电开发而被威胁。长江和金沙江干流是长江上游流域珍稀濒危鱼类分布种类最多的江段，在这些位置也应有足够的江段被保留。若水电开发项目与这些“生态安全底线”相冲突，则应执行“生态一票否决”。

中国已在“十一五”规划中提出了水生态功能分区的概念，基于流域及其具备的重要生态功能，对中国整个疆域内的水环境管理进行分区，把它作为长期的基于国家水安全的目标体系来建设。这体现了国家对水生态和水资源开发的矛盾的重视。

(2) 对水电决策的意义

对于未建或规划中的水电工程，则需要按新的融入了统筹水资源总量、生态安全及物种零灭绝、流域生态景观及人文景观保护等多元价值观的方法来估算水电工程的综合效益。若水电工程有效益，则工程须在满足上述多元价值观的框架下开工建设并运行；若无效益或因水电工程建设将产生无法挽回的损失，则应视情况选择政府及业主共同参与补偿以使有害环境影响最小化的抢救性策略,或执行“生态一票否决”。应把水资源管理、水生态功能分区等基本概念引入法律,建立相应的协调机制,避免水电工程建设中的多头管理;生存评价技术标准需要完善,应建立水生态和水资源开发的综合实验室,以对流域的生态管理长期提供支持。可以尝试建立水生态功能分区示范区,示范区的运行不受现有政策的限制,使当地政府有自己的权利来实现管理目标。

3. 建议:开发适应中国国情的河流价值评估工具

合理的河流价值评估工具应列出河流的综合价值,其中包括地质特性、文化遗产、水边居民及其独特风俗等往往被忽视的价值。在价值评估中,按照评估工具中所列出的每一项为河流打分,然后再乘以相应的权重,加和算出总分,根据分值来为河流评级、分类,判断河流的优先级,批准河流加入保护系统等。适应中国国情的河流价值评估工具应根据中国河流的具体状况调整设计需要考虑的价值及其权重,如长江中下游旱灾使人们更加重视河流和水电的农田灌溉功能,这一点在农业发达的中国是非常重要的,有必要加入河流价值之列并且在环评报告中着重探讨水电开发对农田灌溉或淹没的影响。

同时,河流价值评估工具可以结合公众参与决策的环节使用。一方面考虑专家的科学论证,一方面考虑利益相关者的实际需要,综合考虑后将河流进行评级和分类,并且设定标准线,如,超过一定分值,该河流或河段应该被重点保护,不应建设水电项目;低于一定分值则可以开发水电;处于中间段的河段或河流在建设水电项目时需要对其强度控制有一定要求。

附　　录

附录1　参考文献

Freiberg M, et al. 2010. Envisioning Permanent River Protection Strategies for China, 5—18.

Hoffmann M, Hilton - Taylor C, Angulo A, et al. 2010. The impact of conservation on the status of the world's vertebrates. Science, 1126(10): 125—138.

McDonald K. 2011. Policy Frameworks for Protecting Free-flowing Rivers.

McDonald K. 2011. River Protection Systems Report. Unpublished.

Park Y, Chang J, Lek S, Cao W, Brosse S. 2003. Conservation strategies for endemic fish species threatened by the three gorges dam. Conservation Biology, 17(6): 1748—1758.

曹文宣. 2008. 有关长江流域鱼类资源保护的几个问题. 长江流域资源与环境, 17(2): 163—169.

陈国阶. 1994. 长江上游水电建设与环境影响研究若干问题. 四川环境, 13(1): 6—11.

陈凯麒, 王东. 2004. 流域梯级规划环境影响评价的特征及研究方向. 中国水利水电科学研究院学报, 3(2): 79—84.

陈秀山, 丁晓玲. 2005. 西电东送背景下的水电租金分配机制研究. 经济理论与经济管理, (9): 47—52.

陈宜瑜. 1998. 横断山区鱼类. 北京: 科学出版社, 1—246.

程根伟, 麻泽龙, 范继辉. 2004. 西南江河梯级水电开发对河流水环境的影响及对策. 中国科学院院刊, 19(06): 433—437.

程晓冰. 2004. 对水利水电建设项目环境影响评价工作的思考. 中国水利, 16: 44—45.

褚新洛, 陈银瑞. 1990. 云南鱼类志. 北京: 科学出版社, 1—328.

丁瑞华. 1994. 四川鱼类志. 成都: 四川科学技术出版社, 1—352.

杜发兴, 徐刚, 李帅. 2008. 水电工程的河流生态需水量研究. 人民黄河, 30(11): 58—62.

樊恩源, 冯庚非, 周宇晶. 2006. 中国西南地区淡水鱼类种类甄别及统计分析研究. 中国海洋湖沼动物学会鱼类学分会第七届会员代表大会暨朱元鼎教授诞辰110周年庆学术研讨会学术论文摘要集.

范晓. 2004. 水电开发对世界遗产以及国家风景旅游地的影响——主要以中国西南地区为例. (2004-11-11) http://www.fjms.net.

范晓. 2009. 评《两院士建言水电发展》. 北京大学科学传播中心. (2009-01-05) http://www.csc.pku.edu.cn/art.php? sid=3866.

费梁,叶昌媛. 2001. 四川两栖动物原色图鉴. 北京:中国林业出版社,1—263.

冯坤,张志永,等. 2008. 水电开发对金沙江中下游水生植物分布分局的影响. 湖北林业科技,(152): 4—6.

付金强. 2006. 基于蒙特卡罗方法的水电工程投资风险分析及其应用. 天津:天津大学.

高季章. 2004. 建立生态环境友好的水电建设体系. 中国水利,13:6—9.

高季章. 2009. 关于水电可持续发展若干问题的思考. 国家水电可持续发展研究中心成立大会暨高层论坛.

顾洪宾,喻卫奇,崔磊. 2006. 中国河流水电规划环境影响评价. 水力发电,32(12): 5—8.

顾洪宾,邹家祥. 2004. 水电开发的环境影响与可持续发展. 联合国水电可持续发展论坛,北京.

何丽. 2007. 近百年全球气温变化对长江流域降水影响分析. 资源环境与发展,(4):4—7.

何政伟,黄润秋,等. 2005. 金沙江流域生态地质环境现状及其对梯级水电站工程开发过程中生态环境保护的建议. 地球与环境,10:605—613.

贺恭. 2007. 略论金沙江中游水能资源的开发. 水力发电,33(3):1—4.

贾金生,袁玉兰,李铁洁. 2004. 2003年中国及世界大坝情况. 中国水利,13:25—33.

蒋红. 2007. 二滩水电站水库形成后鱼类种类组成的演变. 水生生物学报,31(04): 532—539.

孔令强,施国庆,张峻荣. 2007. 金沙江中下游水能资源开发与农村移民安置. 人民长江, 38(5): 104—107.

劳里. 2009. 大坝政治学. 北京:中国环境科学出版社.

李翀,王昊,等. 2009. 西南地区水电开发与区域生物多样性关联研究. 中国水利水电科学研究院水环境研究所.

李海英,冯顺新,廖文根. 2010. 全球气候变化背景下国际水电发展态势. 中国水能及电气化, 70: 29—37.

林承冲,吴小才. 1999. 长江径流量特性及其重要意义的研究. 自然杂志,24(4):200—205.

蔺秋生,万建蓉,黄莉. 2009. 金沙江白鹤滩水库泥沙淤积计算分析. 人民长江,40(7):1—3.

刘兰芬. 2002. 河流水电开发的环境效益及主要环境问题研究. 水利学报, (8) :121—128.

刘伟生. 2005. 环境影响评价与科学发展观. 科学发展与江河开发. 北京: 华夏出版社,95.

吕植,等. 2009. 高度重视水电过度开发对长江上游特有鱼类的影响. 中国经济时报,2009-05-06.

马宏生. 2007. 川滇地区强震孕育的深部动力环境研究. 中国地震局地球物理研究所,1—140.

麦卡利. 2005. 大坝经济学. 北京:中国发展出版社.

强继红，等. 2006. 金安桥水电站建设对金沙江中游河段渔业资源的影响研究及保护措施. 水电2006国际研讨会，昆明.

秦卫华，刘鲁君，等. 2008. 小南海水利工程对长江上游珍稀特有鱼类自然保护区生态影响预测. 生态与农村环境学报，24 (4):23—26，36.

阮娅，傅慧源，许秀贞. 2008. 乌东德水电站蓄水对攀枝花河段水环境的影响. 人民长江，39 (23):114—117.

施国庆. 1999. 水库移民学初探. 水利水电科技进展，19 (01): 47—48.

四川省发展改革委能源处. 2006. 四川省水洛河干流水电规划可行性研究报告.

唐传利，施国庆. 2002. 移民与社会发展代序 2. 移民与社会发展国际研讨会论文集. 南京:河海大学出版社.

万咸涛，张新宁. 2003. 三峡大坝与葛洲坝两坝间水域的水环境保护. 水资源保护，4:31—33.

汪恕诚. 2009. 一部绿色交响曲——水资源管理十年回顾. 中国水利，5:24—29.

王洪炎，肖富仁，等. 1994. 溪洛渡水电站开发西南水能资源的战略工程. 水力发电，(8):21—22，32.

王洪中，张忠武，贾秋鸿. 1999. 云南坡耕地农业持续发展研究. 水土保持通报，19(4):18—20.

王世芹. 1999. 滇西南地区 $M \geqslant 5$ 级地震活动特征及预报方案. 高原地震，(02): 38—43.

武云飞，吴翠珍. 1991. 青藏高原鱼类. 成都:四川科学技术出版社，1—204.

谢文勇. 2002. 基于地理信息系统(GIS)的海洋生态学数据查询显示系统. 汕头:汕头大学.

杨静，禹雪中，夏建新. 2009. IHA 水电可持续发展指南和规范简介与探讨. 水利水电快报，30 (2): 1—6.

杨子生. 2001. 基于可持续利用的云南金沙江流域耕地适宜性评价研究. 云南大学学报(自然科学版)，23(4):303—309.

叶昌媛，费梁，胡淑琴. 1993. 中国珍稀及经济两栖动物. 成都:四川科学技术出版社，1—412.

张宝欣. 2006. 三峡开发性移民政策与实践. 湖北省移民局. http://www.fjym.gov.cn/html/jingyanjiaoliu/2504.Html

张丽峰. 2006. 中国能源供求预测模型及发展对策研究. 北京:首都经济贸易大学.

张志英，袁野. 2001. 溪洛渡水利工程对长江上游生态环境及珍稀特有鱼类的影响和对策. 中国水产，(4):20—21.

赵尔宓. 1998. 中国濒危动物红皮书:两栖类和爬行类. 北京:科学出版社，1—330.

赵尔宓. 2002. 四川爬行类原色图鉴. 北京:中国林业出版社，1—292.

中国科学院水生生物研究所鱼类研究室. 1976. 长江鱼类. 北京:科学出版社，1—463.

中国水电顾问集团成都勘测设计研究院. 2007. 四川省水洛河干流水电规划环境影响评价.

附录 2　鱼类分布图的制作原理

制作鱼类分布图是在地理信息系统下实现的。地理信息系统的英文名称为 Geographic Information System(简称 GIS),它是一种由图像系统、地图数字化系统、数据处理系统、数据库管理系统和空间分析系统组成的,可提供多维空间数据管理和分析的计算机程序。GIS 最突出的功能是综合分析空间和属性数据的功能,包括分类、提取、测量、图形处理、分层、叠加、数据地形分析、多边形叠置分析、统计分析和决策支持等。它将现实世界转化为信息世界,在计算机支持下,实现对各种数据信息进行精确而快速的综合处理与分析。与传统作图相比,GIS 具有明显优势。传统的物种分布图是依靠收藏的标本和野外调查研究的记录手工绘制而成,通过多种分布图的叠置获得物种分布格局信息,它具有较大的主观性。而具有强大空间分析和处理能力的 GIS,能够依照生物采集的地理位置、生境、海拔高度、经纬度,对其进行编码,自动绘制出物种的分布图。Kepler 等(1993)采用 GIS 技术绘制出夏威夷群岛几种雀形目濒危鸟类的分布图。Smith 等(1997)在马达加斯加西部用此技术绘制狐猴分布图,并计算出狐猴的物种丰富度。与传统绘制生物分布图的方法相比,GIS 技术在成图结果上表现出更高的精度,在数据处理过程中展示出更高的自动化程度,更少的人为误差(谢文勇,2002)。

一般而言,生成专题图层有五个步骤:确定专题图层的主题、选择图层来源、制订图标、设计搭配色彩和显示比例。根据研究需要,在 ArcGIS 9.3 软件下,主要采用叠加的方法产生下列每一种鱼类的分布图层:白鲟、白缘䱀、成都鱲、唇鲮、达氏鲟、虎嘉鱼、金氏䱀、昆明裂腹鱼、鲈鲤、裸腹重唇鱼、青石爬鮡、稀有鮈鲫、胭脂鱼、岩原鲤、云南鲴、长薄鳅、长丝裂腹鱼、长须裂腹鱼、中华鲟、中华鮡、鯮。

具体步骤如下:

① 建立鱼类属性特征数据库。

为了更好地显示和统计鱼类相关信息,要求生成的数据库具有显示、修改、更新、查询、统计相关数据及生成各种图表的功能。为此,本系统采用 Microsoft Access建立数据库,借助于 SQL(Structure Query Language)完成查询、修改、添加、删除等操作。Microsoft Access 是目前流行的关系数据库管理系统之一,通过若干表、查询、窗体、报表、宏、模块等对象的组合简单地实现数据和数据库的创建、修改和维护。

数据库中包含的鱼类的信息包含:分布江段、生态习性、珍稀濒危等级、致危因素、经济价值等。

② 确定所需要显示的信息,收集所需图层。

需要的图层包括:长江及其支流线状图层,河流上、中、下游分界点,长江流域分区图层,省界,县界,县级行政中心等。其中,河流上、中、下游分界点是通过资料查询,然后用 Google Earth 确定坐标点,再在 GIS 中绘出点图层。

其他图层的处理过程为:a. 将纸版地图扫描;b. 地图配准(添加控制点—校正—添加坐标系统);c. 提取其中所需要的信息,如省界、县界、行政中心等,进行数字化,并保存为相应的点、线、面图层。

③ 依据鱼类的分布,将鱼类的属性与长江及其支流图层关联。可以方便查询各个江段都有哪些鱼类分布,某种鱼分布在哪几个江段,进行统计分析以及便于在图上显示。

④ 将上述准备好的图层叠加,设定图版大小,添加并调整数据的显示(点、线、面图层的形状、大小、颜色等),添加并调整其他地图要素(如图例、指北针、比例尺等)的显示,输出地图。

附录 3　金沙江流域珍稀濒危鱼类分布图

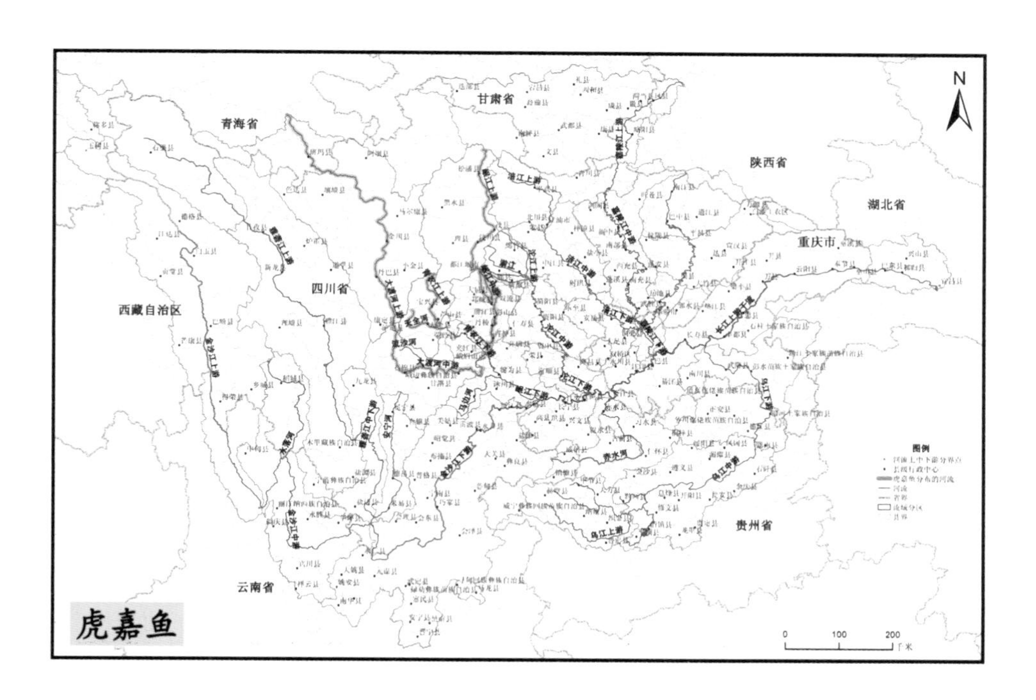

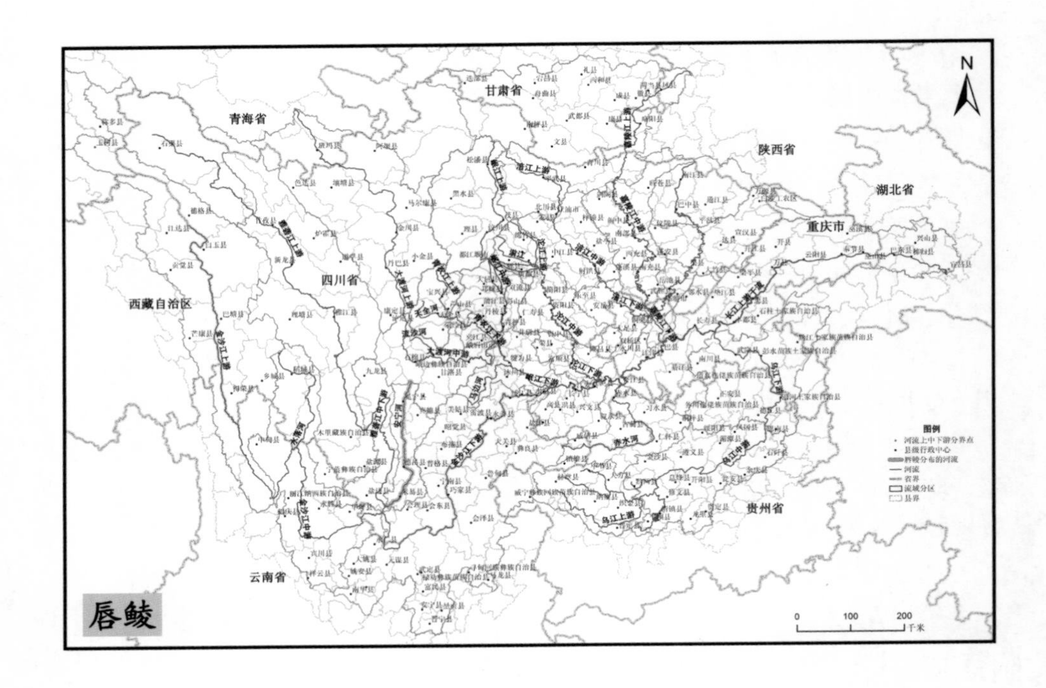

唇鲮
N
青海省
甘肃省
陕西省
湖北省
重庆市
四川省
西藏自治区
云南省
贵州省
图例
河流上中下游分界点
县级行政中心
唇鲮分布的河流
河流
省界
流域分区
县界
0 100 200
千米

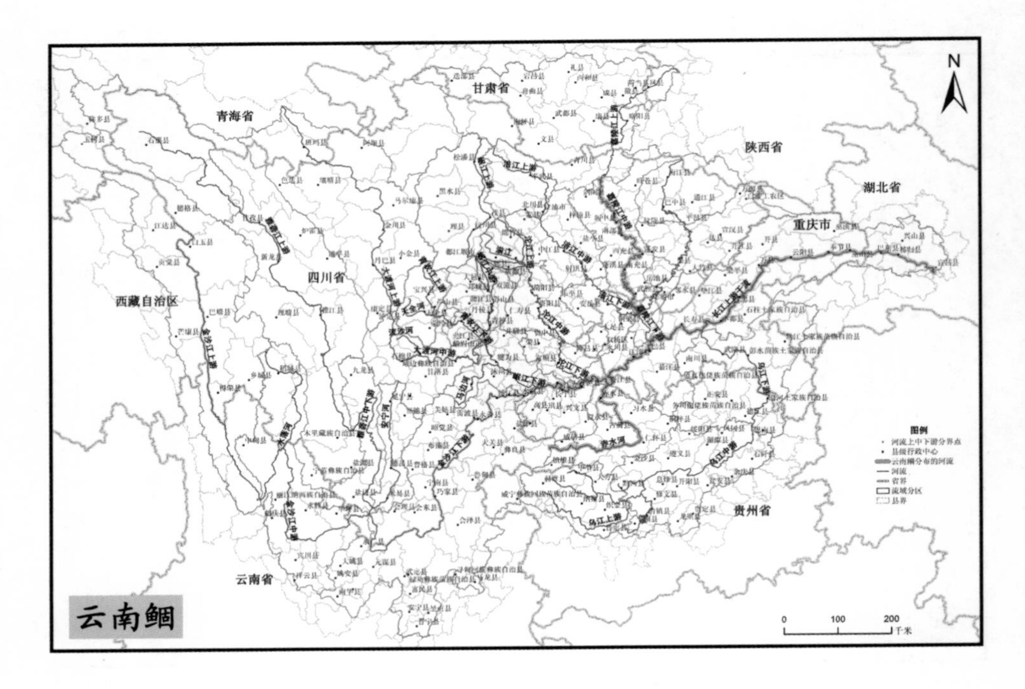

云南鲴
N
青海省
甘肃省
陕西省
湖北省
重庆市
四川省
西藏自治区
云南省
贵州省
图例
河流上中下游分界点
县级行政中心
云南鲴分布的河流
河流
省界
流域分区
县界
0 100 200
千米

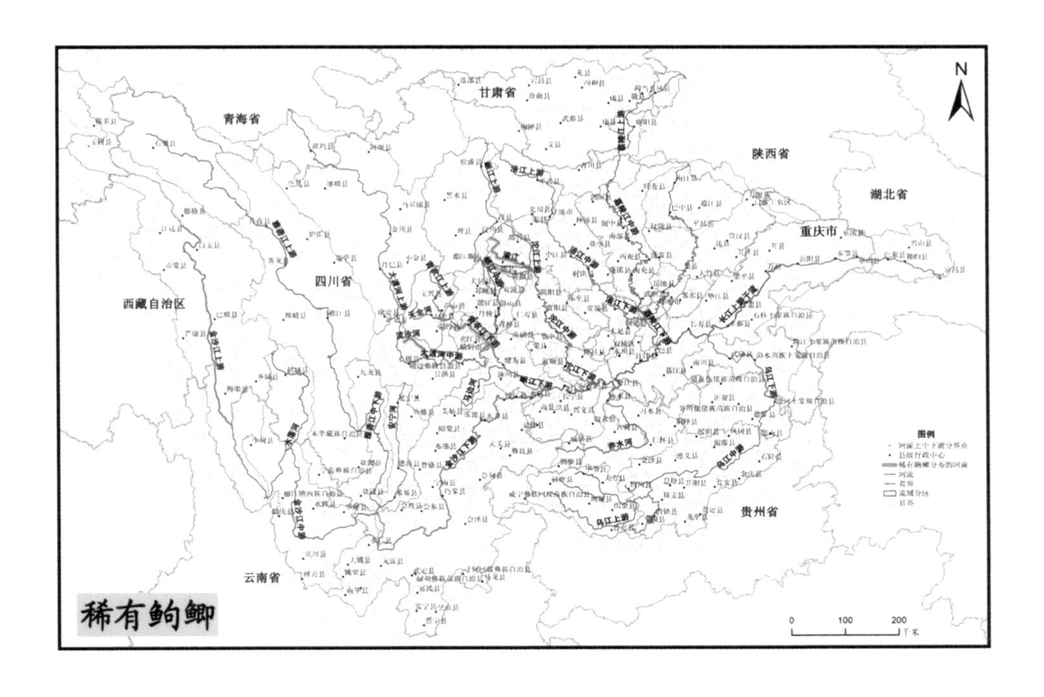
稀有鮈鲫
甘肃省
青海省
陕西省
湖北省
重庆市
四川省
西藏自治区
贵州省
云南省
图例
0
100
200

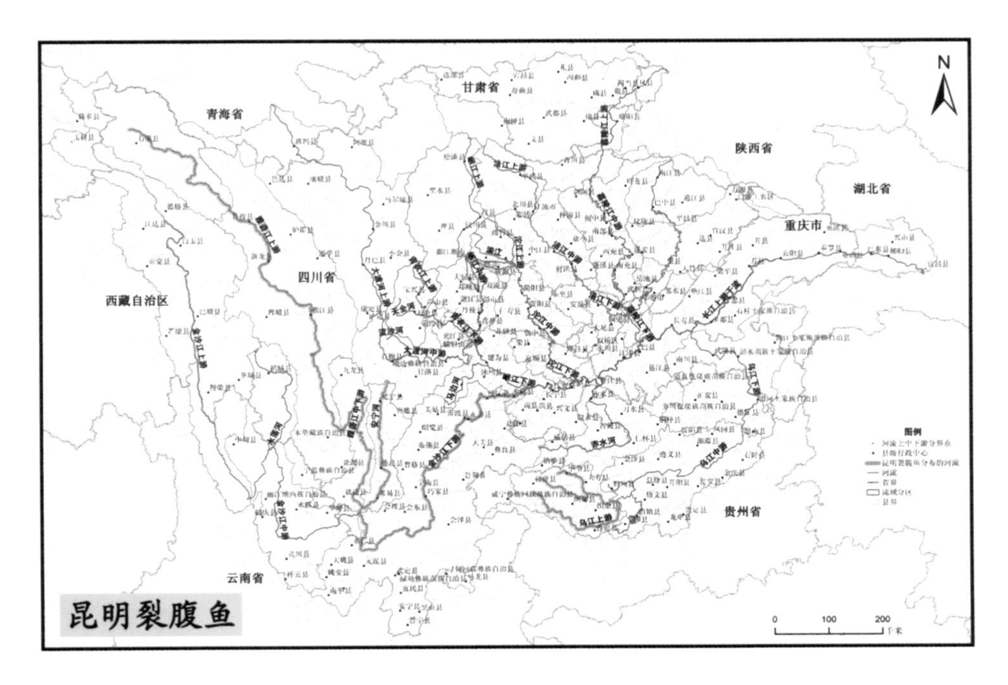
昆明裂腹鱼
甘肃省
青海省
陕西省
湖北省
重庆市
四川省
西藏自治区
贵州省
云南省
图例
0
100
200

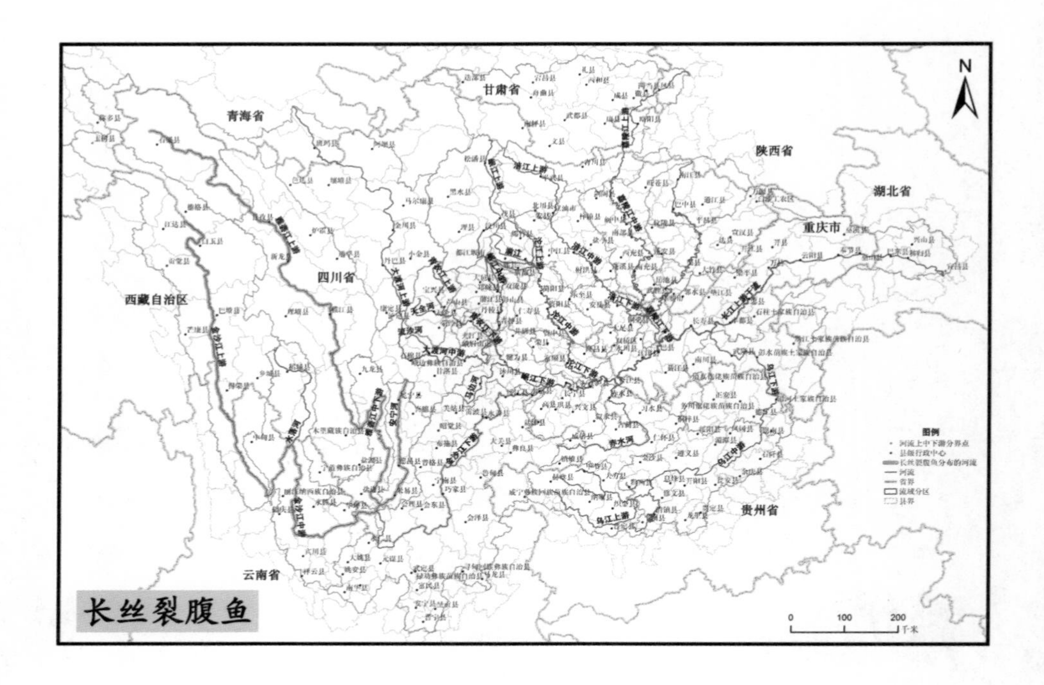
长丝裂腹鱼
青海省
甘肃省
陕西省
湖北省
重庆市
四川省
西藏自治区
云南省
贵州省
N
图例
0 100 200 千米

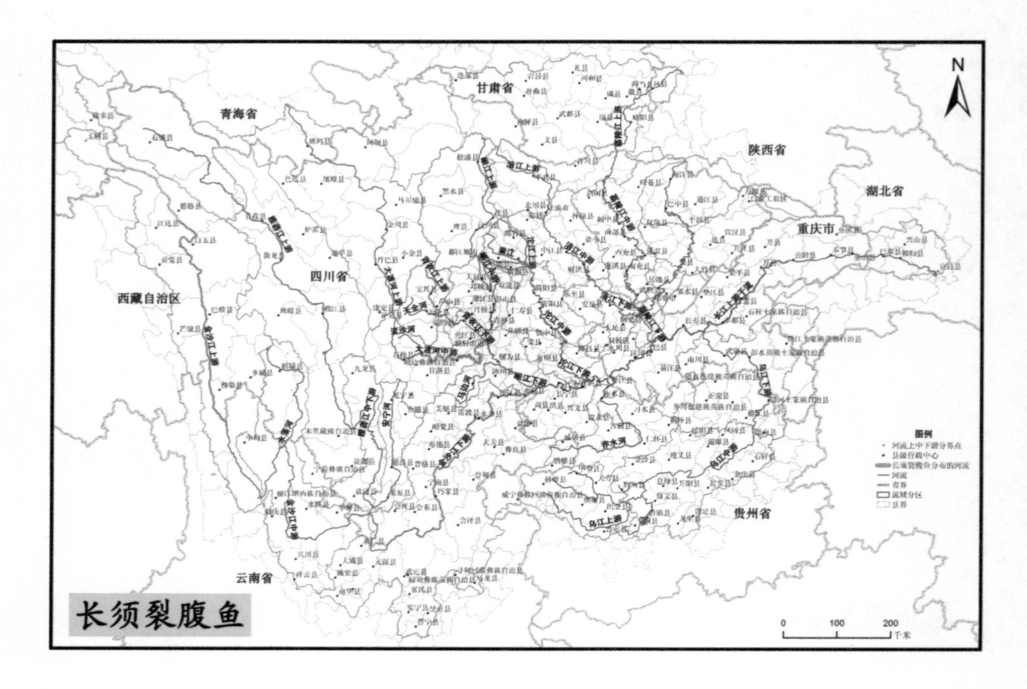
长须裂腹鱼
青海省
甘肃省
陕西省
湖北省
重庆市
四川省
西藏自治区
云南省
贵州省
N
图例
0 100 200 千米

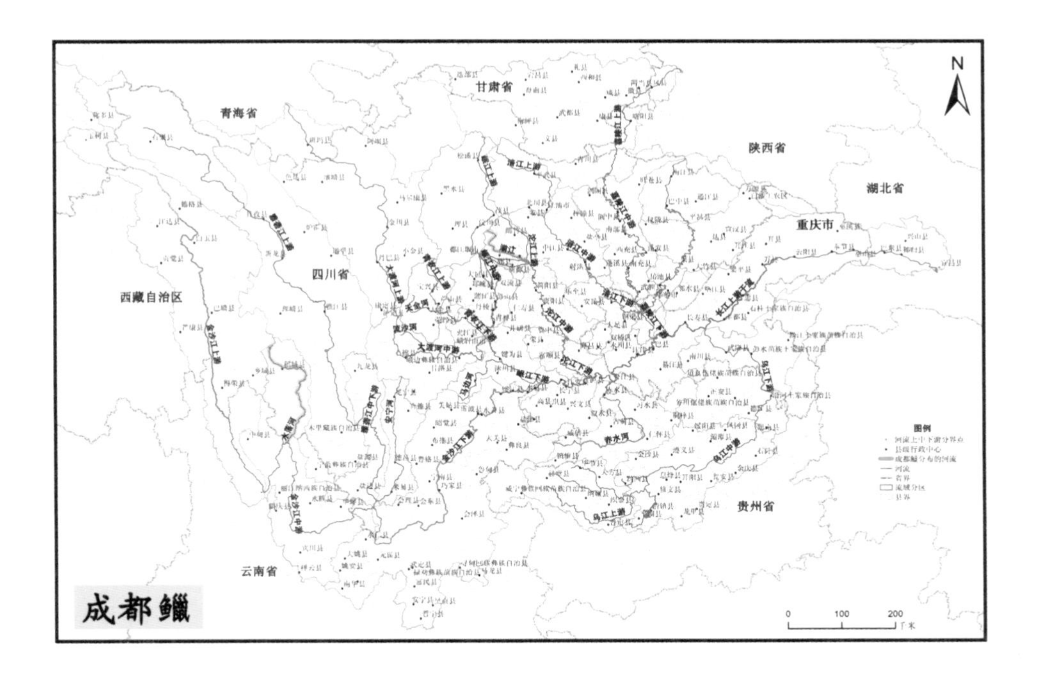
青海省
甘肃省
陕西省
湖北省
重庆市
四川省
西藏自治区
贵州省
云南省
成都鱲

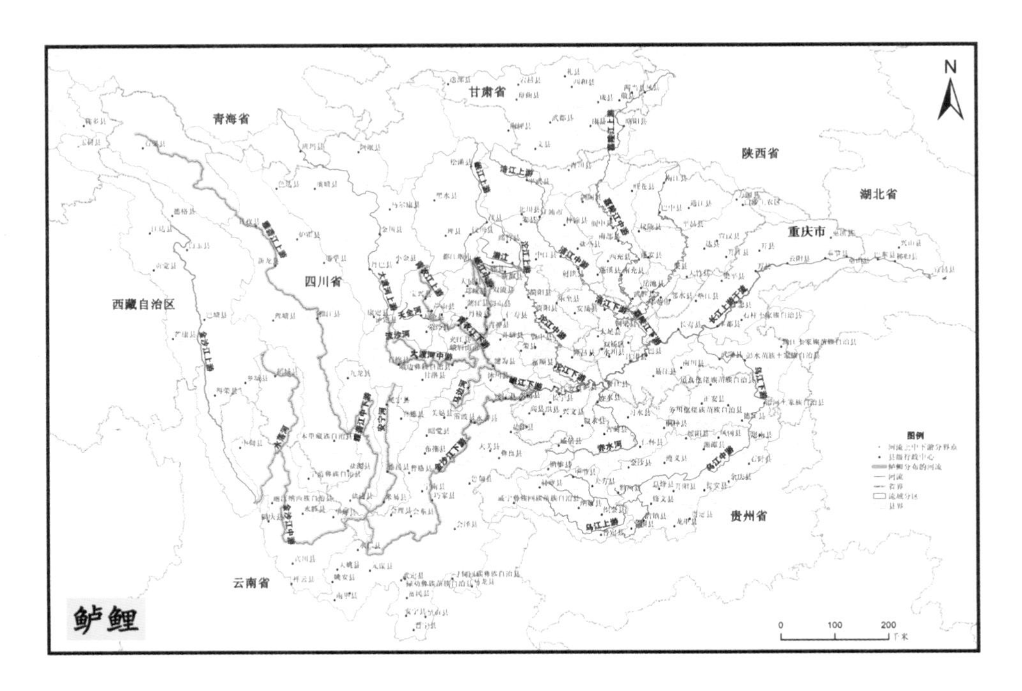
青海省
甘肃省
陕西省
湖北省
重庆市
四川省
西藏自治区
贵州省
云南省
鲈鲤

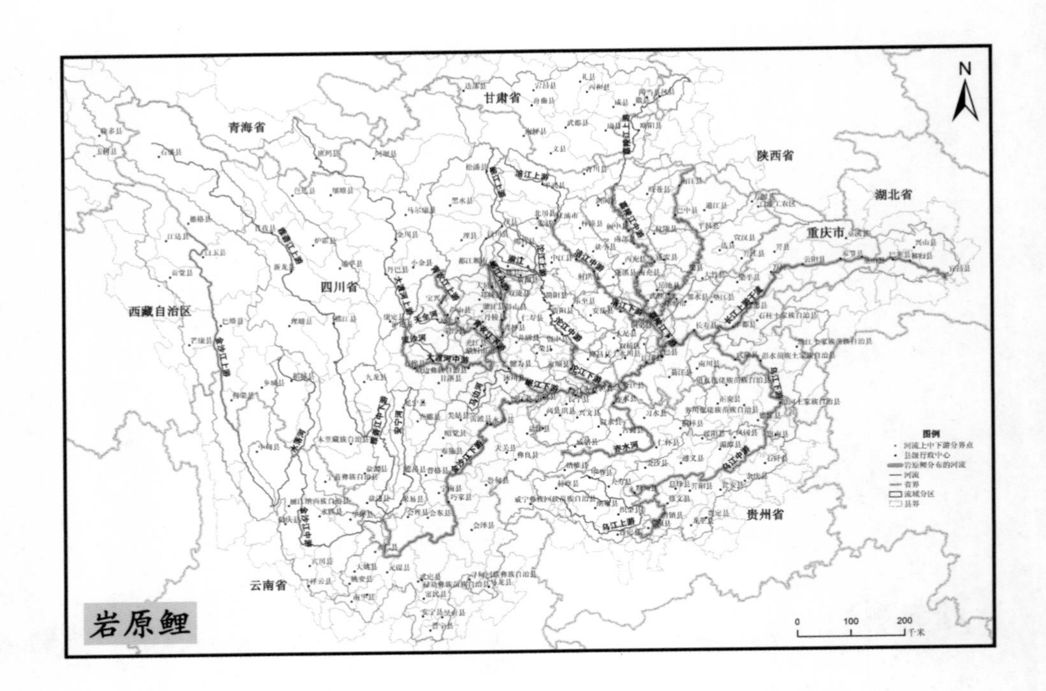
N
甘肃省
青海省
陕西省
湖北省
重庆市
四川省
西藏自治区
云南省
贵州省
图例
河流上中下游分界点
县级行政中心
岩原鲤分布的河流
河流
省界
流域分区
县界
0
100
200
千米
岩原鲤

N
甘肃省
青海省
陕西省
湖北省
重庆市
四川省
西藏自治区
云南省
贵州省
图例
河流上中下游分界点
县级行政中心
裸腹重唇鱼分布的河流
河流
省界
流域分区
县界
0
100
200
千米
裸腹重唇鱼

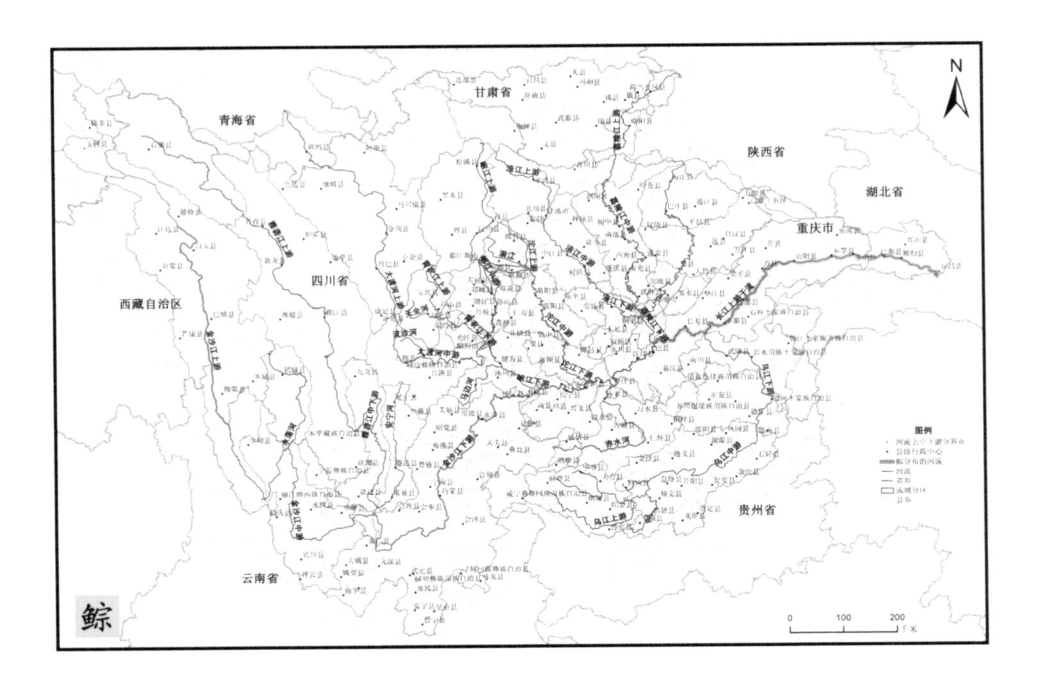
N
甘肃省
青海省
陕西省
湖北省
重庆市
四川省
西藏自治区
云南省
贵州省
图例
0
100
200
鯮

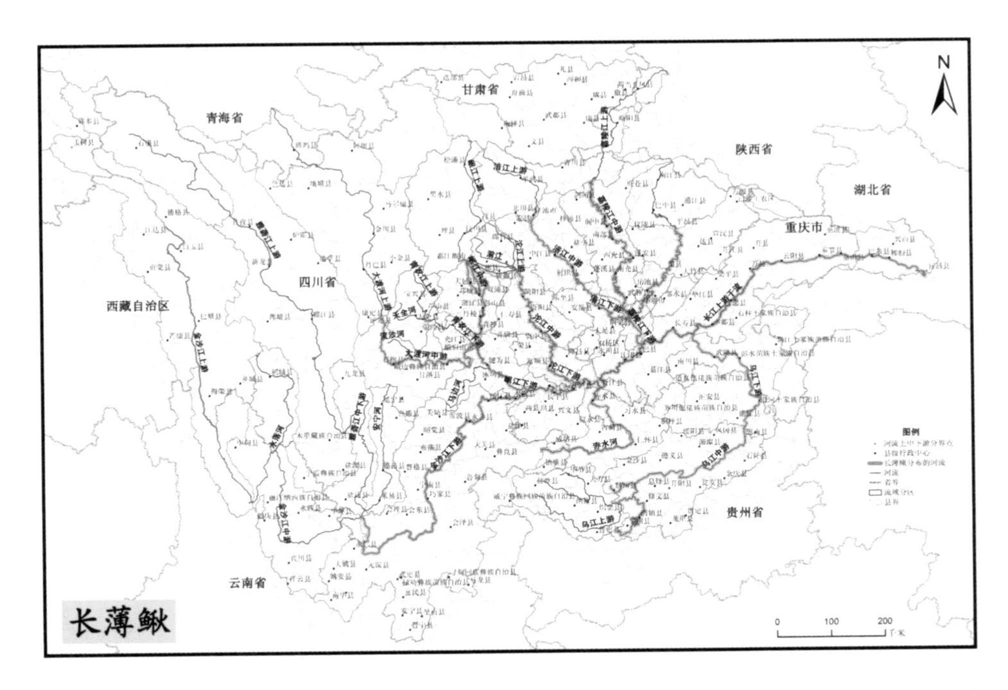
N
甘肃省
青海省
陕西省
湖北省
重庆市
四川省
西藏自治区
云南省
贵州省
图例
0
100
200
长薄鳅

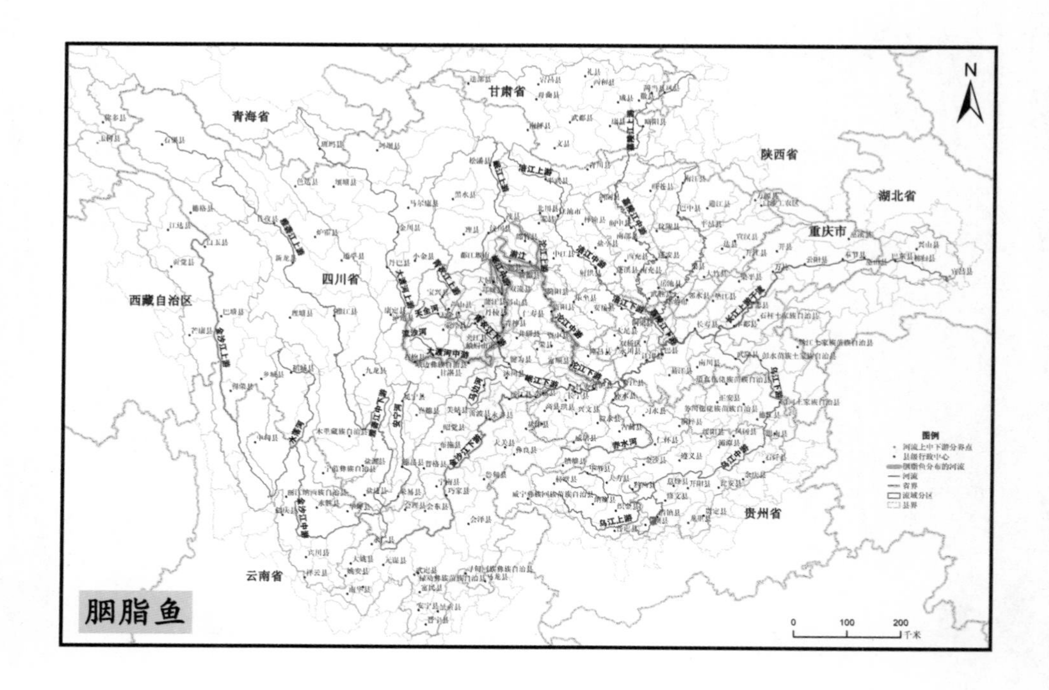

N
甘肃省
青海省
陕西省
湖北省
重庆市
四川省
西藏自治区
贵州省
云南省
图例
胭脂鱼
0 100 200
千米

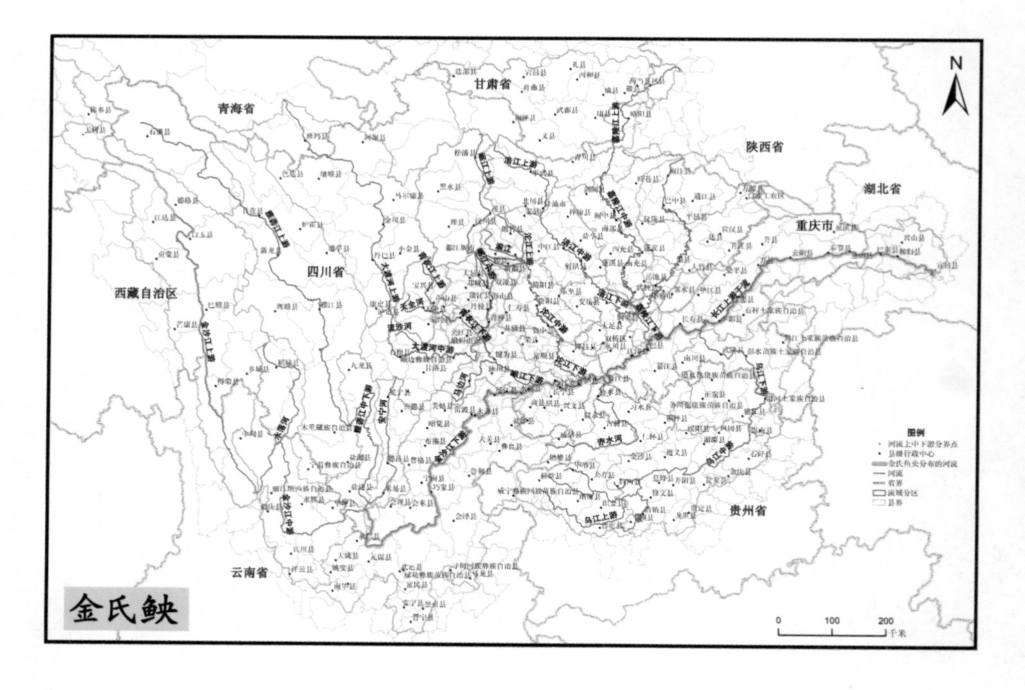

N
甘肃省
青海省
陕西省
湖北省
重庆市
四川省
西藏自治区
贵州省
云南省
图例
金氏鉠
0 100 200
千米

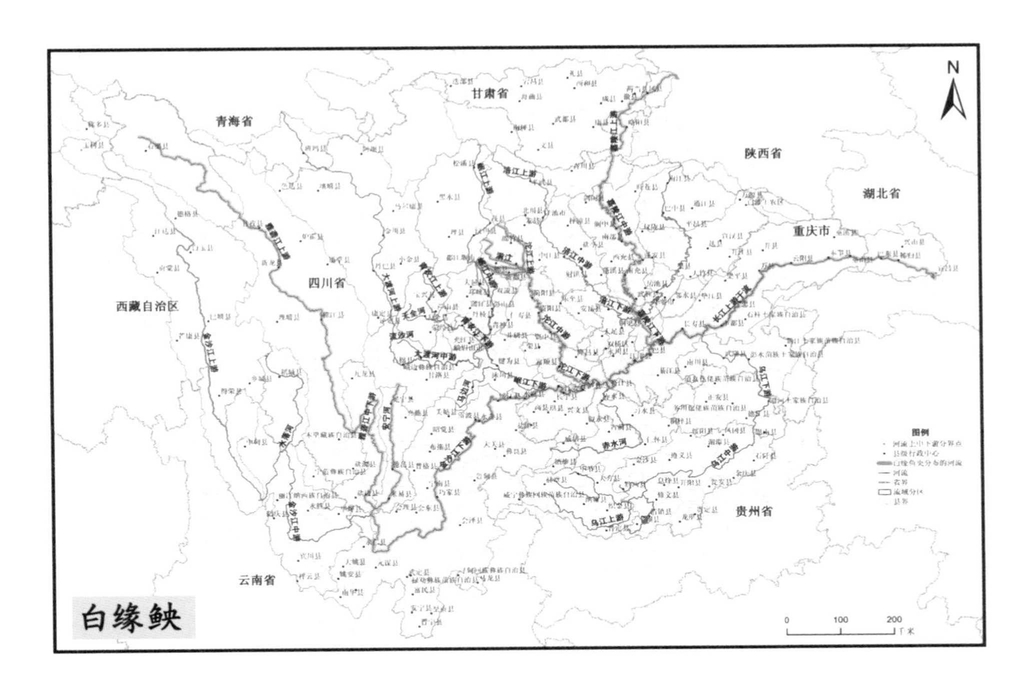
白缘鉠
青海省
甘肃省
陕西省
湖北省
重庆市
四川省
西藏自治区
云南省
贵州省
图例

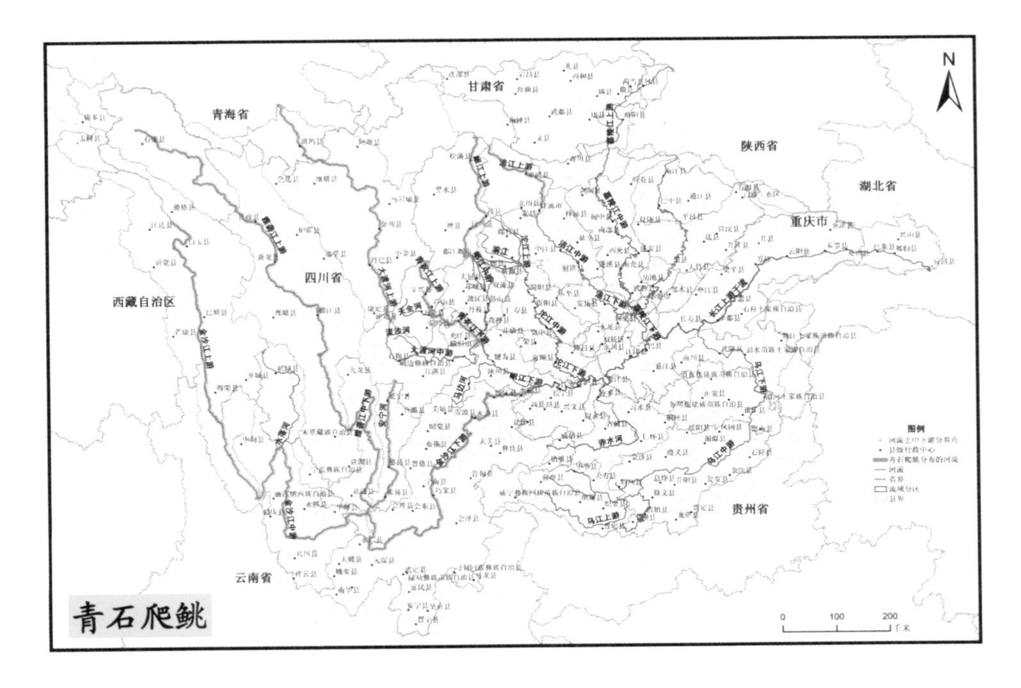
青石爬鮡
青海省
甘肃省
陕西省
湖北省
重庆市
四川省
西藏自治区
云南省
贵州省
图例

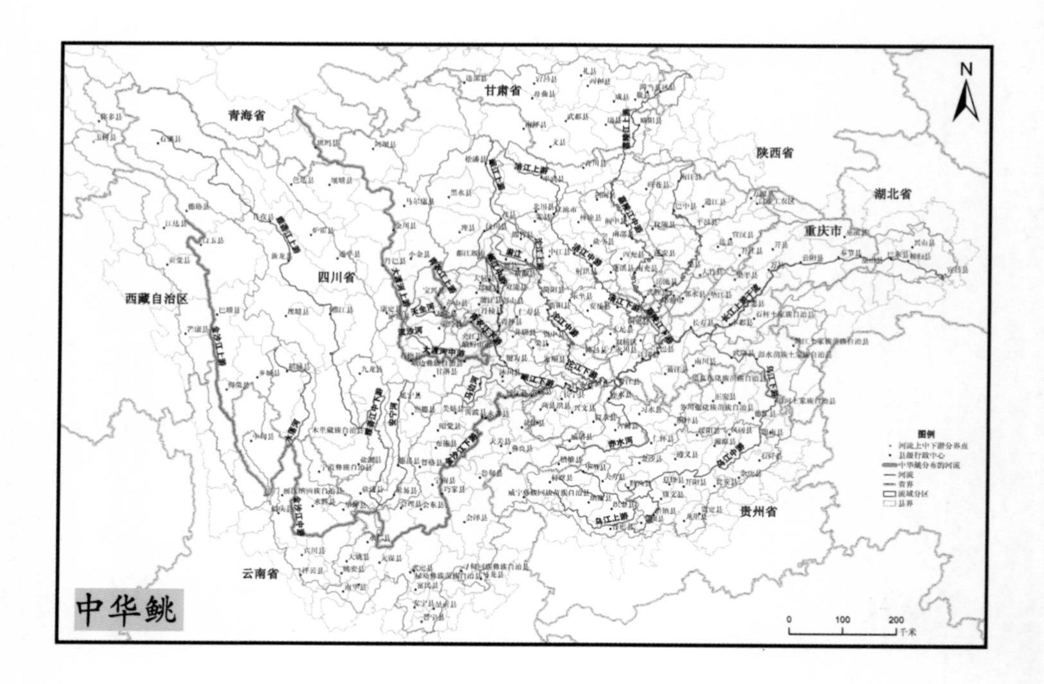
N
甘肃省
青海省
陕西省
湖北省
重庆市
四川省
西藏自治区
云南省
贵州省
中华鮡
0
100
200
千米

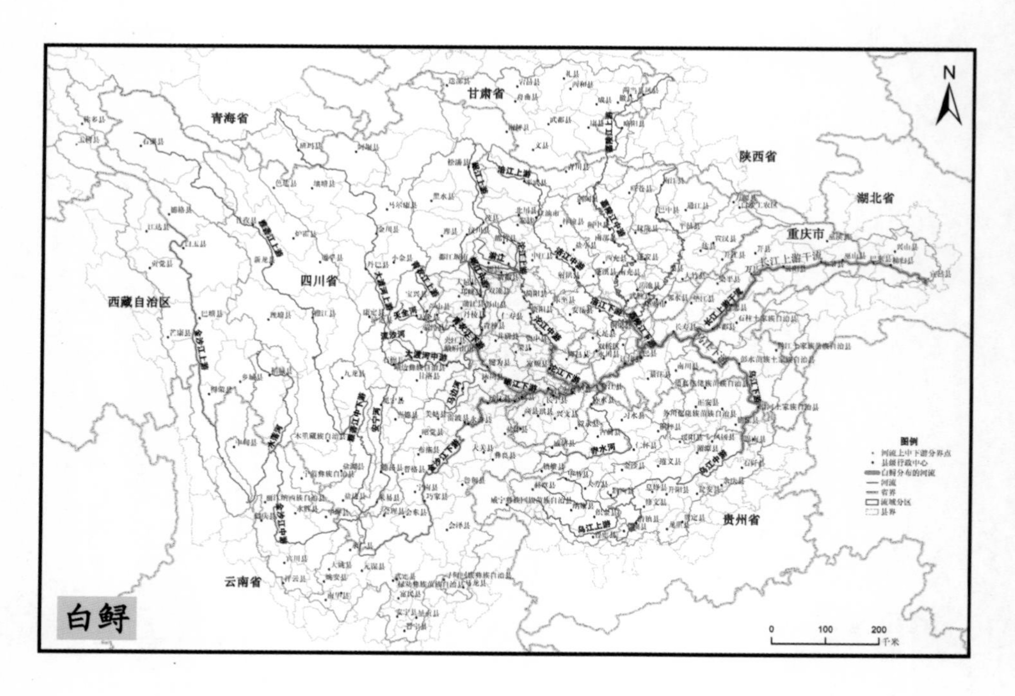
N
甘肃省
青海省
陕西省
湖北省
重庆市
四川省
西藏自治区
云南省
贵州省
白鲟
0
100
200
千米

青海省
甘肃省
陕西省
湖北省
重庆市
四川省
西藏自治区
贵州省
云南省
图例
0 100 200
千米
达氏鲟

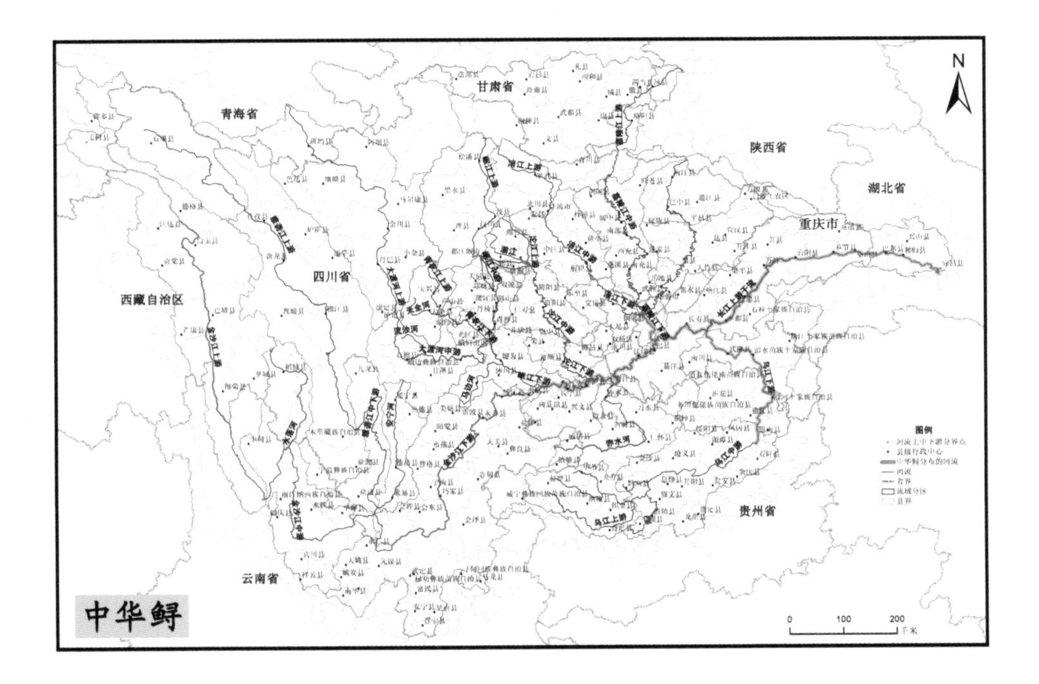

附录 4　金沙江流域珍稀濒危鱼类生态习性

中文名	虎嘉鱼	拉丁名	*Hucho bleekeri* Kimura
分类地位	鲑形目 鲑科 哲罗鱼属	生殖季节	惊蛰到春分季节(3 月份)
体长	418～510 毫米	产卵场	多在深水潭附近滩口处的浅水区,水流稍缓,河底多砾石和砂质
体重	0.5～2.5 千克	受精卵	无黏性,在亲鱼产卵前挖掘的浅窝中发育孵化
经济价值	大型经济鱼类,上等食用鱼	是否洄游	不详
生长速度	不详	保护级别	国家二级 濒危 EN
生境	冷水型,喜生活在深水河湾或流水环境中	分布备注	岷江上游很难见到,青衣江和大渡河有一定数量
食性	性凶猛,以鱼类和水生昆虫的成虫及其幼虫为主要食物。幼鱼阶段以水生昆虫为主,其次为小鱼和底栖动物。成鱼则以裂腹鱼、鳅类、鲱为主,也食水生昆虫、虾和水蚯蚓等	其他	在研究鱼类区系形成和动物地理学方面有重要学术价值

中文名	唇鲮	拉丁名	*Semilabeo notabilis* Peters
分类地位	鲤形目 鲤科 唇鲮属	生殖季节	不详
体长	203 毫米	产卵场	不详
体重	不详	受精卵	不详
经济价值	不详	是否洄游	不详
生长速度	不详	保护级别	易危 VU
生境	中下层鱼类,喜栖山溪流水岩洞,喜急水,常顶流而上	分布备注	
食性	摄食岩石上的附着生物及其他有机物质	其他	

中文名	云南鲴	拉丁名	*Xenocypris yunnanensis* Nichols
分类地位	鲤形目 鲤科 鲴属	生殖季节	5—6 月份
体长	118～205 毫米	产卵场	不详
体重	不详	受精卵	不详
经济价值	有一定的经济价值,每逢初冬,肠管周围积满脂肪,有“油鱼”之称	是否洄游	不详

续表

生长速度	生长速度较慢,但1～2龄稍快	保护级别	濒危EN
生境	多栖息于支流中、上游河段的中下层	分布备注	
食性	主要是硅藻等,也食高等植物碎屑	其他	

中文名	稀有鮈鲫	拉丁名	*Gobiocypris rarus* Ye & Fu
分类地位	鲤形目 鲤科 鮈鲫属	生殖季节	不详
体长	50～80毫米	产卵场	不详
体重	不详	受精卵	不详
经济价值	小型鱼类,无经济价值	是否洄游	不详
生长速度	不详	保护级别	濒危EN
生境	喜生活在泥沙底质和水流畅通的稻田、沟渠及池塘等环境中,常集群活动。种群数量不多	分布备注	单型属,特有种。仅发现于四川省汉源县大渡河支流的流沙河以及成都附近的一些小河流
食性		其他	

中文名	昆明裂腹鱼	拉丁名	*Schizothorax grahami*
分类地位	鲤形目 鲤科 裂腹鱼属	生殖季节	不详
体长	234毫米	产卵场	不详
体重	不详	受精卵	不详
经济价值	产区主要经济鱼类	是否洄游	不详
生长速度	不详	保护级别	易危VU
生境	不详	分布备注	
食性	主食硅藻,兼食浮游动物,	其他	

中文名	长丝裂腹鱼	拉丁名	*Schizothorax dolichonema* Herzenstein
分类地位	鲤形目 鲤科 裂腹鱼属	生殖季节	不详
体长	71～329毫米	产卵场	不详
体重	最大3～4千克	受精卵	不详
经济价值	产区主要经济鱼类	是否洄游	不详
生长速度	生长速度很慢	保护级别	濒危EN
生境	多生活在山区水流较缓的宽谷河流中,河底多砾石,水清澈	分布备注	
食性	成体常以硅藻、蓝藻为食,也摄食绿藻和一些底栖无脊椎动物	其他	

中文名	成都鱲	拉丁名	*Zacco chengtui* Kimura
分类地位	鲤形目 鲤科鱲属	生殖季节	不详
体长	55～150 毫米	产卵场	不详
体重	不详	受精卵	不详
经济价值	不详	是否洄游	不详
生长速度	不详	保护级别	易危 VU
生境	不详	分布备注	分布区窄，仅发现于四川成都及彭县附近的水体中
食性	不详	其他	

中文名	鲈鲤	拉丁名	*Percocypris pingi*
分类地位	鲤形目 鲤科 鲈鲤属	生殖季节	5—6 月
体长	110～380 毫米	产卵场	急流中产卵
体重	1～3 千克	受精卵	不详
经济价值	产区重要经济鱼类	是否洄游	不详
生长速度	不详	保护级别	易危 VU
生境	不详	分布备注	
食性	肉食性，幼鱼以食甲壳动物和昆虫幼虫为主，成鱼主要食鱼类，如鮈类和其他鱼类的幼鱼等	其他	

中文名	岩原鲤	拉丁名	*Procypris rabaudi*
分类地位	鲤形目 鲤科 原鲤属	生殖季节	2—4 月，产卵盛期 2—3 月
体长	137～650 毫米	产卵场	不详
体重	0.2～1.0 千克	受精卵	分批产卵；卵具黏性，常附着在石砾上孵化
经济价值	上等经济鱼类	是否洄游	不详
生长速度	不详	保护级别	易危 VU
生境	水流较缓的底层，冬季多在岩洞或深沱中越冬。	分布备注	
食性	食性较杂，主要摄食底栖动物，如水生昆虫、壳菜、蚬和寡毛类等，其次是植物碎屑和浮游植物等	其他	正在移养驯化试验

中文名	裸腹重唇鱼	拉丁名	*Diptychus kazuakovi*
分类地位	鲤形目 鲤科 重唇鱼属	生殖季节	不详
体长	157～187 毫米	产卵场	不详
体重	不详	受精卵	不详
经济价值	不详	是否洄游	不详
生长速度	不详	保护级别	不详

续表

生境	不详	分布备注	仅分布于四川及云南境内的金沙江水系，如虎跳峡以上的干支流和雅砻江上游。此外，在通天河及澜沧江上游的巴曲河和巴河也有分布
食性	不详	其他	

中文名	鯮	拉丁名	*Luciobrama macrocephalus*
分类地位	鲤形目 鲤科 鯮属	生殖季节	5—6月
体长	200～1060毫米	产卵场	流水中产卵
体重	最大达40～50千克	受精卵	卵随水漂流发育
经济价值	大型，有较高经济价值	是否洄游	不详
生长速度	生长迅速，1～3龄增长甚为显著	保护级别	易危VU
生境	不详	分布备注	不详
食性	凶猛，成鱼主要猎食鲤、鲫、鳑鲏及鲌类等，也食青草及鲢、鳙幼鱼	其他	由于吞食经济鱼类，曾被列为清除对象，遭到大量捕杀，资源已近枯竭，少见

中文名	长薄鳅	拉丁名	*Leptobotia elongata*
分类地位	鲤形目 鳅科 薄鳅属	生殖季节	不详
体长	119～258毫米	产卵场	不详
体重	0.5～1.0千克，最大个体2～3千克	受精卵	不详
经济价值	产区经济鱼类之一	是否洄游	不详
生长速度	不详	保护级别	易危VU
生境	底栖，生活中水流较急的河滩处	分布备注	
食性	性凶猛，以鱼为食，如平鳍鳅、中华沙鳅等小型鱼类，也食虾类、水生昆虫	其他	

中文名	胭脂鱼	拉丁名	*Myxocyprinus asiaticus*
分类地位	鲤形目 胭脂鱼科 胭脂鱼属	生殖季节	不详
体长	155～1134毫米	产卵场	产卵场水流较湍急，多在砾石或乱石滩上
体重	曾捕到30千克的个体	受精卵	受精卵具黏性，黄色，直径约2～2.5毫米，约经7～10天可孵出鱼苗
经济价值	大型经济鱼类，“千斤腊子万斤象，黄排大得不像样”中的黄排	是否洄游	性成熟亲鱼多上溯到金沙江、岷江、嘉陵江的下游产卵
生长速度	生长快	保护级别	易危VU

续表

生境	中下层鱼类，喜水质清新的水体，要求较高的溶氧量	分布备注	不详
食性	食物随栖息环境不同而有差异，主要以底栖无脊椎动物为食，也摄食小型软体动物，还常在石砾上吸食附着藻类，肠道中还常见到大量的泥沙和高等植物碎片	其他	已人工饲养

中文名	白缘䱀	拉丁名	*Liobagrus marginatus*
分类地位	鲇形目 钝头𬶏科 䱀属	生殖季节	不详
体长	111～150 毫米	产卵场	不详
体重	不详	受精卵	不详
经济价值	不详	是否洄游	不详
生长速度	生长较慢	保护级别	濒危 EN
生境	底栖，喜流水，多群集于山溪河流中，白天潜入洞穴或石缝中，夜间成群在浅滩上觅食	分布备注	
食性	主要以水生昆虫及其幼虫、小型软体动物、寡毛类和小鱼及小虾为食	其他	

中文名	金氏䱀	拉丁名	*Liobagrus kingi* Tchang
分类地位	鲇形目 钝头𬶏科 䱀属	生殖季节	不详
体长	105～108 毫米	产卵场	不详
体重	不详	受精卵	不详
经济价值	不详	是否洄游	不详
生长速度	不详	保护级别	濒危 EN
生境	生活于底质多石的急流水环境，为底层生活的小型肉食性鱼类	分布备注	
食性	不详	其他	

中文名	青石爬鳅	拉丁名	*Euchiloglanis davidi*
分类地位	鲇形目 鳅科 石爬鳅属	生殖季节	6—7 月
体长	113～149 毫米	产卵场	常在急流多石的河滩上产卵
体重	不详	受精卵	具黏性，黏附在石砾上发育孵化
经济价值	不详	是否洄游	不详
生长速度	生长较慢	保护级别	不详
生境	底栖，多生活在山区河流中，喜流水生活	分布备注	
食性	以水生昆虫及其幼虫为主	其他	

中文名	中华鮡	拉丁名	*Pareuchiloglanis sinensis*
分类地位	鲇形目 鮡科 鮡属	生殖季节	不详
体长	113～132 毫米	产卵场	不详
体重	不详	受精卵	不详
经济价值	不详	是否洄游	不详
生长速度	不详	保护级别	濒危 EN
生境	不详	分布备注	
食性	不详	其他	

中文名	白鲟	拉丁名	*Psephurus gladius*
分类地位	鲟形目 匙吻鲟科 白鲟属	生殖季节	3—4 月
体长	350～3000 毫米	产卵场	与中华鲟相似，主要在宜宾至屏山江段，通常在具有石砾河底且水流湍急的河滩上产卵
体重	不详	受精卵	卵具强黏性，卵膜吸水后呈球形
经济价值	大型经济鱼类	是否洄游	不详
生长速度	生长速度较快	保护级别	极危 CR
生境	中下层，善游泳，喜在宽阔的水体中活动	分布备注	在岷江的乐山以下，嘉陵江的南充以下，沱江和乌江下游可见到少数个体，不是主要分布区
食性	性凶猛，以食鱼为主，捕食的鱼类随栖息环境有所不同，摄食量也与环境和季节有密切关系	其他	淡水珍稀鱼类，中国特产，在研究鱼类起源、演化和地理分布上有着重要的科学价值

中文名	达氏鲟	拉丁名	*Acipenser dabryanus Dumeril*
分类地位	鲟形目 鲟科 鲟属	生殖季节	春季
体长	230～1300 毫米	产卵场	屏山到合江间的河段，常在水流湍急，底质为卵石的河滩上产卵
体重	4～10 千克	受精卵	具黏性，黏附在石砾上孵化
经济价值	较大型淡水经济鱼类，肉和卵味道鲜美，鱼卵可加工成鱼子酱	是否洄游	不详
生长速度	生长速度较快，性成熟前生长更快，以后逐渐减慢	保护级别	濒危 EN
生境	不详	分布备注	
食性	以底栖无脊椎动物为食，如蜻蜓、蜉蝣目等水生昆虫及幼虫，摇蚊科幼虫、寡毛类和虾类等；也食一些小型鱼类，如鰕虎、吻鮈类等；亦摄食植物碎屑和藻类。食物种类和数量与栖息地环境和季节有一定关系，摄食量大小主要与季节有关	其他	已成功人工繁殖（重庆市水产研究所）

中文名	中华鲟	拉丁名	*Acipenser sinensis* Gray
分类地位	鲟形目 鲟科 鲟属	生殖季节	10—11月,水温17～20℃,盛产期在10月中下旬
体长	250～4000毫米	产卵场	主要在宜宾至屏山江段,通常在具有石砾河底而且水流湍急的河滩上产卵
体重	50～300千克	受精卵	卵沉性,具黏性,黏附在石砾上发育孵化
经济价值	大型经济鱼类	是否洄游	溯河洄游性,繁殖群体上溯到川江产卵
生长速度	生长速度较快,雌鱼比雄鱼更快	保护级别	濒危 EN
生境	底栖	分布备注	
食性	食物随生长阶段不同而有差异,幼鱼以底栖生物为主,其中动物性饵料居多,在川江的亲鲟因停食在胃中很难发现食物	其他	

附录5 水洛河鱼类名录

目	科	属	种
鲤形目	鳅科	副鳅属	短体副鳅 *Paracobitis potanini*
		泥鳅属	泥鳅 *Misgurnus anguillicaudatus*
		山鳅属	山鳅 *Oreias dabryi*
		高原鳅属	细尾高原鳅 *Triplophysa stenura*
	鲤科	草鱼属	草鱼 *Ctenopharyngodon idellus*
		麦穗鱼属	麦穗鱼 *Pseudorasbora parva*
		墨头鱼属	墨头鱼 *Garra pingi*
		鲈鲤属	鲈鲤 *Percocypris pingi*
		突吻鱼属	白甲鱼 *Onychostoma sima*
		唇鲮属	泉水鱼 *Semilabeo prochilus*
		棒花鱼属	棒花鱼 *Abbottina rivularis*
		吻鮈属	长鳍吻鮈 *Rhinogobio ventralis*
		裂腹鱼属	齐口裂腹鱼 *Schizothorax prenanti*
			细鳞裂腹鱼 *Schixothorax changi*
			四川裂腹鱼 *Schixothorax kozlovi*
		裸裂尻鱼属	软刺裸裂尻鱼 *Schizopygopsis malacanthus*
		鲤属	鲤 *Cyprinus carpio*
		鲫属	鲫 *Carassius auratus*
	平鳍鳅科	间吸鳅属	短身间吸鳅 *Hemimyzon abbreviata*

续表

			中华间吸鳅 *Hemimyzon siuensis*
合鳃目	合鳃科	黄鳝属	黄鳝 *Monopterus albus*
鲇形目	鮡科	鮡属	中华鮡 *Pareuchiloglanis sinensis*
		石爬鮡属	黄石爬鮡 *Euchiloglanis kishinouyei*
			青石爬鮡 *Euchiloglanis lkishinouyei*

附录 6　水洛河珍稀濒危植物、两栖爬行类名录

1. 珍稀濒危植物

国家一级保护植物云南红豆杉 *Taxus wallichiana* var.*yunnanensis* 。

国家濒危植物栌菊木 *Nouelia insignis* 。

(1) 云南红豆杉

常绿乔木;小叶不规则互生;一年生枝秋后变为金黄绿色。叶螺旋状排列,基部扭转呈二列,质薄,条形披针形,常呈镰状,长 2.5～4.5 厘米,宽 2～3 毫米,上部渐窄,先端有渐尖或微急尖的尖头,基部楔形,微不对称,上面中脉隆起,下面有两条较边带为宽的淡黄色气孔带,中脉带和边带上有密生均匀的微小乳头点。

雌雄异株;球化单生叶脉。种子生于红色肉质的杯状或坛状假种皮中,扁圆柱状卵形,两侧微有钝脊,顶端有小凹尖,种脐椭圆形。

分布:分布于云南西北部和西藏雅鲁藏布江流域;尼泊尔、印度、缅甸也有。木材优良;树皮含单宁;种子油供制肥皂与润滑油。可做分布区造林树种。

根据本次调查,从依及到云南的沟内零星分布有少量云南红豆杉,但此地方已不在水洛河流域梯级电站的工程影响区内,所以工程不会对其造成影响。

(2) 栌菊木

灌木或小乔木,高达 5 米;幼枝上部被厚柔毛。叶互生,椭圆形或椭圆状披针形,全缘,下面密被灰白色柔毛;叶柄长 2～3 厘米。头状花序单生于枝顶,辐射状,直径 2.5～3.5 厘米,无梗;总苞钟状,总苞片 6～8 层,革质,背面被淡黄色柔毛,外层较短,卵状三角形,内层较长,狭披针形;花序托平坦,有小窝孔;花全部两性,白色,缘花花冠二唇形,上唇 2 裂,裂片线形,外卷,下唇舌状,3 裂;盘花呈不明显的二唇形,近 5 等裂,裂片线形,外卷;花药基部有长尾;花柱分枝。瘦果长椭圆形,有纵肋,长约 14 毫米,被白色绢毛;冠毛 1 层,长 15～18 厘米,刚毛状。花期 4—6 月,果期 9—10 月。

生于干热河谷地区的杂木林下、灌丛中、林缘或山坡沟边。土壤 pH 4.0～5.5。海拔 1500～2900 米。

分布：云南：滨川、昭通、路南、宁蒗、禄丰、永胜、元谋、中甸、丽江、鹤庆、景东、禄劝、永北、大姚、勐海；四川：木里、永宁、康定、九龙、攀枝花、会东、会理、米易、普格、盐源、德昌、理塘。

根据本次调查，栌菊木在水洛河流域的一定地段有少量分布，主要生长在沿岸的干旱灌丛中。初步调查的结果显示，栌菊木主要分布海拔约为 1800～2800 米。调查中在流域范围内共有 23 个地点发现有栌菊木分布，大多数分布地点数量约在 1～10 株之间，也有部分分布地点数量达到了 20 株左右甚至 50 株左右，树高平均为 2～3 米，一般生长在铁仔、光叶栎、刺柏、华西小石积、火棘等灌丛中。栌菊木分布最集中地方有：白水河、水洛金矿附近、水洛乡附近、下博瓦，从俄亚到依及的路上以及依及乡附近。

2. 珍稀保护动物

(1) 两栖动物

双团棘胸蛙 *Paa yunnanensis* (Anderson, 1879)，叉舌蛙科棘蛙属。

易危，《中国濒危动物红皮书：两栖类和爬行类》(赵尔宓，等，1998)保护动物。

形态特征：体形甚肥硕，雄蛙体长 98 毫米，雌蛙约 99 毫米。头略宽扁，头宽大于头长；吻端圆，吻棱不显；瞳孔菱形，眼间距略大于上眼睑宽或约相等，鼓膜显或不清晰。体和四肢背面粗糙，背疣椭圆形排列成纵行，其间有许多小圆疣，其上均有黑刺，眼后方多有横肤沟，雌蛙腹面光滑。雄蛙前肢特别粗壮，指、趾端球状，无沟；后肢较短，胫跗关节前伸达眼部，胫长不到体长之半，左右跟部仅相遇或重叠；趾间全蹼，外侧蹠间蹼超过蹠长之半，有跗褶，第五趾外侧缘膜仅达趾基部。生活时背面灰棕色或黄棕色，四肢横纹不显或隐约可见；咽喉部有浅棕斑，体腹面灰白色或黄色，有的个体散有灰色斑。雄蛙前肢粗壮，内侧 3 指有婚刺；胸部刺团 1 对，大而相距近，具单咽下内声囊，无雄性线。卵径 4 毫米左右，动物极灰黑色。蝌蚪全长 52 毫米，头体长 20 毫米左右；生活时头体背面棕褐色，尾部浅棕色，散有大小深色麻斑；尾末端钝尖；唇齿式一般为Ⅰ：4-4/Ⅱ：1-1；下唇乳突在中央部位 1 排，两侧为 2 排。

生物学特征：生活于海拔 1330～2400 米的山区林间溪流内，常蹲在岸上长有苔藓的石头上。产卵期较长，4—6 月可发现卵群或胚胎，卵成串黏附在水内石下，并悬于水中。蝌蚪生活在流溪水凼内，多隐于石下或腐叶中。

分布：分布于四川的昭觉、盐源、木里、德昌、会理、会东、攀枝花、雷波、冕宁、九龙。

国内还见于云南、贵州(威宁、绥阳、松桃、望谟、荔波、兴义)、湖南(绥宁)、湖北(通山)。

致危原因:食用;河流等栖息环境破坏;化学农药的污染。

(2) 爬行类

① 王锦蛇 *Elaphe carinata* (Günther,1864),游蛇科锦蛇属。

易危,《中国濒危动物红皮书:两栖类和爬行类》(赵尔宓,等,1998)保护动物。

形态特征:雄体全长(1427+350)毫米,雌体全长(1540+327)毫米。头较长,头颈区分明显;眼大小适中,瞳孔圆形;颊鳞1枚;眶前鳞1枚,眶后鳞2枚;颞鳞2+3;上唇鳞8枚;下唇鳞11枚,前5枚切前颔片;前颔片稍长于后颔片。背鳞23-33-19行,除两侧最外各1～2行外,全具强棱;腹鳞206～224枚,具侧棱;肛鳞二分;尾下鳞76～96对。头背棕黄色,鳞沟色黑,形成"王"字样黑纹;有的个体无黑色"王"字纹,而散以黑色点斑。体背鳞片的边缘黑色,中央黄色,整体构成黑色网纹;体前部具有黄色横斜纹,体后横纹消失;腹面前段黄色,后段灰青色,通体密布黑色点斑。幼蛇背面灰橄榄色,鳞缘微黑,枕后有一短纵纹;腹面肉色。

生物学资料:生活于海拔250～2220米的丘陵或山区。栖息于乱石堆及水塘边。行动迅速,性凶猛,善于爬树。食物以蛙、蜥蜴、蛇、鸟及鼠类为食。饲养下曾吃过黑眉锦蛇和虎斑颈槽蛇。卵生,每年6—7月产卵8～14枚,卵壳乳黄色,卵径(30～36)毫米×(47～56)毫米。

分布:安县、宝兴、北川、苍溪、达县、峨眉山、古蔺、汉源、合江、洪雅、会理、金阳、筠连、雷波、泸定、马边、美姑、木里、南江、攀枝花、屏山、平武、青川、万源、汶川、卧龙、西昌、叙永、宜宾、盐源、荥经、越西、昭觉;重庆直辖市城口、南川、巫山、酉阳。国内尚分布于安徽、北京、福建、广东、广西、贵州、甘肃、河南、湖北、江苏、江西、上海、天津、台湾、云南、浙江。国外分布于越南。

致危因素:食用;滥捕和收购;栖息环境破坏。

② 黑眉锦蛇 *Elaphe taeniura* (Cope,1861),易危,《中国濒危动物红皮书:两栖类和爬行类》(赵尔宓,等,1998)保护动物。

形态特征:雄体全长(1830+390)毫米,雌体全长(1642+285)毫米。头颈区分明显;眼大小适中,瞳孔圆形;颊鳞1枚;眶前鳞1枚,眶后鳞2枚;颞鳞2+3;上唇鳞9枚;下唇鳞10枚,前5枚切前颔片,前颔片长于后颔片。背鳞23-23-19行;中段11～23行起弱棱;腹鳞227～247枚;肛鳞二分;尾下鳞89～111对。头体背黄绿或棕灰色,眼后具一明显的眉状黑纹延至颈部,上下唇鳞及下颌淡黄色。体背前中段具黑色梯状或蝶状纹,至后段逐渐不显;从体中段开始,两侧有明显的四条黑色纵带达尾端;腹面灰黄色或浅灰色,但前端、尾部及体侧为黄色,两侧黑色。

生物学资料:生活于海拔100～3000米的平原、丘陵或山区。栖息于河边、稻田及住宅附近。行动迅速,善爬行,性凶猛,受惊扰即竖起头颈部,尾不断摆动作防备之势。食物以蛙、鸟、鸟卵及鼠类为食。卵生,每年5月交配,7—8月产卵2～13枚,卵白色,长椭圆形,卵径(23～34)毫米×(40～65)毫米,孵化期67～88天,幼蛇具卵齿,刚出生仔蛇全长330～450毫米。

分布:安县、巴塘、宝兴、北川、苍溪、长宁、成都、达县、峨边、峨眉山、古蔺、广元、合江、洪雅、金阳、金堂、筠连、阆中、乐山、雷波、泸定、泸县、米易、冕宁、绵竹、木里、什邡、纳溪、南充、南江、攀枝花、屏山、平武、青川、万源、卧龙、西昌、兴文、叙永、盐边、盐源、宜宾、荥经、越西、昭觉;重庆直辖市巴县、壁山、长寿、城口、大足、合川、江北、江津、南川、彭水、綦江、荣昌、铜梁、潼南、永川、酉阳。国内尚分布于安徽、北京、福建、广东、广西、贵州、甘肃、河北、河南、湖北、湖南、海南、江苏、江西、辽宁、山西、上海、陕西、台湾、天津、西藏、云南、浙江。国外分布于朝鲜、越南、老挝、缅甸及印度。

致危因素:食用和药用,皮革;滥捕和收购;栖息环境破坏。

③ 黑线乌梢蛇 *Zaocys nigromarginatus* (Blyth,1854),易危,《中国濒危动物红皮书:两栖类和爬行类》(赵尔宓,等,1998)保护动物。

形态特征:体型大,雄体全长1459～1544毫米,尾长430～488毫米,雌体全长666～1483毫米,尾长196～428毫米。头颈区分明显;眼大,瞳孔圆形;颊鳞1枚;眶前鳞1枚,另有1枚小的眶前下鳞,眶后鳞2枚;颞鳞2+2或2+1+2;上唇鳞8,3-2-3式;下唇鳞9～10枚,前4或5枚切前颔片。背鳞16-16-14行,中央4～6行具棱;腹鳞雄性186～194枚,雌性187～194枚;肛鳞二分;尾下鳞双行,雄性120～132对,雌性113～121对。头背灰褐,眼后有黑纵纹,上唇鳞黄色,头腹面浅黄色。背面绿色或黄绿色,有4条黑色侧纵纹,后段鲜明而直达尾部;腹面浅黄绿色,腹鳞两侧各有一黑纵纹。上颌齿21～26枚。

生物学资料:生活于海拔1500～2650米的山区耕作区水稻田或村寨附近。食蛙、鸟及鼠类。卵生,6月产卵,可达22枚。

分布:会理、米易、冕宁、木里、攀枝花、西昌、喜德(晏山乡)、盐源。国内分布尚见于贵州、西藏。国外分布于尼泊尔、印度、缅甸、泰国、越南、印度尼西亚、马来西亚、菲律宾。

致危因素:食用;滥捕和收购;栖息环境破坏。

下　　篇

水电开发需慎重：专家之见

王昊　摄

第七章　西南水电开发中的“审慎原则”与怒江开发

在水电开发中,“上马”和“不上马”的争执始终存在着。在怒江水电工程上,同样也有“急于上马”与“现在不能上马”两种意见。而在主张“现在不能上马”者之中,有两种理由:一种是从“三江并流世界遗产”的严肃性或其他原因(如生态、地质、移民、文化的影响)出发,认为根本就不能开发;另一种是认为我们目前对该工程造成的影响的认识还太浅,不能贸然行动,以免造成不可挽回的损失,这就是“慎建”的思想。

“慎建”的思想是值得进一步说明的。因为它为人们达成共识提供了更大的空间,而且它还体现了一种更为合理的对待科学的态度。在争论中我们常常会面临这样的情况:质疑者认为目前关于该工程对生态环境系统等产生的潜在影响没有足够的认识,而急于上马者则认为质疑者没有充分的证据来证明工程会造成“不可忽视且难以恢复的影响”。对待这种情况,我们该怎么评价与决策呢?

世界环境保护的历史也表明,正是在与这种妨碍保护环境的思维定式的斗争中,20 世纪 80 后期出现了一个重要的环境思想——“审慎原则”(precautionary principle)。

一、什么是“审慎原则”

“审慎原则”是 20 世纪后期人类进入环境时代后出现的重要的环境思想之一

(Meira Hanson,2003)①。它最早产生于人们与污染环境的斗争。在欧洲各国为保护北海而召开的一系列会议中,人们达到一个共识(宣言)"应当在源头就采用目前最好的技术阻止污染物的排放",并指出这个共识"也适用于这样一种情况:即当我们有理由假设某些对海洋生命资源毁坏或有害的影响很可能是由某些物质引起的,即使我们此时还没有科学的证据来证明该物质之排放与那些不良影响之间的因果关系的时候,阻止污染物的排放的做法也是必要的。"(北海的情况是:明知是污染导致生态破坏,相应的保护行动却一拖再拖,只因科学家没能建立起因果关系的确定性证据)。从此以后,"审慎原则"被纳入一系列国际条约中,开始涉及处理基于海洋污染的土地与海的问题,后来又用于处理生物物种保护、食品安全以及全球气候变化问题。迄今对这一原则最为广泛的认同体现在1992年联合国环境与发展大会通过的《里约环境与发展宣言》(简称《里约宣言》)中。其中,"审慎原则"是与可持续发展的思想紧密相连的。该宣言第15项原则是:"为保护环境,各国应根据其能力,广泛地应用审慎原则的做法。在遇有严重或不可逆转损害时,不得以缺乏充分的确实的科学证据为理由,延迟采取那些符合成本效果分析的措施以防止环境恶化。"近些年来,联合国IPCC(Intergovernmental Panel on Climate Change,政府间气候变化专门委员会)及许多政府与国际机构关于全球气候变化问题的报告、协议中,都明确地强调了"审慎原则"在决策中的指导作用。

"审慎原则"在实践中正在通过多种方式实现,例如,① 在措施的选择方面,考虑到承认科学不确定性与知识空白点的存在阻碍了我们对一个生态系统吸收污染的承载容量的评估,"审慎原则"体现在"为防止超过阈值而保留足够大的余地",要求从"源头上解决问题",如,向清洁生产转变。② 从评估的方法论考虑,提出"正比性原则",即不允许一面声称"高水平的保护目标",一面又容忍低下的保护水准。因维护"审慎"导致的行为涉及了"另外一些价值"(除了我们熟悉的成本、收益概念),就应当在成本收益分析的方法层面(如概念含义、贴现率等)有新的考虑,以便体现出因"审慎原则"付出"额外"代价的正当性。这里,保险的原理正在结合到生态环境领域——人们对自己的"保险系数"扩展到"审慎"的环境标准,即内含直接的"保险价值"。③ 从论证的程序层面,审慎原则通过"调整和改变举证的责任"使

---

① Precautionary principle 源于德语 Vorsorgeprinzip(远见与规划两字的结合),20世纪70年代被用来论证环境保护政策的正当性。这一原则是在为保护北海而召开的一系列会议期间被引入国际议程的,并被明确地译成了(1987年)"新"英语词汇 precautionary 。现中文有不同译法,如"慎始""审慎""预防"。本文采用时,将针对不同情况使用不同的译法。本节内容参见 Meira Hanson,"The precautionary principle" Environmental Thought,2003.

之有利于环境保护方。例如，在证明的标准上，取消或放松对证明“严重的、不可逆的生态环境威胁”的苛求的举证标准（如超过阈值的证据）；要求那些声称对环境的保护性做法是不必要的人来举证证明他们的观点；在法律的前提假设上明确“除非存在相反的证据，不然预设那些被关注的对环境的威胁是成立的”。

正像历史上一切有深度影响的新观念一样，审慎原则也是在克服困难中成长，对其考验包括多层面的争论、误解、抵抗者的歪曲、性急者的滥用……虽然它体现着新科学时代的精神，是人类环境时代的必然产物，但我们不能将它当做一个可以方便套用到所有情况的“上方宝剑”，而应视之为一个影响我们评判与决策的原则理念。它的实现不仅涉及科学与社会多个方面，还包括利益相关者的压力，因而需要政治家施加影响。说到底，它是政治问题，但它代表的是这个时代越来越多的人的一种共同意愿——为了避免共同的悲剧而毅然采取有利于环境的决定（Meira Hanson，2003）。

二、大型工程对生态环境的影响与“慎始原则”

一些超大型工程对于生态环境的影响，可能需要几十年甚至更长时间的观测研究才能看清。

一方面，这与生态系统的基本特点有关：“一是它的积累效应——许多环境变化一开始并不被人们所察觉或重视，通过逐步积累，最后产生不可逆转的后果。生态问题的积累效应存在从量的积累到质的变化这样一个过程，而这个质变的转折点往往很难确定。二是放大效应——在人类的干扰和影响下，环境变化并不是线性增加的，而是以加速度发展，呈现放大效应。如在生物多样性极为丰富的地区过度利用资源、破坏环境，使这里的生物多样性丧失，带来的是整个区域生物多样性破坏。三是滞后效应——人类对生态环境的破坏引起的后果往往要经过一定的时间后才充分展示出来。人类的认识有一定的局限性，只有酿成较大规模不可逆转的后果时，才能认识其危害之严重。”（段昌群，2004）

另一方面，研究者对人导致的某些自然变化的潜在威胁的了解程度往往有三种情况：一是有风险，二是有不确定性，三是无知（Meira Hanson，2003）。第一，“有风险”的情况是可能出现的后果及发生的概率都是知道的，故我们有足够的信息对决策作较为实际的指导（包括进行风险-收益分析）。第二，“不确定”的情况则是我们知道其后果，但我们的知识不足以预测它。更准确地说，我们面临的是“科学的不确定性”。这种我们应采取保护环境的行为，但是完整的科学的证据又没办法获得的情况，此时在已有的证据面前科学家之间争论不休的情况，正是前面所说的“审慎”或者说“慎始原则”所对应的情况。在许多今天的科学家看来，科学上的不确定性是不可避免，也是不应回避和遮掩的。如 O’Riordan 所说："科学正在承认：自然现象的复杂性与互相依存性是如此的紧密缠绕，以至于不再有任何一个单一的基础供我们推断因果关系，或是有那个标识物种和可测量的事件的意义大到能够用来当做未来后果的预测者。"(Meira Hanson，2003)第三，“无知”的情况则是自然过程的后果根本就不能被科学预测。造成此情况的一个可能原因是许多自然过程从性质上说就是混沌的和非连续性的。

在上马一个影响生态环境的大型工程问题上，我们往往面临上述三种情况的混合。但对于后两种情况，即“科学的不确定性”和“无知”的情况，眼下还缺乏明确的共识的原则指导，甚至还有些有意无意地回避——似乎科学家就应当能够掌握一切知识。这正是一些人无知的“人定胜天”心态的科学观来源。在对待“科学的不确定性”和“无知”的问题，恰当地运用“慎始原则”是特别必要的(针对新工程上马的问题，我们采用“慎始”的译法)。事实上，在较为尊重 precautionary 原则的国家内，“绝不盲动以避免风险”较之“预先行动以避免风险”，应当是更加正当、更加容易、更加不容怀疑的。

在水电建设上，大型水电和小水电不同，是否是可再生能源上存在很大的争议，更不用说是否是绿色能源了。

尽管水电的环境影响与其装机容量之间没有直接的正比关系，它与每个电站的地点、技术、管理等有关，但是一般而言，大型水电站对环境的影响要大得多。实际上，人们往往是将两者分开对待的。

① 在国际上，将小水电[①]视为“可再生能源”是没有异议的[②]。环境组织认为只要运作合理，小水电对环境和社会的负面影响较小，能够体现可再生能源的许多好处，特别是为分散的农村社区提供动力、促进农村社会经济的发展。在中国，小水电为主的分散式的农村电气化在消除贫困、防止环境进一步恶化方面是成功的[③]。来自挪威水资源与能源部的伍德说，“经过数年的小规模水电开发，我们明显看到，

① 国际小水电协会(International Association for Small Hydro)，一般认为 10 兆瓦以下为小水电是可以接受的.

② 例如，2003 年一个国际 NGO 网络 CURES 将新的可再生能源定义为包括“现代生物能，依照世界大坝委员会指定的小型(10 兆瓦)水能(机械的和发电的)、地热能、风能、所有太阳能、潮汐、波浪和其他海洋能源。” www.ee-netz.de/cures.html.

③ 童建栋. 促进小水电发展是一项可持续发展的能源政策. 联合国水电与可持续发展研讨会论文集，2004 年 10 月.

众多小型水电项目造成的自然环境损害远低于为数不多的大型水电项目。”[①]

② 在国际上，人们对将大型水电视为“可再生能源”持有极大的争议。2002 年约翰内斯堡世界可持续发展大会上，大型水电能否被纳入可再生的能源，与会代表发生了激烈争论，最后在会议通过的实施计划中关于能源多样化的词句加进了“……可再生能源技术，水电包括在内……”的字样。2004 年，在柏林召开的可再生能源大会上，260 个组织针对上述说法再次提出异议，要求将大型水电从可再生能源中除掉[②]。虽未达到这一目标，但反映了大型水电存在的问题远比小水电大得多。当然，小型水电站若无序发展也会造成严重生态环境影响。

③ 事实上，一些国家已制订了非常严格的许可证颁发条件(制度)，使得批准一个大型水电项目比核电还难，甚至变得不可能。此外，美国、欧盟相继宣布了 10 兆瓦以上的水电不再被认为是可再生能源，进一步使得水电开发由大型水电向小水电转移[③]。

因此，在大型水电项目的上马上，应该持有慎始的态度。中国的专家与决策者在这一问题上，也已有不少经验和体会。

三、三门峡水库的重要启示之一：留有余地的必要性

生态学目前还不是一个可以进行准确预测的学科，但我们应虚心理解生态学家的再三告诫，高度重视生态问题的基本特点：一是它的积累效应，二是放大效应，三是滞后效应。生态学家最担心在口头上说环境保护，却将真正的生态环境问题置之脑后，最终不得不付出沉重的代价，使每个社会成员都成为毫无意义的环境受害者和牺牲品[④]。这些重要的理念和经验教训给那些为我们的江河实施“超大外科手术”的雄心提出了严肃的告诫——加强研究，慎重动手。

---

① 比乔 · 伍德. 挪威水电开发研究——百余年的开发发展积累的经验. 联合国水电与可持续发展研讨会论文集，2004 年 10 月.

② 这个呼吁的内容包括：欠缺电力供应者占全球人口 1/4，他们需要政府大量投入分散式可再生能源的建设。开发大型水电会削弱对分散式可再生能源的投资。大型水电开发商往往低估大型水电工程的成本，往往没有把水文改变对气候的影响作为工程决策的考虑因素。大坝使全球 4000 万～8000 万人流离失所，而且当中很多人获得很少甚至没有赔偿。数以百万计的人失去土地和生计，并由于大坝对下游地区带来影响而受到伤害。大坝也是全球河流生物多样性急速减少的一个重要因素。大型水电的很多影响往往是不引人注意或被低估的，相关缓减影响的措施往往都是失败的。大型水库由于泥沙淤积，变成不可再生……

③ 童建栋. 促进小水电发展是一项可持续发展的能源政策. 联合国水电与可持续发展研讨会论文集，2004 年 10 月.

④ 段昌群主编. 2004. 环境生物学. 北京：科学出版社，28—31.

众所周知，三门峡水库是一个典型的失败的宏观决策。但是从当初人们几乎众口一词地赞同到现在大家确认它是不应上马的工程，用了近半个世纪的时间。对这一得不偿失、后患严重的超大型工程，业内人士已经从决策机制到坚持真理精神等方面进行了反思。在这里还有一个值得反思的问题——科学工作者如何对待科学的不确定性和知识局限性的问题。中国一些专家已经发现了在这个问题上的深刻教训。如谢家泽先生 1985 年在“三门峡在宏观决策上的基本教训”中说：“宏观决策失误的根本在于对水土保持作用的估计错误”，他回忆说当时对水土保持减少黄河输沙量有三种估计：陕西省、黄河水利委员会、苏联列宁格勒设计院各自提出的估计相差很大，如对 10 年后(1967 年)输沙量的估计，分别是减少 80%～85%、30%～40%、20%。“如果能对水土保持进行一些实事求是的分析，看到当时存在的各种估计都不具备科学根据，对实际效果拿不准，向周总理提出要作两手打算，那么以后的一系列被动局面是可以减少或者避免的。”谢先生特别指出，只有“实事”才能“求是”，而在“实事”中，不仅要看社会经济需要，要看其可能，“还要充分估计到科学技术水平对自然规律认识的限制”。谢先生作为权威的水利专家，指出即使是上述科研机构也有可能做出“不具备科学根据”的估计。他进而提出：“……没有充分把握时，应从最坏处想，向最好处努力。本着这种精神，在宏观决策中宁可在工程技术措施上面留有充分的余地，或者给予一定时间，进一步开展科学研究，摸清规律，然后再作决策，不必急于求成，也不能一厢情愿。”该文结语是：“对确无把握的问题，在最终决策时一定要坚决留有余地。”谢先生“留有余地”的箴言，是一种真正的科学态度，凝聚着老一代水利工作者的智慧、心血与多年来国民付出的惨痛代价。巧的是，这个思想与国际上“审慎原则”，不仅有一致的精神，在时间上也相差不多(20 世纪 80 年代)。

四、三峡等工程的重要启示之一：实践中的再认识对后来者极为重要

三峡工程上马带来的生态环境影响引人关注。而眼下最有意义：一是在发挥工程正面作用的同时，尽量减少其负面影响带来的损失；二是在密切观察、深入研究、总结经验的同时，尽可能地为中国后续的水电工程提供借鉴。这是因为中国计划在今后数十年内上马的大型、巨型水电工程数以百计，对于它们，现在已开始运行的三峡和其他先行上马的水电工程在建设和运行中实测得到的数据和新的发现

都极有价值。

① 生态环境问题绝非儿戏，它很容易成为一个大型水电工程需要长期用大气力应对的重大问题。

今天，三峡生态环境问题受到的关注是空前的，国家及有关部门采取了力度极大的防治措施：形成不久的三峡库区及上游现已列入国家《重点流域水污染防治“十一五”规划》，成为重点治理的水域（与“三湖三河”等并列）。国家启动一系列项目，如建立三峡地质安全的长效机制，启动一系列针对三峡上马后新老问题的科研计划，此外还有为解决移民过程不断出现的新问题的措施……国家已经并还将投入大量人力、物力与财力（如 2001 年和 2002 年水污染治理已投入 360 亿元，迄今在地质灾害的治理方面投入 120 亿元）。生态问题地位大大上升的原因，有些与工程从建设转向运行阶段有关，出现的问题是专家在论证中已有所考虑或准备的。但也有些是出乎工程上马前之预料的“新情况，新问题”。如果说生态环境影响在过去对于许多人来说多少是抽象的、不那么确定的，那么今天它的影响的广度与深度已是毋庸置疑的，且必须纳入工程成本中。

② 在一些问题，尤其是对生态环境变化的判断上，专家面临某些科学的不确定性和知识空白是不可避免的，只有诚实、谦逊、耐心地观测研究才能得到更清楚的结论。

例如，中国科学院已经将西部开发中的工程力学问题（山体滑坡作为首要问题）列入中国科学院创新工程的内容，正在积极组织力量专门研究三峡库区及西部开发的滑坡问题。“目前的滑坡治理仍然处在经验占主导地位的阶段，而三峡库区复杂的地质条件、水位抬高及每年 40 米的涨落差、两年内完成 135 米水位影响范围内的抢救性施工等诸多因素都有可能给滑坡治理带来一些意想不到的新问题，对此，以往可以借鉴的工程经验非常有限，不进行深入的科学研究很难从根本上解决问题。……尽快提高治理滑坡的水平是非常必要的，这就需要进行系统的基础性研究。”（科学时报，2001）类似地，三峡工程运用后泥沙与防洪关键技术研究（中国中长期科技规划）（中国水利，2007）、对航道影响（中国水利，2007）等方面都在积累新的信息。2008 年 3 月在全国人民代表大会期间，有关部门人士指出“水库蓄水至 175 米线后，三峡坝区可能会出现一些当前无法判断的灾害”，“如果库区 10 年内均没有出现大的地质问题，才可以说度过考验期了。”（京华时报，2008）显然，人们从“事后观察”中认识到：即使是专家，也会面临一些“始料未及”的情况。这与专家的科学认识水平高低有关，但从更大角度看，这种认识的局限性是不可避免的，不可能“一步到位”。正因如此，这些“事后的经验”就显得无比的珍贵——有些经验对于后继的大型水电工程是如此重要，以至于有必要让某些有争议的大型水电工程放缓一下"只争朝夕"的步伐，充分吸取这些经验后再决定是否上马或怎样上马。万万不要下"盲目的狠手"。

五、怒江开发应采用"慎始原则"

(1) 专家提出的质疑(工程产生的影响)不可忽视

怒江与三门峡、三峡一样都面临着怎样认识大规模改变山河及其生态系统的工程的长期影响。对此，反对仓促上马的一方提出了一些不可忽视的担忧：

① 国内一些专家认为，怒江是在一条活动深大断裂带上的，地质稳定性差，地质灾害频发。怒江水电工程地处中国西南地震活动带上，水土流失严重，库区消落带不稳定，在这里建设系列巨型高坝(百米以上)会造成怎样的长期影响，还不得而知。

② 怒江大峡谷作为世界遗产"三江并流"最重要的、关键独特的组成部分，作为全国仅存的两条自由流淌(干流无大坝拦截)的大河之一所具有独特的景观，将被梯级大坝完全改变："急流险滩"变为多段人工水库。从全国和全世界看，这一不可逆转的改变的损失将是难以计量的。2006 年 4 月联合国教科文组织、世界自然保护联盟和世界遗产委员会派出专家组到怒江考察。在《考察报告》中指出："三江并流世界自然遗产所面临的主要威胁包括：正在规划的水电开发，被改划边界以适应开矿、建大坝等经济发展需求，以及旅游业的发展。"7 月 16 日召开的联合国教科文组织第31 届世界遗产大会文件又进一步指出："水电开发的勘探活动在怒江的影响是显而易见的。如果大坝建设启动，必将对它的美学价值产生非常大的影响，这样一条自然流淌的河流会变成一系列水库。如果不能看到关于水电开发的环境影响评估报告，很难确定可能造成的威胁或间接影响，包括淹没土地区域居民的搬迁、道路的重建和改道、鱼类及其他物种迁移后栖息地、生态系统的变化、水文系统改变带来的生态系统的变化、当地地震活动的影响等等。"

③ 与此依存的生态功能，特别是生物多样性(这里是全国唯一的世界 25 个生物多样性热点地区之一)，具有不可替代的生态价值。如果遭到毁坏，其损失是不可估量的。

④ 规划中的 5 万多水库移民安置如何解决的问题。这些水库移民还不同于一般的生态移民，是空前大规模的少数民族大移民，而且得在人地矛盾本已非常紧张的云南省开辟新居民区，不确定性因素很大。怒江干流的梯级开发对生态与社

会系统的潜在影响与威胁,也引起了国际关注……(怒江考察报告,2006)

(2) 迄今关于怒江水电开发的论证结果远远不能令人信服

① 一些重要情况还没有摸清。中国科学院植物研究所的生态学家李渤生,从一开始就指出“怒江是我们科学考察非常薄弱的地带,中国科学院考察青藏高原的时候我考察过横断山区,由于那里交通非常不便,从贡山以上我们基本是空白,一直到西藏境内这条江的很多地方我们都没有去过。即使在这样的情况下,我们也发现了很多重要问题,隐藏的问题更不清楚了。我觉得应该科学地对待这个问题,现在谈修坝还为时过早。”

② 对一些重要问题没有清晰的说明。在怒江大峡谷的大规模梯级开发是不同于地质稳定地带的单一的拦江大坝工程。李迎喜、童波(2007)在“水利水电开发规划中的环评技术”中强调:“单个水利水电工程建设对生态与环境的影响的评价技术已较为成熟,但梯级水利水电工程开发的叠加累积效应的分析是环评中的重点和难点问题,在单个水利水电工程环评中均难以解决这一问题。”怒江水电开发之前应该详尽地分析其中潜在的威胁,这分析不应该仅仅针对我们所选择的坝址,还应该对整个工程贯穿的大峡谷地质结构面临的成群高坝改变水文水流带来的长期影响,否则得到的“无问题”的回答是不能让人放心的。此外,泥石流与滑坡不断出现,如果工程大动土方,会有怎样的后果都应该有清晰的预判。

关于移民将面临的问题,绝不是那种“只有 55 000 人,相对于发电装机容量并不大”的说法那么简单。在怒江干流水电大开发规划之前,怒江州已经在进行“易地搬迁移民”计划,是将原来生活在山腰和山上的贫困农民有计划搬迁下来或搬迁出来,人数至少有 4 万以上(还不包括更多的涉及“退耕还林”中需要移民的人数)。这是真正的“生态移民”。而“水库移民”则是在这个计划之外又新增加的移民,这些水库移民恰是生活在怒江最富裕的地带——将被水库淹没的河谷地带,他们同时是民族文化多样性的主要载体。让他们整体迁到外地的做法应该慎之又慎,因为先期上马的一些水电移民,尽管是汉族人群为主,也会出现难以适应新的环境而私自跑回原籍的问题,而少数民族的生计问题,更不能掉以轻心。考虑到澜沧江、金沙江的大型梯级开发及小水库也正在不断产生数以几十万计的水库移民,这对“人地矛盾紧张”的云南省的影响,对各民族安定团结的影响都不容忽视。

③ 怒江开发方对风险的研究大大落后于水电发展新阶段的要求。中国的水电进入一个大发展时期,同时,对其发展的制约因素也进入了“环境制约”为主的新阶段(汪恕诚,2004)。人们关于大坝对生态变化的影响有了更多的思考与知识,所有这些都理应使怒江水电的论证比以往的工程更加深入、更加客观。但是怒江水

电开发的论证,在许多方面还不如二十年前的三峡等工程的论证。

六、建议:搁置怒江干流梯级开发计划

(1) 开发计划应尊重“慎始”原则

由于将怒江干流截断为数段(甚至最终十几段)水域的水电开发对生态环境系统存在严重的不可逆转的威胁,对少数民族大移民可能产生种种潜在的难以完全解决的问题,所以在没有对此做出令各利益相关方信服的、有证据的担保和规划前,在存在严重争议的情况下,应尊重“慎始”原则,为防止很可能发生的难以挽回的大破坏、大损失,搁置怒江干流梯级开发计划。

(2) 应开展大规模的调研和可行性研究

在进行怒江开发的前期准备工作时,投入资金和时间,组织深入的科学研究(包括环境影响评价工作),除了务必填补科学考察的空白地带,特别要从干流大规模梯级开发对地质结构、消落带的稳定性、水生态系统、景观(世界遗产)的长期影响进行深入的、有针对性的大规模研究,而且研究不能停留在只针对一个单独的工程的水平上。对空前规模的少数民族的异地搬迁移民计划,应进行逐乡逐村的可行性研究,包括搬迁接纳地的可行性研究,需有真实的群众参与和客观的评审。

(3) 采取措施,让更多的人在健康的环境中参与调研与评估工作

现在,提到温善章,人们都怀以敬佩的心情。因为他在50年前的三门峡工程论证中不畏压力,坚持反对该工程上马的意见在今天得到彻底的承认。他对科学决策机制的建议,对于怒江的决策者是很有借鉴意义的。他说:“决策者要想使决策尽量科学民主,自己就不能发挥能量去创造一个多数派;就算有多数派,少数派还需要获得国民待遇,这种国民待遇不能仅仅只是一个发言的机会,而应当能够获得与多数派同等规模与力度的支持,以充分展开各自的论证和试验,最终为决策提供尽量客观的科学依据。”(李文凯,2006)

七、结语

① 在重大问题没有搞清楚之前急于上马大型工程是要让后代付出惨痛代价的。在人们回顾三门峡工程教训时,注意到一个规律:“三门峡的迅速上马,是在泥沙淤库问题得到了‘解决’方案以及下游决口改造威胁‘日益紧张’的压力下实现的。前者显然缺乏科学的根据,后者则被许多水利工程师在他们反思总结三门峡

工程的文章中证明至少有些‘过分强调’……在缺乏经验和认知的前提下，以这一系列仓促动作上马，却又是为了什么？一个字，急！”（李文凯，2006）我们认为，上马怒江与三门峡一样都有良好的愿望（如西电东送，改变贫困地区面貌），但急切的情感不能代替科学应有的态度，豪言壮语不能取缔冷静的怀疑，如果被“大干快上”的情绪支配，过分地渲染造势，只可能忽视研究他人提出的问题，以至于很可能重蹈三门峡的覆辙。

② 怒江地区在“生态移民”（易地搬迁）、发展政府主导和群众参与的旅游等方面的工作卓有成效，如能得到中央与云南省政府进一步支持，怒江地区也有可能逐步改善贫困面貌。保护怒江绝不仅仅是怒江地区或云南一省的责任，中央有责任对此做系统研究，对怒江地区或云南省的困难予以充分理解，并设法支持。

③“慎始”的德文原文是远见与规划的结合。美国总统西奥多·罗斯福生前没有一味依从工矿业开发公司的要求，以极大的魄力支持美国国家公园的建立与发展，为今天保护下了大批“国宝级”的自然、文化遗产，使之成为美国国家的象征。国家公园也成为世界大多数国家效仿和参考的管理制度，被称为美国“最值得骄傲的创造”。罗斯福在100年前为此所作的贡献以及他的名言至今为人称道——“使我们成为伟大国家的，不是我们所拥有的资源，而是我们使用这些资源的方式。”晚年被问到对自己的评价时，罗斯福认为自己三届总统任期内最大的政绩，在内政方面就是推进国家公园制度等一系列保护资源的决策。20世纪70年代末，邓小平（刚重返领导岗位后）对武夷山自然遗产问题的批示，关键性地推动了中国自然保护区建设；他对黄山的世界性价值的强调；他对桂林——漓江破坏风景资源的工业建设“功不抵过”的批评……至今被人们铭记并为之赞叹。

郑易生　中国社会科学院环境与发展研究中心副主任，中国社会科学院数量经济与技术经济研究所研究员

参考文献

邓金运. 2007. 三峡建库对长江中下游航道的影响及对策研究. 中国水利，06：15—16.

段昌群. 2004. 环境生物学. 北京：科学出版社，28—31.

李文凯. 2006. 三门峡工程半个世纪成败得失——一项大型公共工程的决策逻辑，黄河三门峡工程泥沙问题. 北京：中国水利水电出版社.

李晓红. 2007.“十一五”国家科技支撑计划重点项目（简介）. 中国水利，01，26.

李迎喜，童波. 2007. 水利水电开发规划中的环评技术. 中国水利，02：32—34.

汪恕诚. 2004. 再论人与自然和谐相处——兼论大坝与生态. 中国水利,8:6—14.
王学健. 滑坡防治事关三峡工程成败. (2001-12-06)科学时报. http://www.cas.cn/xw/zjsd/200906/t20090608-639712.shtml.
夏命群. 2008. 三峡主体工程将提前一年完工. 京华时报,2008-03-06.
郑易生. 2004. 谈怒江地区生存与发展之路. 科学发展观与江河开发. 北京:华夏出版社.
中国水利学会. 2006. 黄河三门峡工程泥沙问题. 北京:中国水利水电出版社,20—22.

第八章　西南地区水利建设需要因地制宜，多样化

近百年来，随着全球工业化、现代化建设的突飞猛进，大小工厂拔地而起，城市化、大都市化成为发展的趋势。除了生活水平的提高，随之而来的还有环境污染、生态危机以及全球能源、资源危机等的日益加重，其中的大气污染已到了威胁人类生存的严重程度。日益严重的大气污染受到世界各国环保人士和人民的高度关注，纷纷要求世界各国政府减少 CO_2 排放。

中国 2011 年生产原煤 30 多亿吨，CO_2 排放量位居全球前列。在此大背景下，中国政府承受着巨大的 CO_2 减排压力。国家能源部门为此制订了《新能源发展规划》，各产业部门纷纷制订太阳能、风能、核能和水电的发展规划。随之一大批太阳能、风能、核能和水电项目上马，并希望以此能改变中国的能源结构，实现绿色能源目标。

当前中国的绿色能源（包括风能、太阳能、核能和水电）的开发热情高涨，如何科学、合理、安全地开发以及有效地利用绿色能源，是政府部门、能源专家以及科技工作者应着重考虑的问题。近三年来我们曾对中国的能源和怒江水电开发做了一些专项调研，下面针对西南水电开发，尤其是怒江水电开发中的地质安全问题谈点看法。

一、西南地质环境的特殊性

地球科学中的西南地区是指包括西藏及其相邻的青海、四川与云南等高原地区。自喜马拉雅期以来，该地区地质构造活动剧烈而频繁，形成全球独一无二的世界屋脊，海拔平均高度在 3000～4000 米以上，在地形上全区是联成一体的高原平台，或称为地质块体（或称为板块），这就是该地区的特殊性。全区强烈而急剧上升隆起，沿深大断裂构造带的强烈相对运动，在块体的内部及其边缘，形成一系列深大断裂和一些较小的断裂构造，它们将大的地质块体切割为更小的块体，地壳沿着

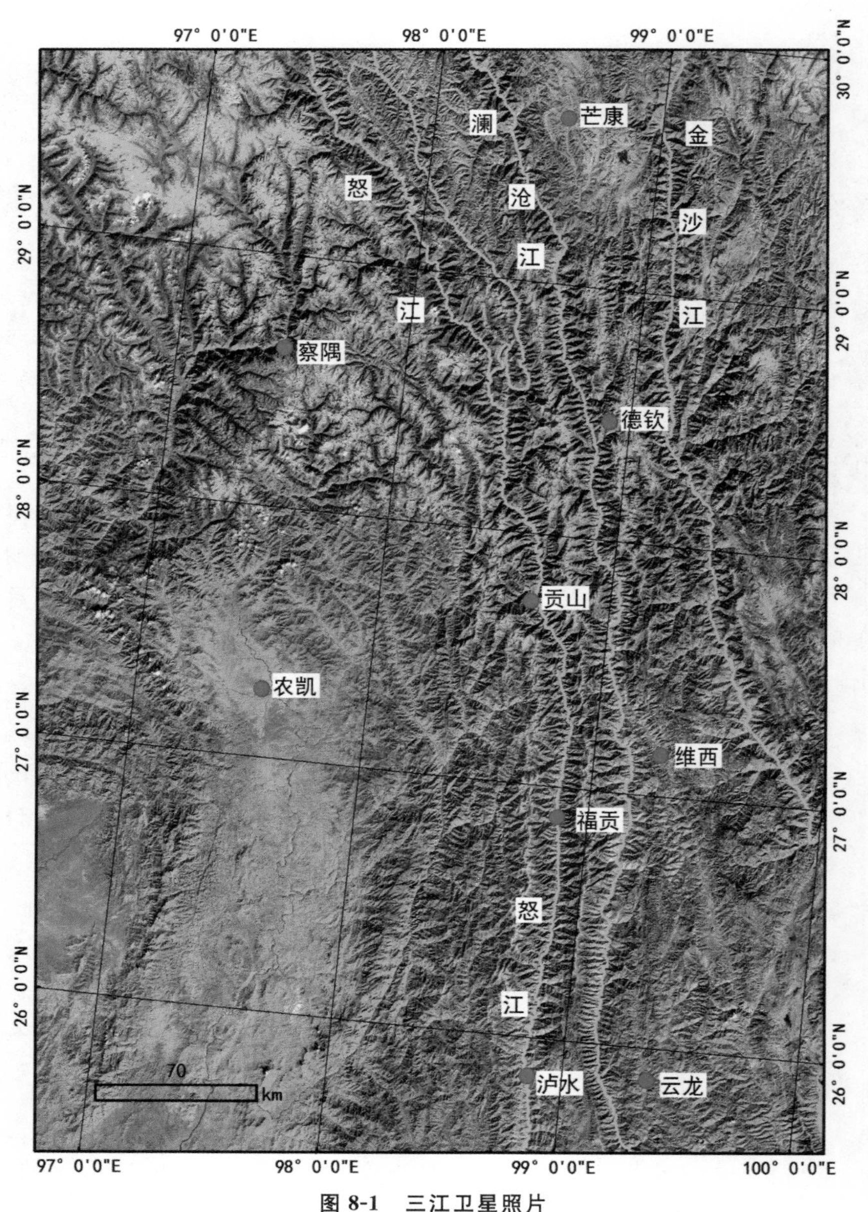

图 8-1　三江卫星照片

（方茂龙提供照片和解译）

这些断裂构造（破裂带）相对错动，以调节地球内、外力平衡，并引发不同震级的地震。每次地震过后，由于块体的相对错动，在断裂带所通过的地方，完整的地层、岩体被破碎成大小不等的岩块和角砾岩带，它们是地壳里最脆弱、松散的地带。地表降水常沿这些松散破碎带自高处向低处流动、切割，最终形成溪谷、江河。另外由于地震过后，原有的平衡被破坏，地形、地貌发生改观，并引发一系列的山崩、地裂、滑坡、泥石流等地质灾害以及江河改道等。在两种地质作用（隆起、相对错动与沿破裂带切割、冲刷、山崩、地滑）的共同作用下，该地区形成典型的高原地貌：核心区为高原平台，在其边缘断裂构造密集的地壳破碎地带（即断裂河原址），则发育形成典型的断裂走向河（或断裂带）。这些断裂走向河的走向延伸笔直，两侧形成高山深谷，山坡陡峭，河谷狭窄，河床坡度大，江水湍急（图 8-1）。怒江、澜沧江、金沙江“三江并流”的奇特景观就是其典型特征。

云南的“三江地区”是中国乃至全世界新构造运动最剧烈活动的地区，“三江地区”是活动断裂河的证据有：“三江地区”正处在印度板块与欧亚板块的交界地带，它的形成历史在几十万年以上。在地质图或遥感卫星图上均可见到怒江、澜沧江与金沙江的云南段与当地的“三江”深大断裂带在总体上完全吻合、重叠。而这三条大江（图 8-2）都是在切穿上地壳、走向延长数千千米的大断裂的基础上形成的断裂走向河流。按李四光教授“地质力学”的观点：它们是超巨型的青藏滇缅印尼“歹”字型构造体系的一部分，“三江”断裂带属于“歹”字型构造体系中段的上部，具有右行平移正断裂性质，即断裂带东侧一盘向南、向下错动。

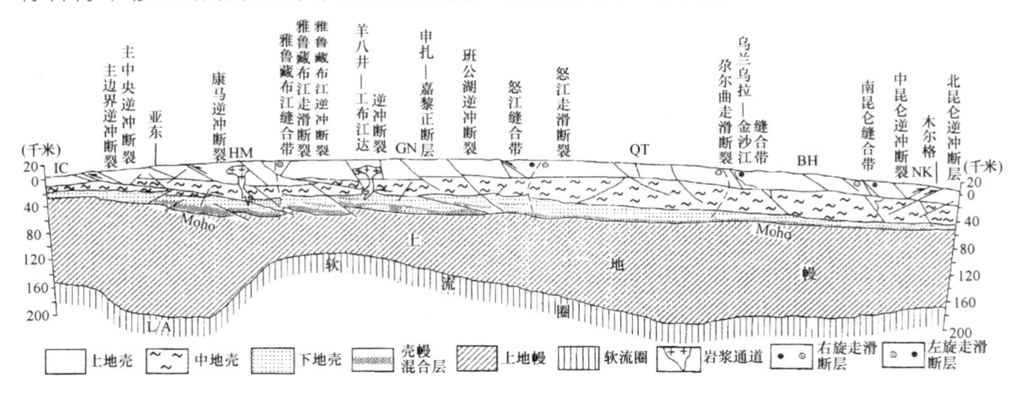

图 8-2　亚东—格尔木地学断面 Moho 和热学岩石圈底界（L/A）分布图

图的中部标有怒江走滑断裂、怒江缝合带，有的可能断到地壳的底部（邱瑞照，等，2006）

自第四纪以来，“三江地区”的地质构造活动性反映在许多方面：它是第四纪火山喷发区，也是地热异常区，沿断裂带温泉成串珠状广泛分布。由地区总体剧烈上升与江河沿断裂破碎带强烈冲刷、下切，两者的综合作用造成如下特征：地势险峻，由高山与峡谷构成的“V”型河谷发育充分，江水湍急，自北而南河床成阶梯状下降，地震、山崩、滑坡、泥石流等地质灾害频发。

近200年来，中国西部、特别是西南地区大地震频繁发生。因此，不能排除在该地区将发生以往从未发生过的大地震、特大地质灾害的可能性。

然而，雅鲁藏布江和怒江、澜沧江与金沙江又是西南地区水量充沛的最大活动断裂走向河流，其水力资源特别丰富，其中尤以"三江"的云南段、雅鲁藏布江大转弯向南流的地段为甚。这些地段的大河两岸陡峭，呈V型河谷，江面狭窄，河床落差大，江水湍急，水量充沛，在水电专家眼中它们具备建设水电站的一切优越条件，建坝发电成本低、效益高，是世界水电资源中罕见的佳品。这些水电专家眼中的建设水电站的特殊优越条件，正是由于强烈的新构造运动所造成的，而与新构造运动伴随的地震、山崩、地裂、地块相对错动、滑坡、泥石流等地质灾害，也是建设水电站的大忌，因此，在活动深大断裂带内修建高坝蓄水发电应该是严格禁止的。

二、三江地区地震活动的特殊背景

1. 中国大陆700年地震活动的基本趋势

从对公元1300年以来中国大陆$M \geqslant 8$级的巨震的研究结果表明，大地震的发生存在明显有序性。在1303年山西洪洞8级大地震发生以后500年间，8级大地震主要发生在中国大陆的东部和中部，而1812年新疆尼勒克8级大地震发生以后，8级大地震主要发生在中国大陆的西部和中部（Xu, et al,2010）。亚洲和中国大陆的大地震活动中心有过大转移，从中国大陆东部转向西部（表8-1）。进入21世纪以来，大地震活动中心又向印尼苏门答腊地区转移，对中国西南地区继续有重要影响。

表8-1　近60年来中国西南地区$M \geqslant 7$级以上大地震

时　间	北　纬	东　经	震　级	震中地区
1950-08-15	28.5°	96.0°	8.6	西藏察隅、墨脱一带
1951-11-18	31.2°	91.4°	8.0	西藏当雄
1970-01-04	24.2°	102.68°	7.8	云南通海
1973-02-06	31.48°	100.53°	7.6	四川炉霍
1976-05-29	24.62°	98.83°	7.3	云南龙陵东
1976-05-29	24.45°	98.87°	7.4	云南龙陵
1988-11-06	22.9°	100.1°	7.6、7.2	云南澜沧、耿马
1995-07-11	22.04°	99.02°	7.2	中缅边境
1996-02-03	27.3°	100.22°	7.0	云南丽江
1997-11-08	35.26°	87.33°	7.9—8.0	西藏玛尼
2001-11-14	35.97°	90.59°	8.1	青海与新疆交界
2008-05-12	30.97°	103.57°	8.3	四川汶川
2010-04-14	33.22°	96.59°	7.4	青海玉树

2. 近200年中国西部地震活动的基本特点

2008年汶川8.3级大地震发生以后，经研究发现，西南地区多个8级大震的发生与李四光早已提出青藏滇缅印尼"歹"字型构造体系的头部有关(图8-3)，它的尾部的强烈活动(2004—2007年印尼三个8.5级以上特大巨震发生)对头部三江地区的地震发生有重要控制作用(徐道一，2009)。

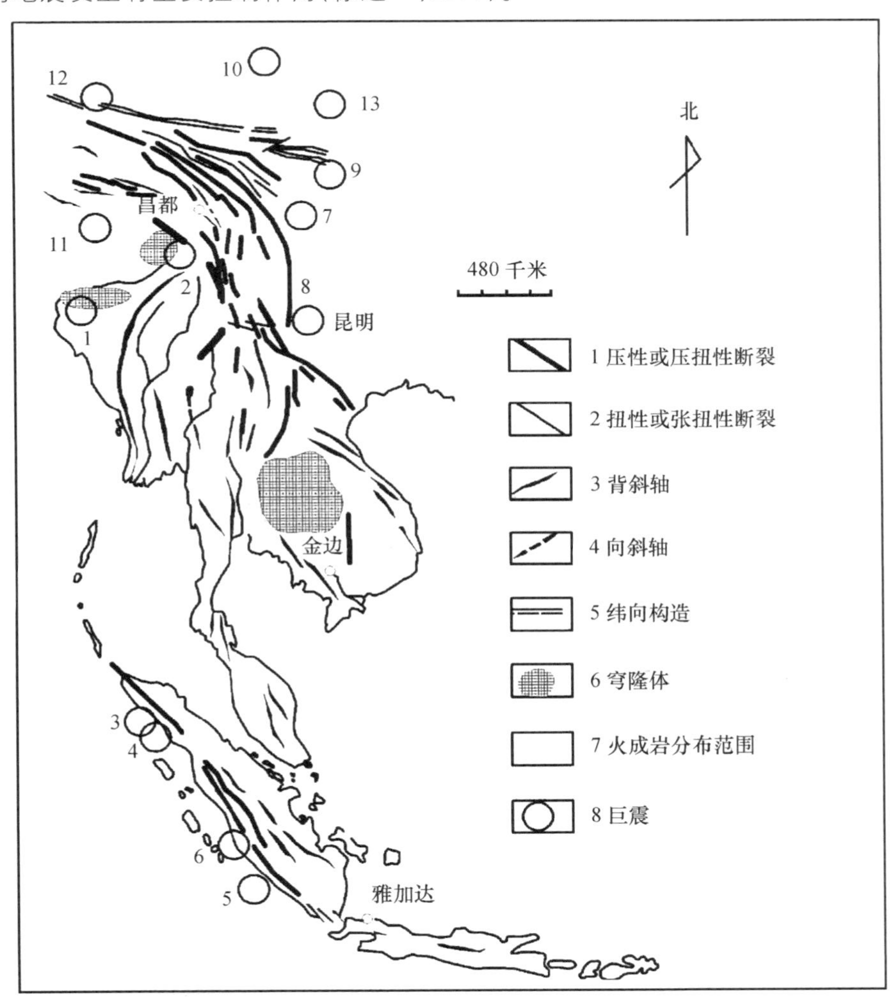

图8-3　青藏滇缅印尼"歹"字型构造及巨震分布
(徐道一，2009)

尤其是近 60 年来,中国西部,特别是西南地区大地震频繁发生(表 8-1)。

由图 8-4 可见,云南省的地震频数在 1500—1899 年期间仅有小幅度偏高,在近 200 年中显著增加。20 世纪的地震频度又高于 19 世纪。这一趋势需要特别关注。它与上述“歹”字型构造体系的开始活动可能有关。

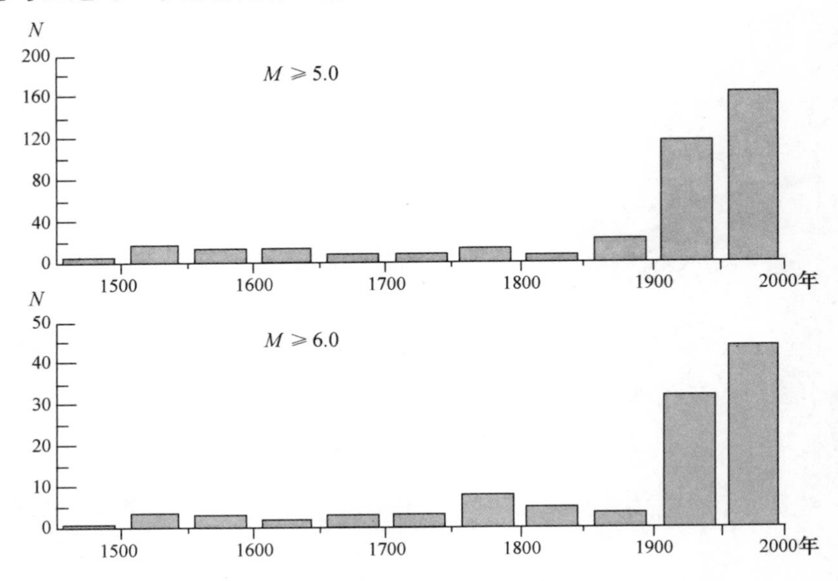

图 8-4　云南强地震的时间分布(1450—1999)(刘祖荫,等,2002)

3. 从 21 世纪开始中国西南地区地震活动显著加强

自 2004 年开始,青藏滇缅印尼“歹”字型构造体系的尾部开始特别强烈的地震活动时期。2004—2012 年印尼苏门答腊地区 6 个 8 级以上巨震(其中有 4 个 $M \geqslant 8.5$ 级特大巨震)都发生在尾部(表 8-2),表明上述“歹”字型构造体系尾部处于前所未有的强烈活动高峰。在尾部地震活动的影响之下,它的头部(三江地区位于其中)有可能在未来再发生多个 7—8 级大地震,这将对三江地区的地质灾害和地震有重要影响,不能排除在该地区将发生以往从未发生过的特大地质灾害或大地震的可能性。

据《中国经济时报》2008 年 5 月 27 日报道:“水利部副部长鄂竟平在国新办新闻发布会上说,截至 25 日 8 时,四川汶川大地震造成全国水库出险 2380 座,其中四川 1803 座,四川出险的水库中有溃坝险情的 69 座。全国发现堰塞湖共 35 座,其中四川 34 处。全国水电站受损 803 座,其中四川 481 座。”因此,汶川大地震的发生已向人们提出警告,在三江地区建立多座水电站必须特别谨慎和小心。

表 8-2　2004—2012 年印尼苏门答腊地区 $M\geqslant 8$ 地震目录

日　期	震中经纬度		震　级
2004-12-26	3.15°N	95.79°E	Mw9.1
2005-03-29	2.03°N	97.05°E	Ms 8.6
2007-09-12	4.90°S	101.41°E	Ms 8.6
2007-09-13	2.85°S	100.67°E	Ms 8.2
2012-04-11	2.3 °N	93.1°E	Ms 8.6
2012-04-11	0.8 °N	92.4°E	Ms 8.2

4. 对现有地震烈度的评估方法的可靠性应有客观估计

现有地震烈度的评估方法主要立足于对已发生的地震进行研究，应用统计方法，据以外推。它的缺点是很难对地震发展趋势做深入了解，外推预测的检验结果常不大正确。实践表明，地震烈度的评定(是长期地震预测)存在严重缺陷。如四川都江堰市附近的紫坪铺水库，安全性评价结果显示，水库场址地震基本烈度是Ⅶ度，按地震烈度为Ⅷ度设计施工，而汶川巨震造成破坏达到Ⅸ—Ⅹ度。这表明相对于汶川巨震，这样的安全性评价结果是错误的。烈度区划对河北唐山地区的估计也被证明是错误的。

三江地区的地震、地质风险更要大大高于紫坪铺水库所在地区。对待安全性评估结果更要慎重处理。表 8-1 中大多数地震在发生前，它们的震中地区在历史上并没有发生过大地震，这表明，一个地区仅仅依靠过去几十到几百年已发生过大地震资料进行外延，不能证明今后不会发生大地震。

这些都表明，在 20—21 世纪初，西南地区，尤其是云南(包括三江地区)及其周围地区，处于一个百年尺度的新活跃期，存在继续发生大地震、巨震的巨大风险。

面对三江地区的特殊情况，要建设许多个大型水电站需要特别慎重考虑。

三、三江地区是现代地质灾害严重频发地区

因地壳内、外动力失衡，中国西南地区成为地球上新构造运动最为活跃地区。地球为了恢复自身的平衡，通过地震、火山等使完整而失衡的地壳破裂成不同大小的块体，这些块体的边界就是规模不等的断裂构造，不同大小的断裂破碎带和不同块体的相对高差引发山崩、塌陷、滑坡、泥石流等地质灾害。

大型滑坡在脱离基岩后，由上而下，在运行过程中又不断增加物质，其动能与破坏性都远远大于洪水。泥石流(崩塌、滑坡)形成的灾害的严重程度与地形的相

对高差成正比关系。地质灾害还存在隐蔽性、突发性、破坏性强的特点，一旦成灾，会带来毁灭性破坏和重大伤亡(黄润秋，等，2008)。

1. 三江地区是地质灾害高发地区

中国滑坡、泥石流高发地区在云南、四川、甘肃和西藏等地区。中国大陆约70%的大型灾难性滑坡、泥石流发生在环青藏高原东侧、地块相对运动剧烈的狭长地带内。在怒江、澜沧江中下游地区是中度、重度灾害区(图 8-5)。

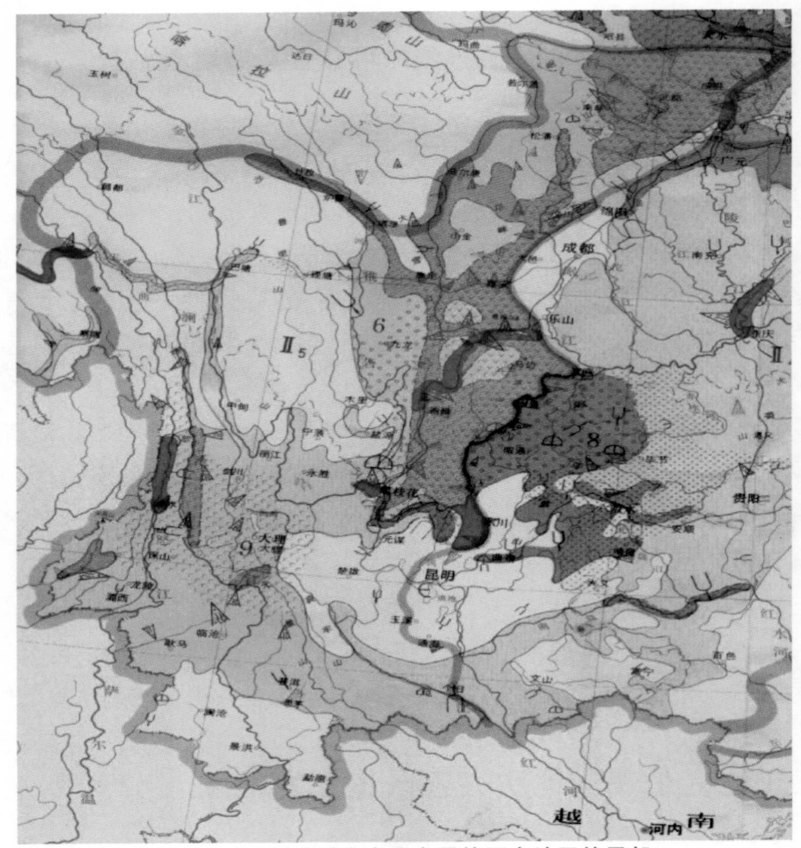

图 8-5 中国地质灾害分布图的西南地区的局部

(国家科委全国重大自然灾害综合研究组，1995)

图中红色的地区是指以泥石流为主的灾害区，绿色的地区是指以滑坡为主的灾害区

三江地区多个断裂带上的山崩、地塌、泥石流灾害的规模、破坏性是由它的客观地质背景条件决定的。强震、极端气候条件和全球气候变化则是造成大型滑坡发生的主要触发和诱发因素。南方暴雨强度达到 200～300 毫米/天时易于触发大滑坡发

生;又如,高温上升、雪线上移、冰川后退和冰湖溃决也是重要诱发和触发因素。

大型水电工程建立后,会使地质灾害(崩塌、滑坡、泥石流和地裂缝等)严重加剧。由于大江江面狭窄,多种地质、地震、气象、人为因素(包括建立大型水电工程)可能引发特大地质灾害,其后果有可能堵塞江道、决堤后冲垮水电大坝,连锁反应更有可能造成更大程度的灾害。近 20 年中,由于西南地区地震频度的增加,地质灾害的灾度也在增大。2010 年舟曲大滑坡的发生就是明显证据。

以下列举几个大滑坡实例。

2. 大滑坡实例

(1) 四川雅砻江唐古栋特大滑坡

1967 年 6 月 8 日 9 时,在四川甘孜州雅江县波斯河乡下日村西南约 1000 米雅砻江右岸唐古栋发生了特大滑坡,江边的半个山坡滑入江中(图 8-6),生成了长约 200 米,沿河长(底宽)2050 米,左、右岸高度分别达到 355 米和 175 米的巨型滑坡坝,蓄水 6.8×10^8 立方米,回水范围见图 8-7。6 月 17 日 14 时大坝溃决,形成非常性洪水,溃坝流量 57 000 立方米/秒,坝下游 10 千米处水位上涨达 48 米,其影响波及 1730 千米外的重庆,寸滩水位升幅达 1.5 米。

如果滑坡形成大坝溃决时,在其下游已有一个或多个水电站,显然,水电站的大坝会被上述非常性洪水冲毁,加上水电站自身水库水量,将以更大的破坏力造成空前的灾难。水电站愈多,造成的灾害也愈厉害。

图 8-6　四川雅砻江唐古栋滑坡的滑源区全景
(黄润秋,等,2008)

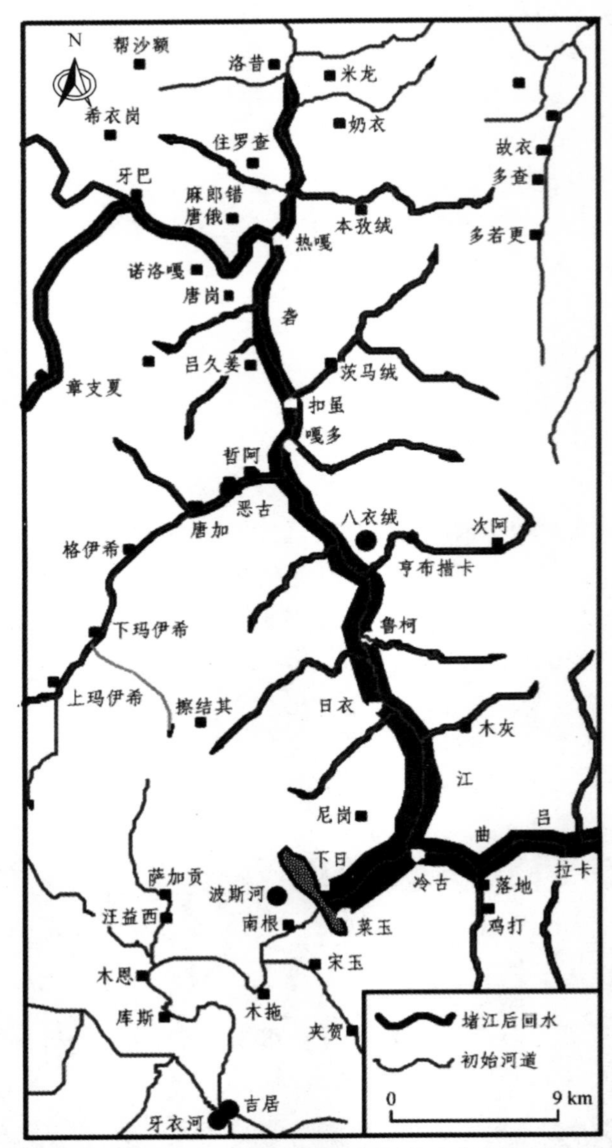

图 8-7　四川雅砻江唐古栋滑坡形成的大坝及其回水范围(黄润秋，2007)

(2) 西藏波密县易贡特大滑坡

另一个实例是 2000 年 4 月 9 日 20 时 05 分西藏波密县易贡乡札不弄沟发生了震惊中外的易贡滑坡(北纬 30°7′48″—30°15′，东经 94°55′12″—95°)(图 8-8)。图 8-9 是滑坡前的地形影像。易贡滑坡使约 300×10^4 立方米的岩体从海拔 5000 米的山顶崩滑，落距约 1500 米，在 2～3 分钟内，远移 8000～10 000 米后沉积于易贡湖出口处，形成长达4600 米，前沿宽达 3000 米，高达 60～110 米的天然坝体（图 8-10），总量约3×10^{8} 立方米。此次崩塌滑坡总的垂直落差 3000 米，水平最大远距约 8500 米，最大速度达 44 米/秒以上，这在世界上是罕见的。

三江地区的上流地区与西藏波密县相距不很远，也很有可能发生类似的大滑坡。

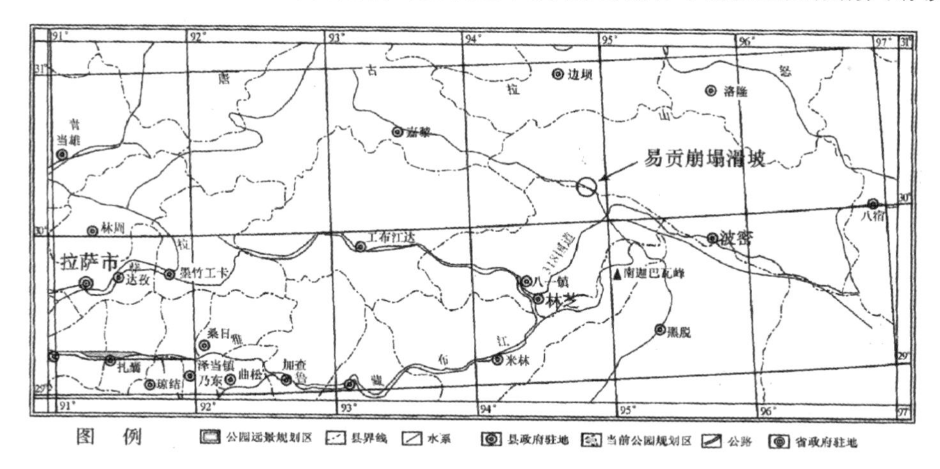

图 8-8　西藏波密县易贡崩塌滑坡地理位置图（黄润秋，等，2008）

图 8-9　易贡滑坡前三维影像（黄润秋，等，2008）

图 8-10　易贡滑坡发生后第 26 天遥感图像
(黄润秋,等,2008)

(3) 怒江地区地质灾害

三江中下游的干流河段为降水的高值区,洪水多发生在 7、8 月份,特别是发生大洪水时,常伴有全流域性泥石流发生。如在 20 世纪 90 年代初从怒江的六库到贡山一段已被确定为为数不多的以泥石流为主的重度地区,三江地区也被确定为未来泥石流、滑坡、崩塌的潜在致灾危险性大的区域(图 8-11)。

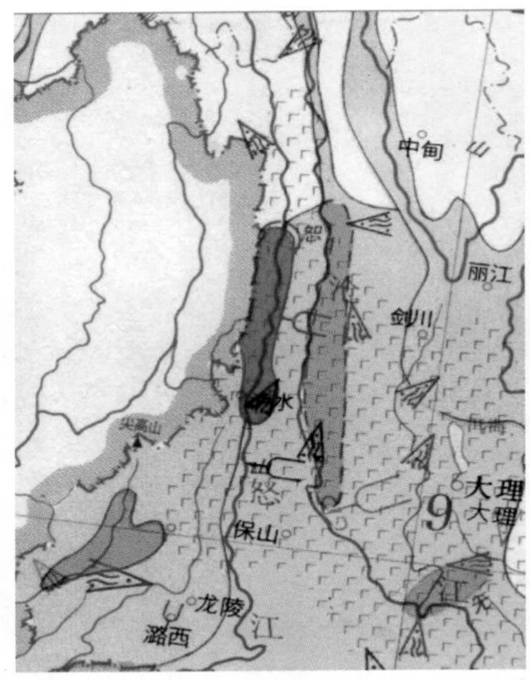

图 8-11 怒江、澜沧江金沙江和部分地区的地质灾害分布图(中国地质灾害分布图,1995)
图中的深红色的地区是指以泥石流为主的重度灾害区,棕红色的地区是指以泥石流为主的中度灾害区,绿色的地区是指以滑坡为主的灾害区

在水电部门的相关报告中也提到："近年来在(马吉坝址)月各附近曾发生过坡岸岩体塌滑堵江的现象。水库两岸部分支流有暴雨型泥石流发生。"其中对水库影响较大的有：碧江梯级库区的俄马底滑坡、亚碧罗梯级库区布勒滑坡、鹿马登梯级库区的泥石流、光坡梯级库区的泥石流等。"体积为数十万至数百万方的滑坡及塌滑体30多处"，"泥石流一般规模不大，但较频繁，每年均有支流泥石流发生"。怒江全州现有657个滑坡、泥石流点，有4万多人因安全隐患急需搬迁。例如，在亚碧罗梯级库区中的俄马底滑坡，它位于"库岸尾左岸……体积大约为(400～900)×10^4 立方米，目前滑体仍在滑动。水库蓄水将淹没滑坡体坡脚以上10余米，对其稳定不利。但由于滑坡体位于库尾，对水库影响相对较小。"又如布勒滑坡，它距坝址约32千米，"滑坡前缘已达江边……体积大约为400×10^4 立方米，为古滑坡。高坝方案水库蓄水淹没坡脚以上约90米，必将改变滑坡体的水文地质条件，对古滑坡体稳定不利。滑坡体滑动将堵塞水库，给工程带来危害。"

2010年舟曲特大泥石流发生前，也发生过多次小规模的泥石流等地质灾害。因此，怒江地区今后存在发生特大地质灾害的可能性相当大，需要给以严重关注。

四、西南水电建设的考量

(1) 应建立适于西南地区水电开发的水电建设规范

现行的水电站的建设规范对环境地质安全性评估范围局限于坝址附近数十平方千米，这对于地质稳定地区或许是可行的。然而，对于新构造运动强烈的西南地区，这套规范存在了先天不足，它应该增添区域地质、环境安全评估的内容。新的水电建设规范应明确规定，拦江大坝不能建筑在活动断裂的破裂带上，在活动断裂带内不许建高坝、大坝。因为任何坚固的钢筋水泥大坝也阻止不了沿深大断裂的相对错动。此外，当邻区发生大地震、大坝上游发生巨大地质灾害时，都会对大坝安全带来毁灭性的破坏。如由远处的地震引发大坝上游发生大山崩或大滑坡，带着大量泥沙石块、沿着"三江"笔直、陡倾、狭窄的河床急泻直下，将会给下游沿岸人民的生命财产安全造成不可承受的毁灭性灾难，就如任何人也无力制止"三江"地区至今仍在发生的巨大的山崩、滑坡与泥石流一样。2010年发生在白龙江沿岸的"舟曲泥石流"就造成特大灾害。这些都应该引起有关水电部门领导者和决策者的高度警惕！

(2) 水电站建设要有减轻灾害损失的第二设计方案

当今的设计方案的指导思想完全集中在确保工程设计安全可靠上。经常发生的事故与自然灾难一次又一次地说明，仅仅依靠人们的工程设计解决不了工程项目的绝对安全问题，因为工程安全不完全是技术、材料质量的问题，工程设计可以提高工程质量，减少由于技术、材料而引发的事故与灾难，却无力完全消除由于管理、自然灾害、人为事故而造成的重大灾难。

日本福岛大地震所引起的核电灾难，就是由天灾(地震、海啸)与人祸共同引发的。由于过度“迷信”工程设计的安全可靠，在设计中没有(在发生事故灾难时)减少灾难损失的第二设计——减灾救灾方案，其后果是，灾难发生后不知所措，只能任其发展，使灾难得不到有效地控制。中国的水电建设规范中应当有应对不同灾难的第二设计方案。

(3) 水利建设不应片面理解为水电站建设

国家号召加强水利建设，不能片面理解为水电站建设，把水电建设简单化为全面开花、一律都搞江河梯级水电站建设，将整条江河一段段地用水坝进行分割。水坝上游沿岸被湮没、地下水位上升；水坝下游河床水位下降，导致两岸地下水位下降。使得整个流域、整个西南地区自然环境突然剧变，这种新的环境剧变不论是动物、还是植物都不可能马上适应的。这种自然环境剧变的具体后果虽不能预测，但是弊大于利是肯定的。为了不使自然环境发生突变，为了人类的长远利益，水利建设应该因地制宜，不搞一刀切，不应在每条江河都建高坝梯级水电站，而应该兼顾农田、草场水利建设，多建对原生态环境破坏较小的低坝水电站，以兼顾水利建设与环保。

(4) 明确开发西南水电在中国能源结构中的作用

2007 年 8 月国家制订了《可再生能源中长期发展规划》，力图改变中国的能源结构，规划提出 2020 年中国的能源结构是：煤，62.52%（32×10^8 吨）；石油，14.36%（4×10^8 吨）；天然气，6.425%（2000×10^8 立方米）；核电，1.99%（70 吉瓦）；水电，8.54%（3×10^8 千瓦）；风能，2.11%（10 吉瓦）；太阳能，1.18%；地热，0.23%（相当于 120 万吨煤）；生物能，2.63%。按照这个规划，中国能源结构依然是以煤为主体，石油、天然气为辅，并没有根本性变化。西南水电开发在总体上对解决中国能源问题只起到补充的作用。

由此可见，在新构造运动强烈的西南地区，在活动断裂上建筑梯级水电站这一地质风险极高的做法，在水电站建设开发安全能得到充分保证之前，应该暂缓。比较稳妥可行的方式是在西部高原平台上因地制宜地建设以服务农牧业为主的“都江堰”式的水利灌溉工程。水电建设亦以低坝为主，以满足当地需要为目的，最大限度地不破坏当地原生态自然环境。

水电部门无力独自解决中国能源自主安全问题。大西南电力东输路线长远，自然气候多变、跨越地质灾害频发区，存在输电安全和成本问题，因此，西南水电开发必需十分慎重。

孙文鹏　核工业北京地质研究院研究员
徐道一　中国地震局地质研究所研究员
朱　铭　中国科学院地质与地球物理研究所研究员

参考文献

Xu Daoyi, Men Kepei, Deng Zhihui. 2010. Self-organized ordering of earthquake (M≥8) in Mainland China. Engineering Sciences, 8(4): 13—17.

国家科委全国重大自然灾害综合研究组等编. 1995. 中国重大自然灾害图集(中国地质灾害分布图). 北京:科学出版社.

黄润秋，许强，等. 2008. 中国典型灾难性滑坡. 北京:科学出版社，1—35.

黄润秋. 2007. 20世纪以来中国的大型滑坡及其发生机制. 岩石力学与工程学报，26(3): 433—454.

刘祖荫，等，编. 2002. 20世纪云南地震活动. 北京:地震出版社.

邱瑞照，李廷栋，等. 2006. 中国大陆岩石圈物质组成及演化. 北京:地质出版社.

孙文鹏，徐道一，韩孟. 2010. "都江堰"是中华环保型水利工程模式——附"三江"不宜建多个西式高坝水电站. //曾晓东编:第六届环境与发展中国(国际)论坛论文集. 北京:法律出版社，239—242.

徐道一. 2009. 汶川巨震、印度尼西亚巨震及其与青藏滇缅印尼歹字型构造体系的关系. //康玉柱，王宗秀，编. 学习李四光的创新精神，发展地质力学理论——著名地质学家李四光诞辰120周年纪念. 北京:大地出版社，147—152.

澜沧江下游小湾电站大坝(杨勇　摄)

第九章　重视金沙江水电工程开发建设的地质风险

金沙江为长江的上游，它对长江流域生态安全和水资源保障有着举足轻重的作用。金沙江流域地质构造复杂，区内地层岩性多变且破碎，历经多次地质抬升沉降，导致河流改道和袭夺。自有人类历史以来，该地区曾经发生过众多地震及次生灾害，是我国乃至世界上地质灾害最发育和最密集的地区之一。在地质灾害频发的金沙江流域建设密集的水电群比在其他地区的地质约束和风险要复杂得多，汶川地震对水电站的影响已给我们提供了可借鉴的经验和教训。因此，要在这样一个地区建设规模大、数量多的水电工程群，需要我们在对金沙江的地质背景、地质灾害等对水电建设的影响和风险有充分评估的前提下，审慎论证其可行性，寻求最科学的开发方式。

一、金沙江基本概况

金沙江起于青海省玉树县巴塘河口，流经西藏东部芒康山和四川省西部沙鲁里山脉，进入云南省西北部、川西南山地，至四川盆地西南部的宜宾接纳岷江为止，全长 2308 千米，垂直落差 3300 米，流域面积近 50×10^4 平方千米。金沙江起点年平均径流量 387 立方米 / 秒(直门达站)，止点年均径流量 4557 立方米 / 秒，沿途汇入雅砻江、大渡河、岷江等河流，终点年总径流量达 1409×10^8 立方米(屏山站，不含大渡河、岷江流量)，为长江干流上的主要江段。

金沙江奔流在我国地形的第一级台阶青藏高原东部的纵裂山地峡谷和云贵高原北部的崇山峻岭之中。流经山高谷深的横断山脉，水流湍急，向东南奔腾直下，与西相邻的澜沧江、怒江并行，至云南省丽江纳西族自治县石鼓附近突然转向东北(图 9-1)，穿越玉龙雪山，形成著名的虎跳峡，两岸山岭与江面高差达 2500～3600

米，是世界上最长、最深的峡谷型河流，虎跳峡是世界上最深峡谷之一。金沙江干流落差 3300 米，水力资源超过 10^8 千瓦，占长江水力资源的 40%以上，同时金沙江还是长江三峡库区泥沙的主要来源。

图 9-1　金沙江在石鼓改变流向（杨勇　摄）

金沙江流域，从北到南、由西向东，地势逐渐下降，流域地形向东南方向倾斜，南北纵跨 1000 多千米，地形下降幅度在 500 米左右，而金沙江河床海拔高程由北端 3700 余米，下降到南端石鼓的 1800 余米，东端宜宾的 400 余米，河床落差 3300 多米。这说明，金沙江愈向南峡谷愈深，形成了强大侵蚀、河流动力条件及水力势能。金沙江流域北部山体较为完整，保存有零零星星的高原面，河谷宽缓，江河分水岭地带溯源侵蚀还不强烈，具有比较完整的高原自然生态系统。南部山地地貌支离破碎，岭谷栉比，山势陡峭，河谷深切，峡谷紧密，分水岭狭窄，金沙江与相并流的澜沧江最窄处水平距仅 76 千米(图 9-2)。

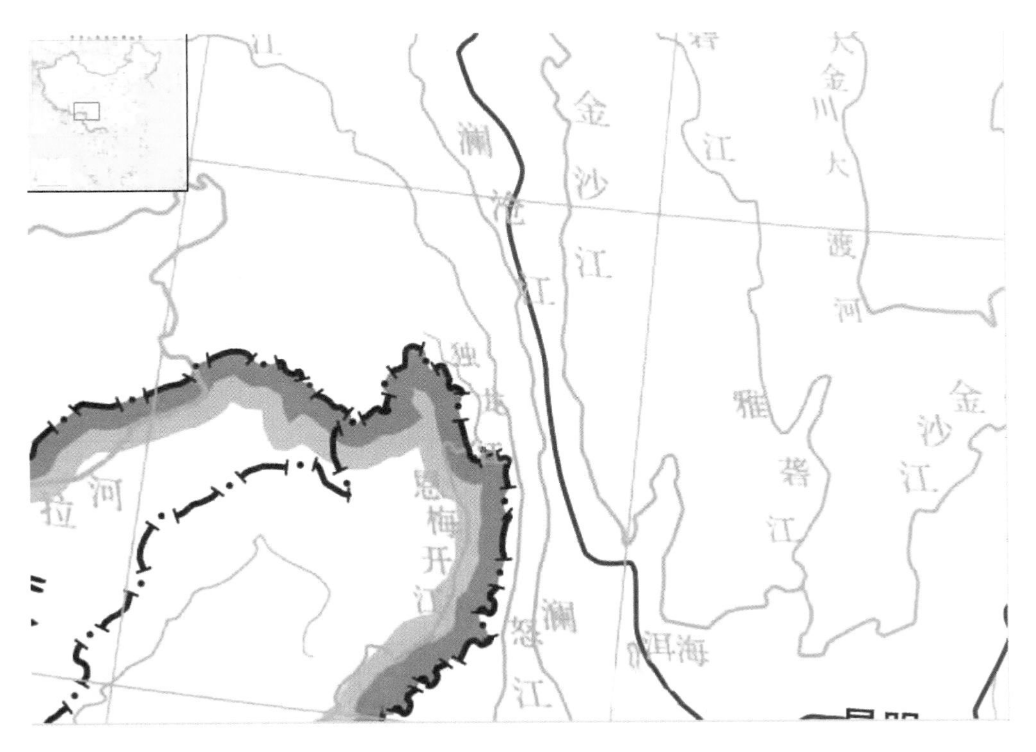

图 9-2　西南水系图

(引自 http://219.238.166.215/mcp/MapProduct/Cut/河流水系版/2000 万河流水系版/Map.htm)

二、金沙江水电

金沙江分为上、中、下游三个河段。金沙江在云南石鼓以上称金沙江上游，石鼓至四川攀枝花为金沙江中游，攀枝花以下至宜宾为金沙江下游。玉树直门达至石鼓为上游段，长约 994 千米，落差 1722 米。石鼓至雅砻江口为中游段，长约 564 千米，落差 838 米，除约 40 千米河道在四川省攀枝花市境内，其余均在云南省境内；雅砻江口至宜宾为下游段，长约 768 千米，落差 719 米，除小部分属攀枝花市、宜宾市和云南楚雄州所辖外，大部分为川滇界河(李建树，2008)。金沙江沿江流域巨大的落差为水电站的建设提供了可能。

在金沙江水电开发的规划中，干流共规划建设水电站 27 座，总装机 78.36 吉瓦，将形成库容超过 800×10^8 立方米的规模，移民将达到 40 万人以上。从开发现状来看，中下游部分电站建设存在程序上的违规行为(中新网，2009)，有些水电站在环保、地质、移民等问题屡遭质疑情况下陆续建成发电。预计到 2020 年，除虎跳峡、两家人水电站之外，其余水电站将陆续建成，上游的水电站在“十二五”期间也陆续开工建设(图 9-3)。

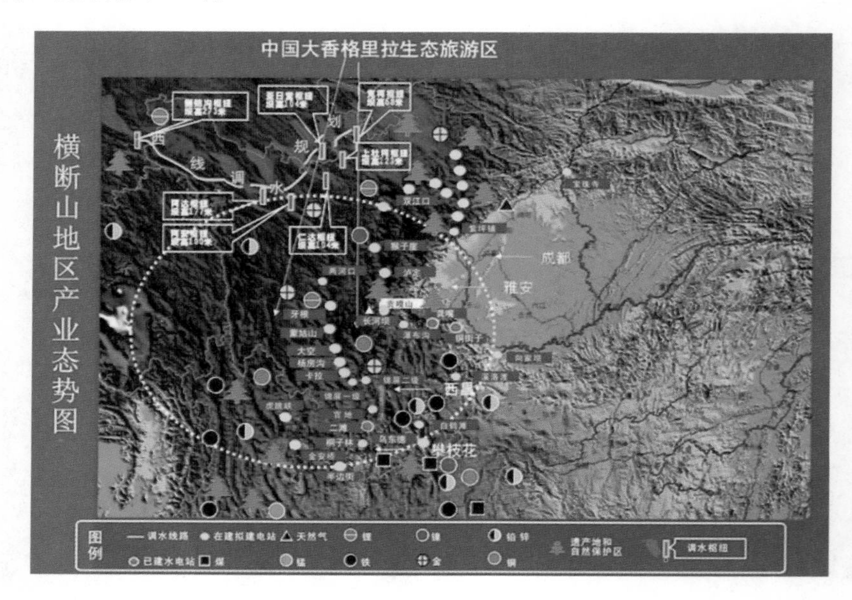

图 9-3　横断山地区产业开发态势图

三、金沙江地质背景

金沙江、澜沧江、怒江向世人展现了“三江并流”的奇观，这样的河流展布格局在地球上也是绝无仅有的。三条河流从青藏“歹”字型构造带川—青—藏结合部转折区开始由北向南同行，到了横断山脉中段云南石鼓，金沙江突然掉头向东北方向而去，一路上曲折拐弯，最后流向太平洋，造就了中国东部的滋润与繁荣。金沙江以石鼓为界，石鼓以上属青海、藏东、川南山原地带，山原走向控制着河谷流向；石鼓以下属滇西北、川西南山地地带，河谷走向受构造断块控制。

从构造方面而言，金沙江流域分别受各种构造体系所控制。中上游主要受走向北西—南东展布的青、藏、滇、川“歹”字型构造体系、中部略向东弯曲的弧形构造控制，巴塘以下被川滇南北构造体系插入，与之复合交换。金沙江、雅砻江、大渡河等河谷受横断山褶皱带控制，河谷走向大致沿北西—南东或近南北方向发育。中下游受南北向、北东向、东西向以及一系列次一级构造的控制，河谷走向发生大规模转弯，然后曲折东流，脱离横断山南北构造体系，进入康滇台背斜中的断块山地。在这之间，受南北向与东西向两组断裂的影响，金沙江、雅砻江、大渡河等河流频繁出现直角转折，最终相汇，流向中国东部。

地质学家们认为，中国西南地区的断裂构造，不论是单一断裂还是复合断裂，对地应力场均有明显的影响，通过数值模拟的研究，在西南广泛发育的复合型断裂构造带，断裂交汇部位往往是应力集中区，即使是单一断裂，在断裂端部和断层几何形态的不同以及各段的力学性质的差异均能造成局部的应力集中，在横断山地区强震发生的空间分布上与这一结论有很好的一致性。如表 9-1。

表 9-1　横断山区域地震活动与断裂活动性的关系（苏生瑞，等，2002）

断裂带	断裂长度/千米	断裂活动性质	历史平均滑动速度/(毫米/年)	$M\geqslant5$ 地震次数	$M\geqslant7$ 地震次数	最大震级(M)
龙门山断裂带	500	右旋走滑兼逆断	1.4～1.8	26	1	8
松潘—平武构造区	5～10	右旋走滑、逆断		35	4	7.5
鲜水河断裂	300	左旋走滑兼逆断	16.0～17.4	>47	8	7.9
安宁河断裂	200	左旋走滑兼逆断	1.5～5.3	9	2	7.5
则木河断裂	150	左旋走滑兼正断	3.5～4.9	5	1	7.5
金沙江—红河断裂带	>1100	右旋走滑	16.0～20.0	>57	3	7.3
澜沧江断裂带	>600	右旋走滑兼正断		3		6.0
南汀河断裂	>180	左旋走滑兼正断	3.0	12	1	7.2

四、金沙江河谷地貌形成、发展和地质生态机制

金沙江流域河谷地貌单元比较单一，主要以高山峡谷地貌为主，间夹局部的宽谷段。总的特点是“高山峡谷”，但是，由不同地质构造运动的差异性以及各段河谷岩石性质的不同，局部新构造运动的影响，造成各段河谷的地貌特征不完全一样，所展现的河谷地质景观非常独特。

1. 河谷地貌的形成

金沙江穿越了几大地质断裂，冲破大山阻隔，连通高山平原，造福华夏大地。它的河谷地貌的形成既遵循河流发育的一般规律，也呈现出它独特的发育特征。它的发育形成过程，伴随着青藏高原的隆起升降，在这一进程中，有波澜壮阔的造山运动，也有一次次惊心动魄的地震活动、沧海桑田的峡谷地貌建造。

金沙江河谷地貌形成发育的历史十分复杂，但地质构造运动的痕迹明显反映在河谷地貌特征上。金沙江河谷的雏形是新构造运动的产物，期间还伴随强烈地质活动过程。随后，漫长的河流冲刷、侵蚀、下切以及崩塌滑坡作用造就了如今的河谷地貌景观，同时流域内自然生态体系、气候条件对河谷地貌的发展也起着极其重要的控制作用。

2. 河谷地貌的发展

(1) 中生代及其以前的演变

数亿年前的元古代晚期雪峰运动后，我国西南大部已成地台，成为该区长期发育最古老的地质基础。约 2.5 亿年前中生代开始的印支运动，康滇地块隆起而使该区结束了海相沉积，产生强烈的造山运动和剧烈的火山活动。构造活动以断裂为主，并伴以强烈的岩浆侵入，奠定了该区域北西—南东的构造体系，地层混合岩化和变质程度普遍加深。燕山运动继续使该区隆起，形成区域性深大断裂带，并局部产生一系列断陷盆地。至此，流域区的地质构造和高原地貌格局已基本形成。

(2) 新生代以来的演变和发展

进入第三纪后，大约从 2000 多万年前开始，西南地区大部分进入侵蚀期，始新世以来，印度板块、亚欧板块相撞，喜马拉雅运动开始，不仅使滇缅地槽发生大规模海退，古地中海消亡，青藏高原升起，并再次发生规模宏大的造山运动，以挤压、褶皱和隆起为主，出现一系列山间断褶盆地与谷地，后期表现为地块的整体抬升。中新世地块进入相对稳定期，经过长期侵蚀，地貌上普遍出现侵蚀面和侵蚀沟谷，在此基础上，上新世局部河谷的侵蚀面沉积了砾岩等覆盖层。

第四纪新构造运动中，该区急剧上升了 1000～3000 米，河流强烈下切，山地形态日趋完善，在山体上升的同时，河流不断强烈下切，并因溯源侵蚀而相互袭夺，长江在中更新世完成了与古金沙江的连接，终于发展成今日的水系。

3. 地质机制

多次地质构造运动，奠定了金沙江河谷复杂的地质背景。

地质构造产生的褶皱山系(图 9-4)、深大断裂以及地层岩性的出露分布，控制着河谷的发育方向，断裂破碎带和软性地层区有利于流水侵蚀下切。因此，北西向的“歹”字型构造控制着金沙江上游河谷的侵蚀发育；南北向的经向构造(与“歹”字构造交接复合)控制中游的河谷侵蚀发育；北东向构造和东西向构造以及南北向交错复合构造控制中下游的河谷发育，在不同地层的河谷中、岩性的差异则控制着江流的切割强度、河谷断面形态、谷坡物理风化强度以及山地灾害的发育程度和性质等(金沙江河谷以变质岩为主,易风化、变形,形成滑坡,坚硬的硅质灰岩和花岗岩、玄武岩则易产生崩塌)。次一级构造往往是河谷地貌景观形成的直接因素。发育的崩塌作用一般是沿着岩层的节理面发生的,崩塌物质是滑坡、泥石流的主要运动体,若巨大的崩塌块体沉积江道,则形成险滩。

图 9-4　河谷地质剖面上的地质褶皱(杨勇　摄)

地壳的强烈抬升使地势高差悬殊,为河谷发育初期溯源侵蚀创造了条件,导致河流急剧下切,最后完成干流的连接汇集。后期侵蚀造就了地形分割强烈、谷深比降大的高山峡谷。

现代地质作用也不断地改变着河谷地貌。江流对河谷的侵蚀、切割一般来说是缓慢的、匀速的,近代、现代不断发生的地质、地震活动则给河谷地貌以深刻的影响。金沙江河谷地处我国中枢强地震带和滇藏强震带上,从上游到下游,近代、现代以来多次发生强烈地震,引发山体崩塌和一系列重力地质现象,并形成巨大欲崩危岩体以及恶劣地质环境,这些都是改变河谷地貌的重要因素。

4. 生态机制

金沙江流域面积广阔,地形变化幅度较大,自然生态环境多样,表现出地域间的差异。冰川、冰缘作用的山地,流水侵蚀作用的坡面和沟谷均较显著,但这无不受自然生态环境的制约和影响。金沙江河谷深切,谷岭高差悬殊,谷内气候、植被的垂直地带性非常明显，反过来影响着河谷地貌的形成和发展。

一般来说，金沙江河谷内气温较高，温差大，雨量集中。上游地形分异显著，海拔 3000～4000 米为冷杉林带，有森林分布的河谷，谷坡物理风化较弱、坡度均匀、坡面较完整，江道顺直狭窄，如森林破坏为草被或光秃坡面所代替，侵蚀作用大为加强；海拔 4000 米以上，一般没有植被，为冻裂风化带，谷坡极为破碎，一般为岩屑坡。中游河谷植被的垂直地带性分布十分明显，海拔 2500 米以下，河谷干热，零星生长仙人掌、女贞、合欢、核桃等，为强侵蚀带，谷坡分异发育；海拔 2500～3000 米为灌木和常绿针叶林；3500～4000 米广布的冷杉林带，水土保持较好，林海绵绵起伏，是金沙江河谷的主要林带；4000 米以上为高山草甸及灌木，侵蚀作用极弱，高原面貌完整。下游干热河谷景观更加明显，耐旱喜热植物较中游丰富，但也比较稀疏，多系人工种植；800～1400 米为次生常绿阔叶林带，但现在以茅草居多；1400～2100 米为常绿阔叶林，仅局部分布；2100～2400 米为落叶阔叶林；2400～2700 米为针叶混交林带；2700 米以上为针叶林带。中下游河谷及流域林土光热环境优越，为金沙江流域的一块“飞地”，但现状是河谷地貌生态萧条，水土流失，河谷山地灾害极其严重。

综上所述，植被直接地或间接地给河流的活动（侵蚀作用和沉积作用）以重大的影响。植被可减弱地表水对谷坡的冲刷，使河床减少来自谷坡固体物质的数量，阻碍其侧蚀，为深谷下切创造条件；在有森林或草被的谷坡上，水土保持较好，使谷坡较为稳固，减少不良地貌作用的发生；被破坏而没有良好恢复的生态环境是造成金沙江河谷地貌恶劣险峻的因素之一。

五、金沙江地质灾害对水电建设的影响

金沙江流域地质构造复杂，河流受到地质构造的控制，而这些地质构造大多是活动性的，为地震多发带。

金沙江流经的横断山脉位于青藏高原东部、印度板块与欧亚板块相接、至今地壳运动仍然剧烈复杂的造山带，是扬子板块与冈底斯—印度板块之间巨型造山系的组成部分。其特点是，活动性断裂构造十分发育，板块的挤压、褶皱、隆起并伴随着引张、伸展、裂陷，形成了岭谷相间的纵列“两山夹江”和山间断陷盆地，这样的地质地貌为江河发育和水能富集创造了有利条件。随着青藏高原第四纪以来的隆起上升，周边河谷的强烈下切，高山峡谷和滩多流急的河谷地质地貌还处于强烈的改变中，区内地质断裂构造体系频繁的新构造运动，使强烈的地震活动沿着这些断裂

带频繁发生，河谷两侧高陡斜坡地上大规模的山体崩塌、滑坡屡屡发生，临灾危岩地貌发育，高地应力区河谷强烈下切卸荷而产生的大型危岩山体都会对工程建设和城乡安全带来诸多不利影响。大规模的工程建设活动以及大库容水动力运行亦对脆弱的地质危岩和活动断裂创造诱发成灾条件，形成持续、复杂的地震地质灾害隐患。

1. 地震地质风险

金沙江的地震地质风险主要包括山体崩塌滑坡、泥石流和水土流失及泥沙淤积问题。

(1) 山体崩塌滑坡

造成金沙江河谷山体崩塌滑坡的可能因素有：① 水流下切造成的山体临空扩大，山体失稳。历史上金沙江河谷有数次特大型山崩记录，沿江仍存在着临灾的危岩山体数十座，如石膏地、因民、普福、白沙坡、新庄、鲁地拉、奉科、核桃园、劳动乡、王大龙等存在欲崩危岩和古滑坡体，体量数千万到数亿立方米(图 9-5)。② 断裂破碎带中正在孕育生成的欲崩危岩，如在乌东德、陆车林、早谷田等地。③ 工程爆破(或者各类施工过程中适时集中大爆破)或地震发生时形成的山体裂缝欲崩危岩等次生灾害。

图 9-5　金沙江下游白沙坡地质危岩(杨勇　摄)
(箭头所指为危岩)

山体崩塌滑坡可埋没电站设施，阻断交通和输电线路，引发水库浪涌，甚至漫坝。特大山崩可阻断河流，形成堰塞湖，溃决的水头对大坝造成威胁，山崩区往往还形成持续发育、具有周期性成灾特征的崩塌区和泥石流源，丰富的泥沙物质源源不断地输入河流，侵占库容。

(2) 泥石流和水土流失

金沙江河谷的干热河谷特性以及稀疏的植被、破碎的地貌、过度的土地利用和水电道路开挖、矿山开发等使得金沙江流域成为地球上著名的泥石流多发地和水土流失泛滥区，区内不少地方因此丧失生态功能和生境条件。

泥石流在金沙江的分布特征是成群、成带分布，很多冲蚀支流成为泥石流的通道，在沟口处往往形成大型冲积扇并阻挡河流，光秃破碎的山体往往形成破面泥石流，每年向河流输送大量泥沙物质，泥石流沟不断扩展。水土流失在区内成片分布，占金沙江流域面积60%以上，年浸蚀物总量约 16×10^8 吨以上，大部分通过地表径流和泥石流输入河川、水库。

金沙江流域，特别是中下游地区常常形成暴雨型泥石流特征，干流一系列特大型水库蓄水后必然改变局部水汽环流，形成新的暴雨条件，泥石流成灾机制将更为有利。

(3) 泥沙淤积问题

金沙江具有的地质构造、地质环境条件以及崎岖破碎的地形地貌，加上人类长期对土地的开垦和森林采伐，使其成为一条多沙河流，平均年输沙量在 5×10^8 吨以上，有的年份超过 7×10^8 吨(1980 年入长江泥沙量达 7.28×10^8 吨)。对于这样的多沙河，可以通过以下方式减轻河沙淤积问题：① 生物措施，增强流域水土保持和水源涵养能力，维护自然生态系统，减轻极端灾害性气候的危害；② 让河流保持动力机制，自然奔流，使得泥沙能滋养下游；③ 人类科学理性的开发建设和河道疏浚。

然而，一旦在河流上修建水库，河流所携泥沙随着水库的运行，逐渐淤积，堵塞河流。尤其在高产沙河流河段，水库泥沙淤积快速，导致库容锐减，水库的防洪和行洪功能逐渐丧失。水库泥沙问题成为影响电站运行和使用寿命的关键因素，过多的泥沙淤积可导致水库退役、水电站报废。在峡谷型库区，库尾泥沙淤高还可引发上游水患，而且库尾淤积的大量泥沙处置起来十分困难。在高产沙峡谷河流上建设一连串大型水库群，泥沙问题终将产生连锁反应，不仅导致水库功能的丧失，而且对下游泥沙的补给造成严重的影响。黄河三门峡泥沙问题也已给我们深刻的教训。

2. 地质灾害及次生灾害

横断山诸河流的河谷地质地貌的特殊性为崩塌、滑坡、泥石流和水土流失创造了有利的动力条件和丰富的物质来源，是世界上著名的地质灾害泛滥区，且长期处于高发、频发状态中。据初步统计，金沙江流域地质灾害3739处，其中滑坡2032处，崩塌322处，泥石流932处，不稳定斜坡453处。这些地质灾害为堵江堰塞湖创造了有利条件。金沙江历史上地震、崩塌滑坡堵江事件见图9-6及图9-7。

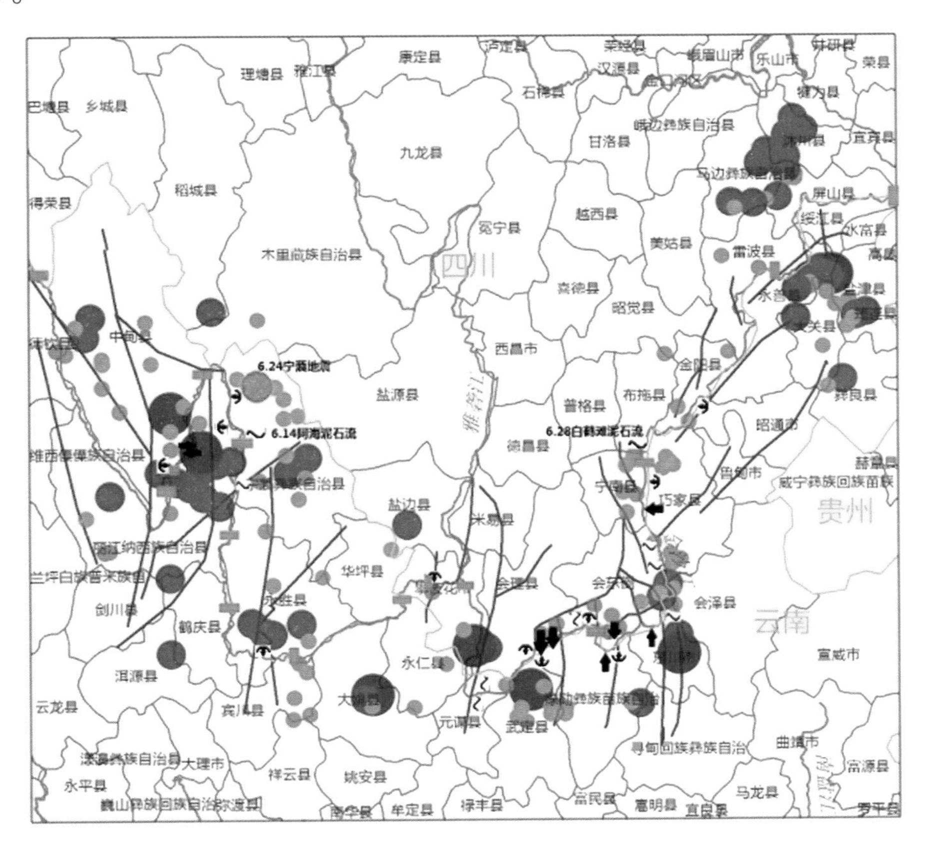

图9-6　金沙江中下游主要地震、地质灾害分布图

水电站　崩塌　滑坡　泥石流　4.0—4.9级　5.0—5.9级　6.0—6.9级　——主要断层

图 9-7　江中游昌波水电站坝址江段的堵江遗迹

（箭头所示为堵江遗迹）

研究发现，超过 90％的堰塞湖都是因地震导致的快速滑坡而形成的。金沙江流域是新构造运动强烈上升的地区，地震活动频发，在近代该流域曾发生众多因地震、崩塌或叠加暴雨引发的滑坡和泥石流，进而诱发堵江堰塞湖事件。目前，在昔格达层覆盖的活动性断裂地段，出现的地震痕迹都普遍具有地震堰塞的迹象。

3. 金沙江地震时的灾情演绎

2008 年的汶川地震在岷江、沱江和涪江上游流域（青藏高原东部边缘）共形成地质灾害 2 万多处，其中蓄水存留时间 14 天以上的堰塞湖 265 处，高危堰塞湖 33 处（崔鹏，2009），这是自全世界有记录以来，地震导致的堰塞湖次生灾害分布最密集、灾情最复杂、对水电和下游安全威胁最大的一次典型地震灾情案例（图 9-8，图 9-9）。

然而，由于金沙江的恶劣地质环境的复杂性，地震活动改变山河的强度、水电站水库的规模密度都远远超过汶川地震灾区（图 9-10），再加上金沙江大部分地区远离大城市，救援条件也远不及汶川地震灾区，因此，若发生与汶川相同震级的地震，产生的危害将会更大。

图 9-8　汶川地震产生的地质灾害(杨勇　摄)

1. 唐家山堰塞湖；2. 青竹江滑坡堰塞湖；3. 岷江形成串珠状堰塞湖；4. 堰塞湖溃决

图 9-9　被地震破坏的水电站(杨勇　摄)

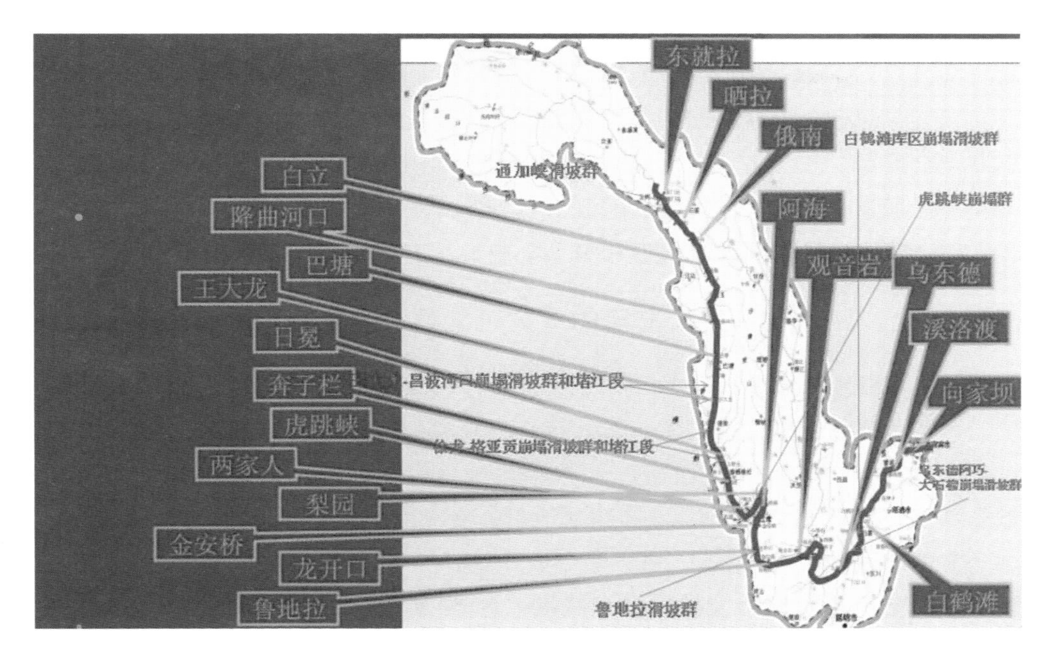

图 9-10　金沙江水电规划和地质灾害危险江段分布图

根据金沙江的地震记录和我们考察所进行的研究分析，我们可尝试着演绎一下在金沙江相应江段发生 7—8 级的地震情况下，金沙江可能出现的灾情：

上游通加峡可能出现成群滑坡，形成 2～3 处堵江堰塞湖，由于当地交通不便，距离遥远，救援处置比较困难，可能会丧失最佳救援时机；巴塘—奔子栏江段可能形成连续分布的崩塌滑坡群，很多休眠中的古滑坡将复活，堰塞湖呈串珠状分布，苏哇龙、昌波、日冕电站厂房和输变电系统受到重创，由于该地远离大城市，沿江交通受损破坏会比较严重，救援处置非常困难。

中游虎跳峡可能发生大规模崩塌，导致堵江，阿海、鲁地拉水电站库区可能发生大规模滑坡堵江，输变电系统将会受到重创。

下游乌东德库区可能发生大规模滑坡，大坝以下的阿巧—大石棚古滑坡可能复活，忠武山、白沙坡、炭山、因民等可能发生大规模滑坡，导致堵江，江水快速回流至大坝，对大坝造成威胁。电站厂房和地面建筑由于峡谷两岸崩塌将受到重创，救援处置较为困难；白鹤滩库区形成密集滑坡和泥石流物源，峡谷中的电站厂房和输变电系统也将由于大规模的崩塌受到重创；溪洛渡库区将形成一系列山体崩塌滑坡，电站将受到上游大坝失去调控的放水和堵江溃决洪峰的严峻考验。

由于我国大坝建设采用严格的抗震标准，一般来说地震不会发生垮坝现象，但是由于产生巨量堵江体，若处置失去最佳时机，可能出现洪水翻坝，导致大坝报废或修复困难。

以上只是我们对金沙江发生大地震后可能产生灾情的演绎，谁也不希望这样的状况会发生。正因为这样，我们更应该通过汶川地震对当地水电站的影响，正视水电开发所遭受的损失和面临的困境，吸取教训，重新审视西南地区水电密集开发的决策，优化开发布局和规模，使我国水电事业真正走上科学有序发展的道路。

4. 金沙江水电站地质危险的成灾可能性及其灾害效应

(1) 水库诱发地震

水库诱发地震是一个科学命题。尽管科学家们还在探索其规律，目前的研究认为，水库诱发地震取决于库坝区地质环境、地质构造背景和水库库容运行的总体组合条件。根据国内外研究，水库诱发地震的情况可分为两类：水体渗透储积条件和诱震的地质构造条件。

从对世界上近 2000 多座水库的分析也表明，水深和库容在水库诱发地震的动力机制中具有十分明显的因果关系。水体负荷所产生的正应力、剪应力远小于完整岩石的抗压和抗剪强度。如果具备以下两个条件：① 岩体破碎，裂隙发育；② 水体负荷产生的超孔隙水压足够大。那么水库负荷所产生的剪应力和孔压力就形成诱发地震的直接作用因素。同时，还是触发较大初始应力的间接作用因素。

横断山诸河流河谷分布有沉积岩、变质岩和火成岩，并出露有象征地球岩石圈中构造活动最强烈、结构最复杂的蛇绿岩混杂带。西南横断山河流岩层结构破碎，断裂构造交错复杂，地质危岩发育，在建和规划水电站库坝区具备不同程度的渗漏条件，水库蓄水运行后会造成岩体的抗压和抗剪强度降低，影响岩体内应力均衡状态，并改变地下水动力条件和库岸岩体动力平衡，在其他条件具备时，这些可能成为水库诱发地震的因素。

另外，由于横断山河流流量季节变化大，一旦河流上形成首尾相连的水库群，消洪增枯的频繁交替以及水库间库容差异和频繁调度，引起库容水深的不断变化，也会引起库岸围岩结构瞬时应变，在这种快速频繁的变化中，也可能导致应力失衡而诱发地震。

地震预测预报是一个尚未攻破的世界性难题，水库诱发地震的动力机制、水文机制、岩石应变机制等都还存在着较大争议。特别是在青藏高原、横断山这样的地质科学前沿地区更应该继续深入研究。然而，在这些引起极大关注和争议的关键问题还没有取得共识、一些重大科学技术问题还没有突破性成果的情况下，规模宏大水电站的建设就开始了，这不能不令人担忧。

(2) 地质灾害的环境效应

当今很多地方，长期以来形成的“人定胜天”“征服自然，改造自然”“技术万能”“工程至上”的思维定势，仍然在主导着我们处理人类活动与自然环境相互关系的思维方式和行为方式。从而忽视或轻视人类工程活动的环境制约因素，简单地甚至一厢情愿地去看待许多尚未认识的自然规律和环境风险(范晓，2005)。

地质灾害引发的堵江灾害，会产生溃坝和洪水灾害，进而产生一系列新的地质灾害体，重新塑造河谷地貌。从长远的河流发育史来看，它将对河流发育产生深刻影响，如河流流向改变，产生堰塞湖沉积等。而水电工程形成的人为堵江，也会产生一系列的效应，最基本的效应是改变了河流水动力关系，水岩关系发生变化，其地质活动、地质灾害规律随之也会发生巨大变化，水库诱发地震、库岸地貌再造、不稳定地质体复活等都是水库蓄水以后面临的新问题，在金沙江这样的河谷，这些变化可能带来的灾变是必须面对的。

水库蓄水后，除了带来地质上的灾变之外，在中国西部这样的地质灾害高发区，一旦发生极端灾害事件，由于梯级大坝的上下相连，尤其是高坝、大库连续分布，极可能对灾害起到放大作用，造成具有连锁效应的灾害链，给下游人民群众的生产、生活构成严重威胁。如果我们无视金沙江修建水库可能带来的危害，当我们面临金沙江遭遇强烈地震、引发的堵江现实时，情况将会变得严峻和复杂，到那时不仅仅是地震区交通瘫痪，救援受阻，还可能会出现水位快速升高、大坝满水、闸门启动失灵等状况，甚至对下游相连的水库大坝和城市人口密集区产生影响。因此，金沙江水电的开发我们应该更加审慎、科学地应对。

六、对策建议

金沙江水电建设正以人类历史上前所未有的规模和强度，并将成为全球最大水电群的态势成为科学家关注的话题，特别是 2008 年汶川地震以后，社会公众也开始关心和讨论西南水电建设的利弊得失以及应对策略，这主要包括科学研究及政策保障两个方面。

1. 科学研究

新构造运动和现代地质作用的不断发生，地震等灾害是人类难以遏制的，但是掌握它的运动规律和特点有助于我们在河流整治开发中有的放矢，避免失误。近年来,国内外许多学者普遍认识到在这些地质背景下灾变的可能性,提出加强对灾变和应变研究的重要性和紧迫性,并且认为渐变、均变与突变(灾变)相结合的非线性旋回演化在该地区是存在的。这是全面认识该区域地质规律的基本前提。灾变论旋回与地质旋回的研究已受到地质学界的重视。

地质学家们承认,应该对各种因素对地应力的影响有一个准确的认识,但这个认识还需要经过漫长而艰苦的过程,目前还仅仅是开始。由于缺乏在野外进行大面积周期性地质体变形、变位的运动学和动力学研究,不论是在基础地质研究方面,还是在地应力、活动断裂、地震地质研究方面都还有一些重大问题至今未能很好地解决,例如岷江上游(包括龙门山)地区的地质构造,主要断裂的活动性及新构造应力场发展演化问题都未进行系统研究。总之,只有深入研究并弄清断裂构造和地应力之间关系、地质灾变规律,才能对水电工程的规划以及地质灾害的防范、治理提供科学的依据。

2. 政策保障

中国电力装机总容量截至 2012 年末已经超过 10×10^8 千瓦,达到 10.6×10^8 千瓦,超过美国成为世界电力大国,但是中国的年 GDP 只及美国的 30% 左右,这反映了中国单位 GDP 能耗很高,据相关资料对比,中国同比产值能耗水平是日本的 7.5 倍,德国的 5.5 倍,美国的 4.4 倍,澳大利亚的 3.5 倍,甚至是巴西的 2.3 倍。

面对中国高能耗的局面,优先应该进行的是调结构,改方式,淘汰落后产能,对现有电力装机能力进行优化配置,从而降低能耗,提高能源效率。而不能以发展为名,在地质科学研究还没有突破的情况下,在金沙江以及西南地区地质环境条件极其复杂的地方仓促进行大规模的水电开发。

另外,政府要加强对人口聚集区和相关区域潜在滑坡堵江事件的发生及其预警的超前研究,并提前针对可能发生的灾害制订完备的措施和应急预案,完善相关的法律制度和备灾准备,以提高各种突发灾害事件的防范能力和应对能力。

杨　勇　横断山研究会会长

参考文献

崔鹏. 2009. 汶川地震堰塞湖分布规律与风险评估. 四川大学学报,3:35—42.

范晓. 水电工程对地质环境的影响及其灾害隐患[EB/OL]. (2005-04-29) http://news.cjk3d.

net / data / c85 / 2005-04 / 972. html.

方洪宾,赵福岳,等. 2009. 青藏高原第四纪地壳运动与沉积响应. 北京:地质出版社.

李建树. 2008. 中国十三大水电基地规划. (2008-09-29) http:// blog. sina. com. cn/ s/ blog_4c28781c0100b4xz. html.

钱宁,张仁,周志德. 1987. 河床演变学. 北京:科学出版社.

沈玉昌. 1965. 长江上游河谷地貌. 北京:科学出版社.

苏生瑞,黄润秋,王士天. 2002. 断裂构造对地应力的影响及其工程应用. 北京:地质出版社.

许炯心. 2007. 中国江河地貌系统对人类活动的响应. 北京: 科学出版社.

许志琴. 2006. 青藏高原大陆动力学. 北京:地质出版社.

杨达源,等. 2006. 长江地貌过程. 北京:地质出版社.

杨勇. 2009. 龙门山山崩地裂——5·12 地震次生地质灾害. 北京:科学出版社.

中新网. 2009. 环保部决定暂停审批金沙江中游水电开发等项目. (2009-06-11) http:// www. chinanews. com / gn / news / 2009 / 06-11 / 1729939. shtml.

虎跳峡(路遥　摄)

第十章　中国水电开发及其生态环境影响分析

水电已经成为人类持续利用水资源的重要手段。水库大坝作为水电开发的主要工程类型，其建设和运行既影响着流域水资源的重新分配和社会经济发展方向，更影响着区域的生态环境及其流域生态系统安全。

目前中国电力供应缺口巨大，区域性、时段性、季节性缺电问题突出。与此同时，为了应对气候变化，中国政府向世界承诺，到2020年全国单位国内生产总值二氧化碳排放比2005年下降40%～45%，非化石能源占能源消费的15%。在这样的背景下，可再生的、清洁的水能资源开发利用就成为中国满足能源消费需求和节能减排目标的现实选择。

随着水电开发强度的不断增大，水利水电开发的生态与环境影响愈来愈受到公众的广泛关注，有关水电开发与生态环境保护的争议也较为突出。对中国水电开发特征的分析及对其生态与环境效应的评估，将有助于我们理性地分析水电开发过程中生态与环境正负效应，为降低负效应，提高正效应提供科学依据。

一、中国水电开发的现状及其特征

1. 中国水电开发的现状

中国水能资源丰富，是仅次于煤炭的第二大能源资源。根据2005年全国水力资源复查成果，中国水电资源理论蕴藏量6.94×10^8千瓦；技术可开发装机容量为5.42×10^8千瓦，经济可开发装机容量为4.02×10^8千瓦。因而中国的水电开发具有良好的资源基础。

过去60多年来，中国水电装机容量和水电发电量在快速增长(图10-1)，多年平均增速超过10%，超过了中国GDP的增长速度。尤其改革开放30多年来，随着中国经济的高速发展和人民生活水平的提高，对电力能源的需求量持续增大，电力消费占能源消费总量的比重从1978年的3.4%上升到2010年的8.6%。因而，使作为可再生能源和清洁能源的水电的开发强度不断增大。到2011年，中国水电装机容量和发电量分别达到2.31×10⁸千瓦和6205×10⁸千瓦时，分别是1949年的571倍和642倍。水电装机容量和水电发电量占全国电力总装机容量和总发电量的比重也从1949年的8.8%上升到2011年的21.83%。2011年中国水电的开发程度(水电发电量与经济可开发量的比值)为25.08%。

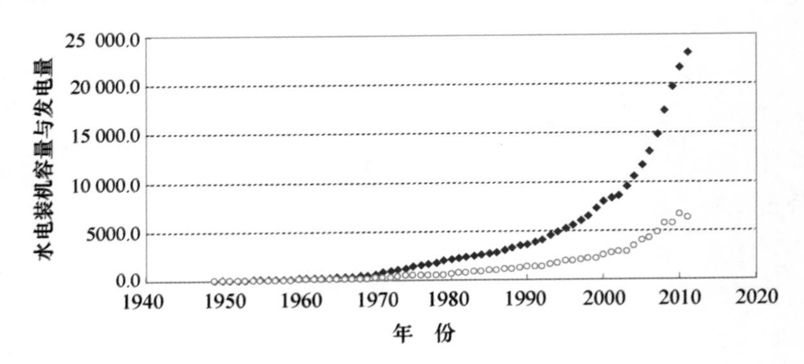

图10-1 中国过去60多年来水电装机容量与发电量的增长趋势

(数据来源：中国水力发电年鉴，第十三卷)

◆ 水电装机容量(10兆瓦)　　○ 水电发电量(10^8千瓦时)

2. 中国水电开发的特征

(1) 水电开发增长速度总体较快，近10年来增幅更为显著

根据过去60多年来中国水电装机容量的增速来看，水电开发历史大体分为三个阶段：① 快速增长阶段(1952—1975年)。水电装机容量的年均增长率达到了17%。这一时期水电开发的快速发展与中国开始实施五年发展计划，重视基础设施建设有关。尽管水电开发的总体规模偏小，但增长速度较快。② 低速发展阶段(1976—2002年)。这一阶段水电装机容量的年均增长速度为7%，水电发展相对缓慢，但水电开发规模的扩张较快。1975年水电装机容量为13.43吉瓦，到2002年已经达到86.07吉瓦。③ 相对快速增长阶段(2003—2011年)。这一阶段水电装机容量的年均增长率达到12%，标志着中国又进入了水电开发的快速增长时期。水电的快速增长有两个方面的驱动因素。一是能源需求尤其是电力消费需求快速增长；二是节能减排的需求促进了水电的发展。水电作为可再生的低碳能源，是中

国调整以煤炭为主的能源结构、实现节能减排目标的首选能源。

(2) 水电工程向高坝大库方向发展

1973 年时中国 30 米以上大坝共 1644 座，其中 100 米以上 14 座，分别占世界同规模大坝总数的 25% 和 3.5%。2005—2008 年中国 30 米以上的已建、在建大坝共有 5191 座，其中 100 米以上 142 座，分别占世界总数的 40% 和 18% 左右。以 2005 年为例，中国 100 米以上大坝数量已据世界第一，显著超过了排名第二的日本(图 10-2)。流域开发向高坝大库方向发展，意味着水电工程淹没的土地面积增大、对河流的阻断作用、对河流水生生物的影响、对水库周围的生态环境影响都在增大，移民规模的增大也意味着水电工程的社会影响的增大。据此，付雅琴(2009)把水电梯级开发模型分成三类，即低坝径流生态可持续型、龙头带径流生态可修复型和高坝蓄积生态难恢复型。高坝水电所带来的生态影响难以恢复已经是一种普遍认知。

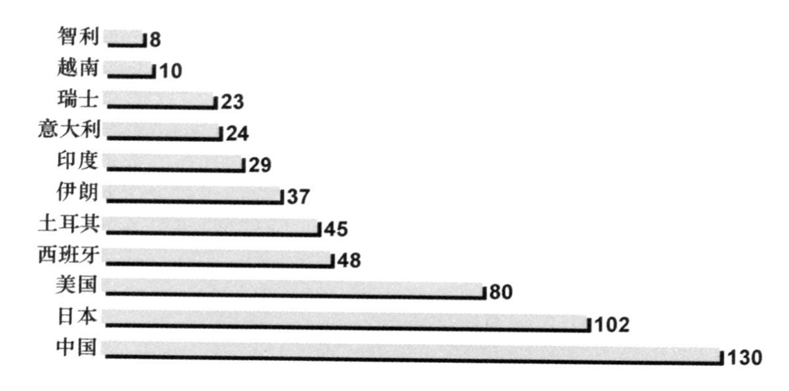

图 10-2　2005 年底世界 100 米以上大坝数量较多的国家

(数据来源：贾金生等，水力发电，2010)

(3) 水电工程向梯级滚动开发方向发展

梯级滚动开发已经成为中国流域水电开发的主要方式。根据水电发展规划，中国黄河上游龙羊峡—青铜峡开发河段全长 1023 千米，规划梯级开发 25 个梯级，目前已经开发将近 10 座水电站。近年来，西南地区梯级滚动开发的发展趋势最为突出(表 10-1)。近来金沙江梯级滚动开发的相关报道(2012 年 05 月 03 日 09:51 东方早报：五大水电巨头瓜分金沙江 水库间距将不超百千米)也引起了社会的广泛关注和争议。

表 10-1　典型梯级滚动开发的特征参数

开发河段	开发河段长度/千米	开发梯级电站/个	电站密度/(个·千米$^{-1}$)
黄河上游(龙羊峡—青铜峡开发河段)	1023	25	40.92
金沙江干流	2308	25	92.32
大渡河(双江口—铜街子河段)	1062	22	48.27

水电梯级滚动开发可以最大限度地利用水能资源，但河流上水电站密度愈大，对河流自然景观和流域生态系统的改变强度也愈大，这是毋庸置疑的。长期以来，流域梯级开发从勘测、规划、设计、施工、运营等过程中重视经济效益，较少考虑社会效益，常常忽视生态效益，对流域社会经济与资源环境的可持续发展构成威胁。

二、水电工程对生态环境的影响

水电工程的生态环境影响有多种表现方式，既有直接影响，也有间接影响；既有长期影响，也有短期影响，另外还有累积影响。因此，水电工程建设和运行的生态环境分析是涉及诸多因素的复杂过程。

1. 水电大坝对生物多样性产生显著影响

无论水电梯级开发采用何种方式，多个梯级电站必然将一条河流分割成若干片段，使原来浑然一体的河流景观破碎化，形成不连续的河流生境，进而产生一系列的生态影响。水电库坝工程对生物多样性的影响主要表现为：① 大坝阻隔水生生物在上下游区间的洄游活动；② 干流河道中原水流湍急的河流生态环境将变成若干个高程不等的湖泊型静水环境，使喜流水环境的水生生物失去栖息地；③ 水库越深，水温分层越显著，水含氧量变化越大，对水生生物产生的影响也越大。

国外研究显示，水电大坝深刻影响河流生态系统和动物生存(Petts, 1989)。大坝打断了河流的连通性，或好或坏的影响程度取决于水生生物的习性和环境的交互作用。在温带和热带由蒸发产生的水量损失巨大，水库通常会产生季节性水分层，尤其是由涡轮机从贫氧层抽提水，可能导致鱼类死亡和下游的其他不幸后果。相反，在寒带水库富氧层的发电抽提水可能把鱼类吸引到水库的尾闾(Nestler, et al, 2002)。许多地方的特有鱼类，如需要流速快、温度低、水清浅且氧气充足的砾石河床的大马哈鱼、胭脂鱼、镖鲈等，通常在水库中无法生存，可能最终被淘汰(Bowen, et al, 2003)。大坝不可避免地改变了从源区到河口，甚至到海洋环境的泥沙运移、水体透明度、淡水系统本身的物种多样性和丰富度等。在世界范围内,大坝正成为淡水系统重要的影响因素(Dynesius, Nilsson, 1994; McAllister, et al, 2001; Nilsson, et al, 2005)。

中国目前流域水利水电开发过程中,生态系统保护措施缺失或过于简单,因而对流域水生生物多样性产生的影响愈发显著,甚至是灾难性的影响。

根据中国科学院水生生物研究所刘焕章的研究,1949 年长江全流域共建成水电站 31 座,全是小水电。2005 年,长江流域已经建成水库 45 694 座,占全国的 53.7%。与此同时,长江流域鱼类资源捕捞量 1954 年曾达到 45×10^4 吨,到 80 年代初下降到 20×10^4 吨,近年来的捕捞量维持在 6×10^4 吨左右。历史上湖北省境内长江四大家鱼天然鱼苗产量达 200 亿尾,1982 年下降为 11.06 亿尾,三峡水库蓄水后四大家鱼鱼苗资源为 2 亿尾。中国富春江高坝修建导致中国鲥鱼种群在该流域内消失。对黄河上游龙羊峡至刘家峡河段梯级水电站建设后鱼类资源变化的调查表明,该河段土著鱼类分布区域缩小,呈现岛屿化分布,其主要原因是梯级水电站建设导致河流生态片段化以及库区外来鱼类引种与土著鱼类竞争资源等(张建军,等,2009)。

对广西境内红水河岩滩水库蓄水前后的水生生物动态监测表明,岩滩水库 1992 年开始蓄水,到 1997 年,水库建成 5 年后鱼类种类减少 38.6%,底栖动物减少 77%,水生维管束植物减少 100%(周解,等,2004)。此外,水库深孔下泄的水温较低,会影响下游鱼类的生长和繁殖;下泄清水也会影响下游鱼类的饵料和产量;高坝溢流泄洪时,高速水流造成水中氮氧含量过于饱和,致使鱼类产生气泡病(曹永强,等,2005)。

对长江、海河等流域的研究也表明,大坝阻隔了鱼类繁殖、索饵和越冬洄游,影响了天然种群的繁殖生长,使洄游性鱼类数量大量减少,有的几近绝迹;同时使天然鱼类小型化,种群结构低龄化,种群种类单一化(杨军严,2006)。因此,《中国濒危动物红皮书:鱼类》(1998)中记载了 92 种鱼,“致危因素及现状”中明确将水利水电工程列入的有 24 种,占 27.9%。实际上,这一比例远低于实际状况(杨军严,2006)。

以上的研究表明,水电开发对流域水生生物的影响随着水电开发强度的不断增大而持续增强。在水电开发与生物多样性保护之间寻求合理可行的途径与对策已经刻不容缓。

2. 水电大坝对土地资源的影响

水库的建设是以丧失大量的土地为代价的,其中包括大量农田的丧失。以中国三峡大坝为例，淹没陆地面积 632 平方千米，其中 278 平方千米为农田(172 平方千米为粮田，106 平方千米为果林)。随着人口增长，土地资源的稀缺性愈来愈显著，因而土地资源的生态服务价值愈来愈高，建造水库时必须考虑水库所占用的土地利用效益，以及水库建成后对流域或区域土地资源均衡的影响。

由于缺少相关统计数据，这里采用水电生态足迹来估算中国水电开发对土地资源的淹没影响。在生态足迹分析中，一般水电的生态足迹按照水电站蓄水发电所淹没的可耕地面积来计算(Wackernagel，1999)。

中国学者谢鸿宇等(2008)基于 2000—2005 年中国水电站的平均发电量以及 740 座水电站淹没土地的面积计算出中国的水电平均生产力为 1678 吉焦/公顷，每千瓦时水电的生态足迹是 2.1448×10^{-6} 公顷可耕地。引用这一结果，来计算不同发电量水平下占用土地产生的生态足迹。

对中国水电开发淹没土地的生态足迹计算表明(图 10-3)，水电开发占用土地的生态足迹在 1949 年为 0.26 万公顷可耕地，1980 年为 10.75 万公顷可耕地，到 2010 年则增加为 142.03 万公顷可耕地，占中国耕地资源的 1.16%。

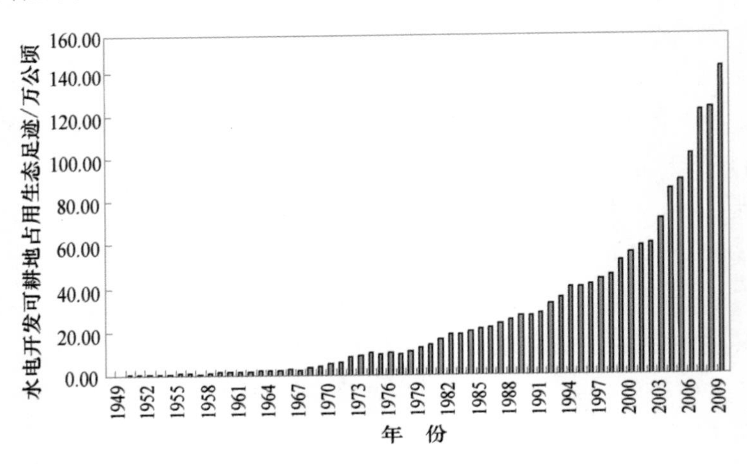

图 10-3 中国水电开发的可耕地占用生态足迹

3. 水电库坝工程加剧水环境污染

污染物进入河流后，在河水流动过程中，通过稀释、扩散、沉淀和氧化等一系列物理和生物化学作用，使污染物浓度降低，甚至流经一段距离后，河水可以恢复到未受污染时的水质，此即河流的自净功能。

河流生态系统的自净功能主要有两种方式。第一，物理扩散净化。即污染物质进入水体后，经过大量的水体稀释、水流机械搬运以及扩散而分散减少的过程。该功能作用的关键是有足够的水量和一定的流速。第二，生物化学净化。污染物进入水体后，在光化学、生物化学、物理化学等综合作用下，通过化学分解和生物吸收代谢等过程而降解自净。

水库对河流生态系统自净功能的影响主要表现在以下几个方面：

① 水库调节径流使坝下河水流速趋于平稳或减小，减弱了水体的扩散能力，影响了河流的自净功能。

② 水库建成后，坝后形成静水环境，水体的自净功能因此减弱，易积累污染物质而成为污染源。

③ 水库蓄水使自然径流老化，河水在水库中滞留，对河流的自然净化功能亦产生影响。

一些水电工作者通常认为水电站库坝建设本身不会产生污染，主要是因为周边工农业生产排污所致。但事实上，大坝建成后，坝后由激流水体转变为静流水体，水体的自净功能下降，易导致营养物质和污染物的累积，加剧了水质的恶化。

据 2000 年统计，在对 93 座水库进行营养化程度评价时，处于中营养化状态的水库 65 座，处于富营养化状态的水库 14 座。而在 2002 年对 161 座水库进行营养状态评价时，所有水库都处于营养化状态，其中 105 座水库为中营养，56 座水库为富营养(高永胜，等，2005)。基于 2001—2004 年的水质监测数据和研究成果，对中国 135 座水库进行的水质调查表明，38 座水库处于富营养状态，60 座水库处于中营养状态，这些数据表明，中国水库的富营养化问题较为突出。

水库水质恶化会导致河流水环境的恶化。以三峡大坝为例，研究表明，三峡大坝建成后，库区的水文条件突变，河流变湖库后的环境容量、自净能力大幅下降，虽然目前三峡库区长江水质基本保持稳定，但库湾和支流已多次出现水华，水环境的隐患是客观存在的(魏复盛，等，2009)。

三、水电开发的生态环境影响评估中存在的问题

1. 水电开发中对生态环境成本估计不足

由于流域水电开发的生态环境影响及其生态后果具有潜在性、累积性和长期性，生态效应时空跨度大，凭借现有的科学和技术水平一时对其无法认清或定量评估，因此在水电开发中往往低估所付出的生态环境成本，其结果是对水电收益的评估和预期高于实际。

专栏中对中国乌江一级支流猫跳河的水电建设投资和水质治理投资进行了比较分析,其结果是二者的投资比为 1 : 4,说明水电建设投资可能会引起 4 倍以上的环境治理投资。当然,这里没有考虑水力发电所产生的效益。我们相信,当初猫跳河水电的开发者无论如何不会想到未来会需要花费 4 倍于水电建设投资的水污染治理投入。

专栏　国内完成全流域梯级开发的样板流域:猫跳河河流水质治理投资与水电建设投资的比值接近 4 : 1

猫跳河流域自 20 世纪 50 年代末开始在短短 20 年内开发了 6 级水电站,河流水能开发利用率达 98%,是中国流域水能资源开发利用率最高的地区,这在当时成为水电梯级开发的样板工程。水电开发满足了"三线建设"时期猫跳河流域国防、军工制造业以及后来工业经济活动对电力资源的需求。

但在水电运行后的 30 多年里,随着"两湖"上游地区人类活动的加剧,"两湖"逐渐演变为集聚污染的场所。1994 年以来,流域内水体污染事件频频发生。自 1996 年,相关部门开始重视流域水质的改善,每年固定地投入资金对水体进行治理。截止到 2010 年,流域水体治理累计投资达 10 亿元。2002 年以后,流域范围内开始兴建城镇生活污水处理设施,截止到 2011 年,流域内城镇生活污水建设累计投资达 5.17 亿元,其污水处理率为 60%。若要达到 100%,其总投资约为 8.62 亿元。但这仅涉及城镇生活污水处理,不包括农村生活污水的处理。猫跳河流域农村生活污水排放量约为城镇的 2 倍。若按城镇生活污水处理项目建设的标准,使猫跳河流域农村生活污水处理率达 100%,污水处理设施建设总投资将达 17.24 亿元。将城镇和农村生活污水处理的投资合并,约为 25.87 亿元。本研究将猫跳河流域水质治理投资(包括水体治理累计投资 10 亿元以及生活污水处理投资 25.87 亿元)和流域水电开发投资(按 2008 年价计算约 9.54 亿元)进行对比,发现猫跳河流域水质治理投资与水电建设投资的比值接近 4 : 1(实际值应大于 4 : 1,因为不包括工业废水处理投资以及污水处理设施运行成本),这说明猫跳河流域的水质治理代价巨大。

(引自:李江苏,等. 资源科学,2011,33(8))

实际上,目前三峡大坝也存在类似的问题。自 2008 年三峡大坝建成以来,每年被大坝拦截的垃圾有 20×10^4 立方米,每年清理漂浮垃圾花费 1000 万元人民币①。

---

① 引自 http://zy.takungpao.com/news/jiaodian/2011/0526/32877.html

据中广网北京 2012 年 4 月 16 日消息，据中国之声(微博)《全国新闻联播》报道，2009 年以来，三峡工程已经进行了 3 次 175 米试验性蓄水，据国内外水库建设的普遍规律，新建水库蓄水后至高水位初期 3 到 5 年内将集中产生大量的新生滑坡和塌岸，地质灾害防治形势非常严峻，大约 10 万人将面临搬迁。显然三峡大坝建设运行产生的地质灾害及其所产生的环境成本和社会成本远远超过了原来的预期。

2. 流域水电开发规划的环境影响评价制度尚未健全

与单个水电工程相比，水电梯级滚动开发会对全流域的生态环境产生影响。针对水电开发的生态环境影响，国家环保部制订了相关的水利水电工程项目环境影响评价技术导则。项目环境影响评价在一定程度上可以避免或者减缓工程的不利影响，但水利水电工程环境影响评价是以工程项目为中心，只是通过对兴建工程的环境影响识别，预测水利水电工程对自然环境和社会环境造成的影响，使不利影响得到减免或改善，为工程方案论证和部门决策提供科学依据，并没有对流域性的影响进行更多的关注。

一般根据工程的规模来确定环境影响评价的范围，并不是从整个流域的尺度来考虑，而只是根据工程规模大小来界定的。可能一个工程的影响会远远超出我们的预期。比如，在水利工程建设中，如果没有从流域尺度来考虑生态环境影响，就单个水利工程建设运行来说，生态环境方面是适当而合理的，但如果考虑梯级开发的叠加效应，可能这个工程的修建就是不合理的。

不同支流水利水电开发会对共同的下游的湿地产生影响。以白洋淀为例，其上游八条河流都修建了数量和规模不同的库坝工程，水库的拦截，加上降水量的减少，导致入淀河流对白洋淀的补水量越来越少，使白洋淀湖泊、湿地不断萎缩。作为华北地区重要的生态湿地，其生态服务功能受到极大的损害。

目前，国家水利部与能源部联合发布的中华人民共和国行业标准(SL45-92)《江河流域规划环境影响评价规范》，该规范适用于江河流域综合规划阶段的环境影响评价，对流域水电开发不完全适用。由国家环境保护总局发布的中华人民共和国环境保护行业标准(HJ / T130-2003)《规划环境影响评价技术导则(试行)》适用于流域建设、开发、水利等专项规划，可以为流域水利水电开发的生态环境影响评价发挥一定的作用，但由于流域开发规划的环境影响评价尚未进入法律法规层面，不能真正约束流域的水利水电开发的行为。

只有从法律制度层面对流域水电开发严格把关，才能真正杜绝水利水电无序开发或仅以经济利益为导向的开发行为。目前中国流域规划环境影响评价尚未进入立法阶段，亟待建立流域水利水电开发的环境影响评价法规，以达到保护中国的流域生态环境的目的。

3. 水电开发的约束性生态阈值缺失和长期跟踪评估不足

一般水电工程进行环境影响评价的周期较短，没有对每条河流的生态环境因素进行长期的观测，缺少精准评估河流生态要素的参数，常常使水电工程的环境影响评价大而化之。水电工程建设与运行过程中需要有保护关键生态要素的约束性指标，以确保河流生态过程的持续性和稳定性。但目前尚无约束性指标。例如，中国目前许多河流水电工程建设运行中没有最小流量或生态基流的管理约束，尤其是梯级滚动开发过程中，大部分水电站是引水式水电站，大坝之下是河床裸露的脱水河段，河道内原有的生态系统受到毁灭性的破坏。因此，建立流域水电开发的约束性生态阈值，依靠精准的技术参数进行水电工程的运行管理是减缓或避免生态环境恶化的重要手段。

水电工程建设项目后评估是水利工程基本建设程序中的一个重要阶段。建设项目竣工验收，经过 1～2 年的运行后，对项目决策、实施过程和运行各阶段工作及其变化的原因和影响，通过全面系统的调查和客观的对比分析进行综合评价。但实际上，水电工程建设运行后产生的生态后果需要较长时间才逐渐显现出来。在 1～2 年内并没有出现许多负面生态效应。尔后由于疏于长期跟踪评估，这些负面生态效应演变成更大的生态灾难。鉴于此，对于大规模的流域水电开发需要进行长期的跟踪评估，以便通过水库群的调度协调，达到生态环境保护的目标。

4. 对经济利益的追逐使我们失去了保护自然河流景观的人文情怀

河流生态系统是由包括陆地河岸生态系统、水生生态系统、湿地及沼泽生态系统等在内的一系列子系统组成的。人类的许多休闲娱乐活动都依赖于河流生态系统，这是我们美好生活的一部分。

河流生态系统具有多种生态服务功能。河流系统的美学文化功能主要是由流域水体与沿岸陆地景观组合而成的。急流险滩、幽谷深潭、飞湍瀑布、堤岸疏林，以及河流漫滩、江心沙洲、湍湍流水等通过形、色、声、味等在时空上的动态变化为人们带来视觉及精神上的享受与满足，也带给人们无尽的美感体验。从这些景观中，人们可以感受“飞流直下三千尺”的壮美，体验“长河落日圆”的宁静，享受“小桥流水人家”的田园风光和“独钓寒江雪”的幽远意境，从而达到天人合一的生态境界。

河流生态系统的自然美还带给人们多姿多彩的科学与艺术创造灵感。不同的河流景观孕育着不同的地域文化，如尼罗河孕育的埃及文明、黄河孕育的中华文明，由此也形成了各具特色的美学意向、艺术创造和民风民俗。在这种意义上，自然河流生态景观是人类重要的精神源泉和科学技术及艺术发展的永恒动力（鲁春霞，等，2001）。

美国在1968年就建立了国家自然与景观河流系统的相关法案《原生景观河流法案》，该法案严格地保护着美国国内具有突出与独特的风景价值、历史与文化内涵、地质特性、野生动植物或者其他相似价值的河流。《法案》认为为了这些独特价值的完整、为了这些河流带给人们的享受与美感、也为了未来人类的共同利益，这些河流的自由流淌特性必须予以严格的法律保护。

中国应着力建设相应的法律法规制度对河流景观、文化进行保护，以避免这些河段独特的风景、深厚的文化内涵和丰富、独特生物多样性成为经济发展的牺牲品。

鲁春霞　中国科学院地理科学与资源研究所副研究员

参考文献

Bowen Z H, Bovee K B, Waddle T J. 2003. Effects of flow regulation on shallow-water habitat dynamics and floodplain connectivity. Trans Am Fish Soc, 132: 809—823.

Dynesius M, Nilsson C. 1994. Fragmentation and flow regulation of river systems in the Northern Third of the World. Science, 266: 753—762.

McAllister D E, Craig J F, Davidson N, et al. 2001. Biodiversity impacts of large dams. Background Paper No. 1. IUCN (The World Conservation Union)/UNEP (United Nations Environment Programme)/WCD (World Commission on Dams), 49.

Nestler J M, Goodwin R A, Cole T M, et al. 2002. Simulating movement patterns of blueback herring in a stratified southern impoundment. Trans Am Fish Soc, 131 (1): 55—69.

Niehols S, Norris R, Maher W, et al. 2006. Ecological effects of serial impoundment on the Cotter River, Australia. Hydrobiologia, 572:255—273.

Nilsson C, Reidy C A, Dynesius M, et al. 2005. Fragmentation and flow regulation of the world's large river systems. Science, 308: 405—408.

Petts G. 1989. Historical analysis of fluvial hydrosystems. //Petts G E, Moeller H, Roux A L. Historical Change of Large Alluvial Rivers: Western Europe. New York: J Wiley.

Wackernagel M, Rees W E. 1996. Our Ecological Footprint: Reducing Human Impact on the Earth. New Society, Gabrioala, BC, Canada.

曹永强,倪广恒,胡和平. 2005. 水利水电工程建设对生态环境的影响分析. 人民黄河,17(1):56—58.

付雅琴. 2009. 基于复杂系统理论的梯级水电开发生态环境影响评价研究. 博士学位论文. 武汉:华中科技大学.

高永胜,王芳,王浩,等. 2006. 大坝的生态负面影响及补偿措施. //黄真理, 等,编. 中国环境水力学. 北京:中国水力水电出版社.

贾金生,袁玉兰,郑璀莹,马忠丽. 2010. 中国水库大坝统计和技术进展及关注的问题简论. 水利发电,36(1):7—10.

李江苏,张雷,胡丁志. 2011. 猫跳河流域水质演化机理研究. 资源科学,33(8):1481—1488.

刘焕章. 2010. 影响长江生物多样性——大坝. 人与生物圈, 5:18.

鲁春霞,谢高地,成升魁. 2001. 河流生态系统的休闲娱乐功能及其价值评估. 资源科学,23(5):77—81.

鲁春霞,谢高地,肖玉,等,2003. 水利工程对河流生态系统服务功能的影响评价方法初探. 应用生态学报,14(1):803—807.

魏复盛,张建辉,何立环,等. 2009. 三峡库区水污染防治的关键在源头控制与消减. 中国工程科学,12:4—9.

谢鸿宇, 陈贤生, 林凯荣, 胡安焱. 2008. 基于碳循环的化石能源及电力生态足迹. 生态学报,28(4):1729—1735.

杨军严. 2006. 初探水利水电工程阻隔作用对水生动物资源及水生态环境影响与对策. 西北水力发电,22(4):80—82.

张建军,冯慧,李科社,等. 2009. 黄河上游龙羊峡至刘家峡河段梯级水电站建设后鱼类资源变化. 淡水渔业,39(3):40—45.

周解,何安尤. 2004. 大坝与救鱼的论争. 广西水产科技,(2):161—164.

第十一章　水坝工程对两栖动物的影响

两栖动物是从水到陆进化的过渡类群，绝大多数的两栖动物生活史分为三个不同的阶段：卵、蝌蚪和成体。两栖动物的成体一般在陆地上生活，但卵的孵化和蝌蚪的发育必须在水中才能完成，因为卵、蝌蚪和成体分别占据着两种截然不同的生境，需要在水体和陆地间进行季节性迁移。此外，两栖动物生命周期较长，种群数量一般比较稳定；当环境发生变化时，两栖动物既不像昆虫那样反应过分敏感，也不像大型脊椎动物那样具有较长的时滞；同时，它们活动能力有限，活动区域较狭窄，便于定位观察；活动时间和季节集中，便于定期观察；因此，两栖动物是评价河流生态系统健康状况的良好指示物种（Welsh, et al, 1998；徐士霞，等，2004）。

过去的50年中，全球范围内许多两栖动物种群出现显著衰退（Sturt, et al, 2004），中国的两栖动物受威胁的比例为39.88%，是《中国物种红色名录》中受威胁最大的脊椎动物类群（汪松，谢焱，2004）。这类现象的出现与水坝工程日益增多密切相关，由于兴建水坝，人类已经对全世界59%的大河造成伤害。在292条大河中有172条受到水坝的影响，其中8条河流具有丰富的生物多样性。水坝建成后，农业灌溉和经济发展都给河流带来了巨大压力，建坝河流上单位水量所承载的经济活动是未建坝河流的25倍（Nilsson, et al, 2005）。在评估两栖动物种群衰退和水坝工程的关系时，不难发现两栖动物所面临的生存危机。

一、水坝对栖息地的影响

水坝显著改变了河流地貌，中断了河流最关键的水动力学进程。Hartshorn等(2002)对台湾花莲县立雾溪的研究指出，河床是由稳定的、年长日久的流水，而不是偶尔发生的洪水冲刷形成的。日常流水在河床加深中起关键作用，而洪水是使河道变宽和造成山体滑坡的主要原因。水坝建成后,稳定的水流将消失,沉积物将抬高河床,淤积库容,导致两栖动物栖息地丧失、分割和片段化。

具体而言,栖息地丧失改变的是两栖动物的自然栖息地边界,对两栖动物种群具有即时、直接的影响。栖息地分割是由人为活动引起的、导致一个具有多个生活史阶段的物种在不同阶段所占据的栖息地呈不连续状态,只需一个世代就会改变两栖动物的种群大小、结构和分布。栖息地片段化则有一个较长时间的作用过程,通过种群隔离、近亲交配和边缘效应缓慢发挥影响,这三个与栖息地相关的影响因素对两栖动物具有短期或长期的不利影响。

1. 栖息地丧失

栖息地丧失导致两栖动物的生境总量减少,是两栖动物种群衰退最直接的原因(Alford, Richards, 1999)。水坝建成后,坝体直接造成水坝上下游物化、地质和栖息环境的巨大改变。比如,在水坝上游形成大面积的淹没区域,而在下游形成长距离的减水河段;由于水坝对沙石的阻拦,水坝上游的河道逐渐被沙石淤满,河道落差减缓,水流减慢,原来由激流、缓流与洄水塘等组成的多样化的流水型生境,会演变成河面宽阔、深度变浅、水流缓慢的湖泊型水域。这样的栖息环境的改变也改变了无尾两栖动物的数量和分布,例如,四川草坡河水坝使得适合湍蛙的激流生境消失,而适于缓流生活的大齿蟾(*Oreolalax major*)和广适性的华西蟾蜍(*Bufo andrewsi*)在水坝上游大量繁殖。表 11-1 总结了水坝工程对两栖动物栖息地的影响。

表 11-1　对栖息地丧失的影响

物　种	上游:旱谷蟾蜍	下游:黄腿蛙
丧失率/(%)	40	94
资料来源	Lind, et al, 1996	Lind, et al, 1996

例如,加利福尼亚的路易斯顿大坝,上游蓄水淹没了旱谷蟾蜍(*Bufo microscaphus californicus*)40%的原有生境;同时,下游河段减少了 70% ~ 90%流量,黄腿蛙(*Rana boylii*)失去了94%的潜在繁殖生境(Lind, et al, 1996)。栖息地丧失也会降低物种的定殖率(colonization rate),这是引起优势种灭绝的最主要因素。以 20 个物种预测,当丧失 1/3 的栖息地时,在热带地区,7 个优势种将灭绝;在温带地区,1 个最优势种将灭绝。此外,栖息地丧失比例越大,则物种对栖息地丧失越敏感,所引起的物种灭绝概率也更高;丧失 90%栖息地的物种与丧

失 20%栖息地的物种相比，如果双方进一步丧失 1%的栖息地，则丧失 90%栖息地的物种灭绝概率是丧失 20%栖息地的物种的 8 倍(Tilman, et al, 1994)。

2. 栖息地分割

据统计，3/4 的两栖动物具有水生蝌蚪阶段，这些具有水生蝌蚪的两栖动物要顺利完成生活史，需要连续分布的陆地和水域两种生境。然而，水坝工程和环库区公路的建设却导致了陆地和水域生境的空间分割。Becker 等(2007)将之命名为"栖息地分割"，即由于人类活动所导致的一个具有多个生活史阶段的物种在不同阶段所占据的栖息地呈不连续状态，间断分布的栖息地迫使具有水生蝌蚪的两栖动物在水域和陆地生境间进行危险的生殖和觅食迁徙。对巴西大西洋雨林两栖动物的研究发现：栖息地分割对于具有水生蝌蚪阶段的两栖动物物种丰富度有显著的负面影响；其次，对当地的群落丰富度也有负面影响。该结果揭示了不同栖息地之间缺少连通性是造成两栖动物种群衰退，尤其是溪流两栖动物种群下降的主要原因之一，指明了水域和陆地生境间连接的重要性，以及保护和恢复河滨植被的必要性。

3. 栖息地片段化

栖息地片段化也与两栖动物种群衰退有着直接联系(Funk, et al, 2005a)。梯级水电站中断了溪流的连续性，造成河流生境的片段化，残余生境呈碎片状零星分布，导致两栖动物种群之间的隔离度增加，尤其对于扩散能力较弱的两栖动物而言，生境片段化可以轻易切断不同生境碎片上的同种个体之间的相互联系，增大孤立的小种群的灭绝风险。总体而言，栖息地片段化程度越厉害，物种灭绝的风险越大(Tilman, et al, 1994)。

每年，62%哥伦比亚斑点蛙(*Rana luteiventris*)的幼蛙会从繁殖水域向周边扩散，50%的幼蛙扩散距离超过 200 米，2%的幼蛙最大扩散距离可达 5000 米，扩散海拔超过 750 米；而 93%的成体扩散距离不超过 200 米，仅 1%的成体扩散距离超过 2000 米。微卫星探针研究显示，不同的哥伦比亚斑点蛙种群间的基因交流非常频繁(Funk, et al, 2005a)。鉴于扩散是相邻的两栖动物种群间进行基因交流的重要方式，水坝工程所引起的栖息地片段化是两栖动物面临的严重威胁。

二、水坝对卵的影响

水内产卵是两栖动物最为普遍的繁殖方式，而水坝所影响的主要是溪流内产卵的物种（李成，等，2005）。两栖动物具有很高的产卵场忠诚度，产卵场所不会受到河流年际变化和繁殖季节调整的影响；绝大多数的两栖动物的产卵场所是固定的。据统计，大蟾蜍（*Bufo bufo*）83%的雄性幼体和100%的雌性幼体登陆上岸，2年性成熟后，会返回到出生的池塘繁殖，89%～96%的雄蛙和79%～93%的雌蛙常年利用固定的产卵场所（Reading, et al, 1991）。黄腿蛙利用固定的产卵场所超过25年（Kupferberg, 1996）。多数河流都拥有几个产卵数量居绝对优势的产卵场所（李成，等，2008）。

河水的流速和水位都极不稳定，因此，生活在溪流中的两栖动物非常依赖于自身抗干扰的能力以减少溪流波动的影响。这类适应能力如行为适应、通过环境偏好选择、改变繁殖时间以减少溪流波动的影响（Kupferberg, 1996）。如黄腿蛙偏好将卵产在流速较低（3.2厘米/秒）的卵石（53.6%）或大石头（34.4%）上，产卵地点靠近宽而浅的支流汇合处100米距离内，平均产卵水深19.7厘米，距离河岸0～12.5米；而产在深而窄的河道内的卵在雨季和旱季的生存概率都小。据分析，在干旱季节，宽而浅的河道的水位下降幅度小，卵不会暴露在水外；而深而窄的河道的水位下降幅度大，卵可能会暴露在水外。暴露在水外的卵会吸引大量的捕食者。据统计，41%的暴露在水外的卵被捕食，水内的卵则仅有14%被捕食。因此，黄腿蛙通常选择宽而浅的河道产卵。而水坝建设改变了河流的季节变化，引起了流量波动和河道形态的变化，这样的变化造成水坝下游河流中的黄腿蛙的卵的死亡。黄腿蛙的卵的死亡原因主要有2个：旱季的下泄流量太小，卵搁浅暴露在水外，加剧了捕食者对卵的捕食；在雨季，不规律的下泄洪水则会冲走大量的卵（Kupferberg, 1996）。同样的现象也见于四川草坡河流域，由于发电引水，导致水坝下游部分河流干涸，在大齿蟾产卵期（5月份）缺乏卵发育所需的缓流生境；6月份洪水翻坝形成了少量季节性缓流生境，却不能满足大齿蟾蝌蚪在溪流中长达2～3年的发育，使其无法完成生活史。

Lind等（1996）对比了未修建水坝和已修建水坝的河流内黄腿蛙的卵团数量，15千米的未筑坝的河流分布有81～87个繁殖点和548～730团卵；而筑坝的河流，22.5千米的河流仅分布有7～10个繁殖点和21～23团卵；筑坝河流的卵团密度较未筑坝河流下降了97.7%（表11-2）。

表 11-2 对卵的影响

物 种	黄腿蛙(Lind, et al, 1996)	华西蟾蜍,大齿蟾
丧失率/(%)	97.7	89.7

三、水坝对蝌蚪的影响

水坝中断了河流的连续性,也阻断了蝌蚪的扩散与迁移通道。Zhan 等(2009)证实中国林蛙(*Rana chensinensis*)蝌蚪沿河流的散布对于该物种的基因交流至关重要,甚至可以帮助成体克服秦岭山脉对于秦岭南北种群基因交流的地理障碍。

水坝还改变了蝌蚪的分布格局,限制了蝌蚪的分布区域。在草坡河城外水坝上、下游,70%的蝌蚪主要分布于上游两个较大的繁殖场,这两个繁殖场的蝌蚪数量和动态直接决定着整个水坝影响区内两栖动物的数量和变化趋势。这提示我们在进行水电开发时,了解两栖动物的主要繁殖场,保留并保护好这些繁殖场是保护流域两栖动物的关键(李成,等,2008)。

四、水坝对成体的影响

水坝建成后,水库与周边环境组成一个水库—森林景观,而对该类景观的研究表明:水库中两栖动物的出现率与距离周边森林斑块的距离有关,较多的物种选择距离周边森林较近的库区(Guerry, Hunter, 2002)。两栖动物运动能力弱,个体较小的三锯拟蝗蛙(*Pseudacris triseriata*)的日平均运动距离为 3.5 米(Kramer, 1973),个体较大的高原林蛙(*Rana kukunoris*)的日平均运动距离为 7.1 米(齐银,等,2007)。依据不同类群两栖动物迁徙离开水体的最大平均距离,初步确定两栖动物陆地核心生境半径在 205 ~ 368 米之间(Semlitsch, Bodie,2003)。而现有的水库周边通常会修建环绕库区的公路和旅游设施,在景观水平上引起了库区和周边森林斑块的不连续分布,催生了大量干旱的片段化生境,加剧了栖息地分割。

两栖动物常常组成小种群,以适应片段化的栖息环境。然而,当环境进一步恶化,相邻种群灭绝,加大了小种群间的距离,降低了迁移率,必然引起更大范围的种群灭绝(Hayer, Jennings, 1986)。一个种群能否存活,既取决于它的特性,也与该种群与源种群的距离相关,当繁殖雌性大蟾蜍超过 100 个,环境容量足够大,则该种群可以持续生存下去，与源种群无关。然而，一旦种群量较小，则非常依赖于小种群与源种群之间的距离。对于定居种群来说，经过 20 个世代的更替，少于 30 个繁殖雌蛙的小种群的灭绝概率是 50%。而对于迁徙种群来说，当繁殖雌蛙超过 50 个，离源种群在 4000 米之内，则经过 20 个世代的更替，该种群可以存活下来(Halley, et al, 1996)。

五、水坝对群落的影响

水坝的修建会加速生态环境的恶化，导致外来种的入侵，威胁土著种的生存，甚至可能引起土著种的灭绝，从而对两栖动物群落产生影响。例如，美国加州 San Joaquin 山谷原来栖息着两种土著蛙类：红腿蛙(*Rana aurora*)和黄腿蛙，该河谷在 1914 年开始引入牛蛙(*Rana catesbeiana*)，由于红腿蛙和牛蛙的生境比较一致，红腿蛙种群下降很快；随着 1966 年 Don Pedro 水库的修建，红腿蛙于 1972 年最后一次被发现后就在 San Joaquin 山谷中消失了。而曾经的广布种黄腿蛙和牛蛙的栖息生境不同，在 1973 年的野外调查中，40% 的调查点还分布有较多黄腿蛙(Moyle, 1973)。

水坝的修建还会造成淹没区两栖动物种群的损失或被迫迁移，从而改变了库区及周边地区的两栖动物群落。以溪洛渡水电站对两栖爬行动物群落的影响为例(李成，等，2001)，淹没区(海拔 300～600 米)的群落组成具有鲜明的东洋型特色，蓄水后将损失大量的热带物种的种群；而且水库的增湿效应，也会压缩热带物种的生境，导致种群数量显著下降。进一步的研究发现，海拔 600～900 米区段的群落组成与淹没区的群落组成十分相似，具有较近的生物地理学关系，对库区动物群落的保护和恢复具有重要作用，可以有效地缓解淹没区动物群落的消失所带来的生态平衡压力，因此，600～900 米区段是保护溪洛渡库区生态平衡的关键地区。

六、水坝对基因库的影响

水坝工程将连续的河流分割为片段化的静水生境，对溪流两栖动物的基因交流产生了深远影响。Zhan 等(2009)检测了秦岭和大巴山南北两侧中国林蛙 12 个种群的微卫星位点多样性，发现秦岭山脉对于中国林蛙基因流的阻隔作用是非常小的。他们认为：中国林蛙产卵于河流之中，卵和蝌蚪数量大，河流廊道连通性好以及蝌蚪沿河流的扩散能力强等因素，促进了中国林蛙种群间的基因交流。因此，保持两栖动物种群之间的分布连续性，维持河流的畅通以利于蝌蚪的扩散，对于两栖动物的基因交流至关重要。一旦河流被水坝所阻隔，将割断溪流中两栖动物种群的连续分布，切断蝌蚪的扩散途径，减少或中断基因交流。以欧洲林蛙（*Rana temporaria*）为例，遗传和适应度检测显示，片段化生境中的小种群存在基因漂变和近交衰退的风险（Hitchings，Beebee，1997）。

水坝工程对库区低海拔两栖动物种群的淹没损失，也会造成两栖动物基因丰富度的丧失。以哥伦比亚斑点蛙为例（Funk，et al，2005b），种群内的基因变异率与海拔高度呈负相关，即低海拔地区的有效种群大，种群内的平均期望杂合度和平均等位基因丰富度高；高海拔地区的有效种群小，种群内的平均期望杂合度和平均等位基因丰富度低。低海拔种群通常是高海拔种群的源种群，高低海拔种群之间通过扩散而加强交流对于种群维持和高海拔种群的建群非常重要。因此，在水坝建设中，应尽量减少淹没区范围，降低大坝高度，以有效减少水坝工程对两栖动物基因库的影响。

七、保护建议

两栖动物在脊椎动物的进化中占有重要的地位，是由水生动物到陆生动物的过渡类型，其数量占中国陆生脊椎动物总数的12.1%（汪松，谢焱，2004）。目前，河流生态系统健康的评估方法，主要以河道内栖息藻类、无脊椎动物、鱼类为主要指示生物（唐涛，等，2002），该定义尚缺少针对流域内其他生境的指示生物，两栖动物在评估此类生境中具有不可替代的作用和价值。

稳定适宜的产卵场所、连续分布的蝌蚪发育地点以及幼蛙与成蛙的多样化的避难所对两栖动物的生存和繁衍至关重要（Hayes，Jennings，1986）。从景观保护的角度，必须要保护与陆地相连的河滨带以及水生生境。在已经出现栖息地分割的地区，要通过栖息地恢复工程以减少栖息地分割对两栖动物多样性的负面影响（Becker，et al，2007）。

如不得已兴建水坝时，则须对溪流生态完整性的保持有所考虑，通过对溪流生态的全面研究，进而采取适当补救措施，如，保持最小生态流量，减小淹没区范围，建立科学的监测与评估体系，将研究区域由河道向流域转变等，将水坝对溪流生态的冲击减至最小。不要后靠安置移民，同时禁止在水坝周围非法开垦农田，通过积极的退耕还林措施，恢复库区周边森林的水源涵养功能与水土保持功能。另外，在库区修筑公路时，尽量远离河道，保持河道的原始状态，不要人为改变河道，不要降低河流的摆动空间。在制订保护对策时，更要结合溪流的季节性变化和保护物种多样性的原则，以符合可持续利用的方式实施保护。

李　成　中国科学院成都生物研究所副研究员
刘苏峡　中国科学院地理科学与资源研究所研究员
江建平　中国科学院成都生物研究所研究员

参考文献

Alford R A, Richards S J. 1999. Global amphibian declines: a problem in applied ecology. Annual Review of Ecology, Evolution, and Systemalies, 30: 133—165.

Becker C G, Fonseca C R, Haddad C F B, et al. 2007. Habitat split and the global decline of amphibians. Science, 318: 1775—1777.

Funk W C, Greene A E, Corn P S, et al. 2005a. High dispersal in a frog species suggests that it is vulnerable to habitat frgmentation. Biology Letters, 1: 13—16.

Funk W C, Blouin M S, Corn P S, et al. 2005b. Population structure of Columbia spotted frogs *(Rana luteiventris)* is strongly affected by the landscape. Molecular Ecology, 14: 483—496.

Guerry A D, Hunter Jr M L. 2002. Amphibian distribution in a landscape of forests and agriculture: an examination of landscape composition and configuration. Conservation Biology, 16: 745—754.

Halley J M, Oldham R S, Arntzen J W. 1996. Predicting the persistence of amphibian populations with the help of a spatial model. Journal of Applied Ecology, 33: 455—470.

Hartshorn K, Hovius N, Dade W B, et al. 2002. Climate-driven bedrock incision in an active mountain belt. Science, 297: 2036—2038.

Hayer M P, Jennings M R. 1986. Decline of ranid frog species in western North American are bullfrogs *(Rana catesbeiana)* responsible? Journal of Herpetology, 20(4): 490—509.

Hitchings S D, Beebee T J C. 1997. Genetic substructuring as a result of barriers to gene flow in urban common frog (*Rana temporaria*) populations: implications for biodiversity conservation. Heredity, 79: 117—127.

Kramer D C. 1973. Movements of western chorus frogs *Pseudacris triseriata triseriata* tagged with Co^{60}. Journal of Herpetology, 7(3): 231—235.

Kupferberg S J. 1996. Hydrologic and geomorphic factors affecting conservation of a river-breeding frog (*Rana boylii*). Ecological Applications, 6(4): 1332—1344.

Lind A J, Welsh H H, Wilson R A. 1996. The effects of a dam on breeding habitat and egg survival of the foothill yellow-legged frog (*Rana boylii*) in northwestern California. Herpetological Review, 27: 62—67.

Moyle P B. 1973. Effects of introduced bullfrogs, *Rana catesbeianna*, on the native frogs of the San Joaquin Valley, California. Copeia, 18—22.

Nilsson C, Reidy C A, Dynesius M, et al. 2005. Fragmentation and flow regulation of the world's large river systems. Science, 308, 405—408.

Reading C J, Loman J, Madsen T. 1991. Breeding pond fidelity in the common toads, *Bufo bufo*. Journal of Zoology, Lond, 225: 201—211.

Semlitsch R D, Bodie J R. 2003. Biological crireria for buffer zones around wetlands and riparian habitats for amphibians and reptiles. Conservation Biology, 17: 1219—1228.

Sturt S N, Chanson J S, Cox N A, et al. 2004. Status and trends of amphibian declines and extinctions worldwide. Science, 306: 1783—1786.

Tilman D, May R M, Lehman C L, et al. 1994. Habitat destruction and the extinction debt. Nature, 371, 65—66.

Welsh H H, Ollivier L M. 1998. Stream amphibians as indicators of ecosystem stress: a case study from California's redwoods. Ecological Applications, 8(4): 1118—1132.

Zhan A B, Li C, Fu J Z. 2009. Big mountains but small barriers: population genetic structure of the Chinese wood frog (*Rana chensinensis*) in the Tsinling and Daba Mountain region of northern China. BMC Genetics, 10: 17.

李成，戴强，王跃招，等. 2005. 四川无尾两栖类的繁殖模式. 生物多样性，13(4): 290—297.

李成，江建平，刘志君，等. 2001. 溪洛渡水电站对两栖爬行动物多样性影响的预测与保护对策. 应用与环境生物学报，7(5): 452—456.

李成，顾海军，戴强，等. 2008. 草坡河流域小水电开发对无尾两栖动物的影响. 长江流域资源与环境，17(Z1): 114—118.

齐银,Felix Z,戴强,等.2007. 若尔盖高寒湿地高原林蛙繁殖后期运动、家域和微生境选择.动物学报,53(6):974—981.

唐涛,蔡庆华,刘建康.2002. 河流生态系统健康及其评价.应用生态学报,13(9):1191—1194.

汪松,谢焱.2004. 中国物种红色名录.北京:高等教育出版社.

徐士霞,王跃招,李旭东.2004. 两栖动物在环境污染生物监测中的应用前景.应用与环境生物学报, 10(6):816—820.

第十二章　大坝对鱼类生物多样性的影响

生物多样性是地球上陆地、海洋和其他水生生态系统及其所构成的生态复合体中的所有生命形式及其变异，包括种内、物种间和生态系统的多样性（生物多样性公约，1992）。生物多样性是生态系统发挥功能的必要前提，是人类社会赖以生存和持续发展的物质基础（Pimm, et al,1995）。目前，受人类活动的影响，全球的生物多样性已面临多重威胁，正在以前所未有的速度下降（Rahbek, Colwell,2011）。淡水水体仅占地球水体的0.01%，分布面积不足地球表面积的1.0%，却承载了地球上6.0%以上的物种，因而淡水生态系统中的生物多样性极为丰富（Dudgeon, et al,2006）。全球人口的持续增长导致人类对淡水资源的需求不断提高，对淡水生态系统的利用和开发不断加剧（Postel,2000）；同陆地和海洋生态系统相比，淡水生态系统受人类活动的影响更为强烈，其生物多样性所受到的威胁也更为严重（Sala, et al,2000）。当前，如何有效保护和恢复淡水生态系统及其生物多样性，已成为全球生态学家普遍关注的科学问题，也是世界各国政府部门正在致力寻求解决的民生问题（Lévêque, Balian, 2005；Dudgeon, et al, 2006）。

一、库坝建设对河流生态系统的干扰

河流是淡水生态系统的基本类型之一，因其水体的流动性而与湖泊、水库等静水系统明显不同。河流是海洋与陆地的纽带，在人类赖以生存的生物圈的物质循环和能量流动中起着重要的传送和运输作用，被称为地球的“血管”（Allan, Castillo,2007）。目前，全球的河流生态系统及其鱼类多样性正面临着栖息地减少和降质、外来物种入侵、资源过度掠取、水体污染和水文变化等多重胁迫（Allan,2004；Palmer, et al,2009）。在人类影响和改变河流生态系统的诸多干扰形式中，水坝无疑是其中最普遍、最典型的一种人为干扰(Rosenberg, et al, 1997)。因水力发电、水文调节、农业灌溉和居民用水等的需要，世界各地的绝大多数河流中都建有数量不等、大小不一的水坝(Poff, Hart, 2002)。从公元前3000年前人类开始筑坝至今，世界上主要河流已被10万多座水坝截断，其中高度超过15米的"大坝"有4万多座，高度大于150米的"主坝"有300多座，高度超过200米的"高坝"有20多座。现在许多大江大河差不多都变成了由一座座水库搭起来的台阶，如2000千米长的哥伦比亚河，在一段长70千米的河道上，有15座水坝将其顺次一一截断；在美国，只在黄石河有1000千米长的河道没有被水坝截断；在欧洲各地，每条河流在流经其总长的1/4之后，均要流经一座水库。全球水库的总蓄水量相当于河流水量的5倍，地球表面的0.3%已被水库淹没。截至2003年，全球的大型水坝累计49 697座(ICOLD, 2003)。毋庸置疑的是，这些水坝对全球的河流生态系统及其水生生物多样性都构成了深远的影响(Rosenberg, et al, 2000)。

水利工程拦河筑坝，改变了水流运动方式、河流形态、水文条件、溶解氧含量、营养物质含量、泥沙含量以及生物的迁移路径，并使江河与其泛滥平原和湿地脱节，进而影响到鱼类的栖息格局和沿岸带栖息地的组成，加速了内陆水域生物多样性特别是渔业资源的全面丧失(Revenga, et al, 2000)。有资料显示，水坝是导致世界上1/5淡水鱼类濒于灭绝或灭绝的主要原因，建坝多的国家这个数字还要高，在美国近2/5，而在德国则有3/4。Bunn于2002年在国际科学理事会(ICSU)水研究科学委员会(SCOWAR)提出了四个关键原则来阐述水文情势的改变如何影响河流中的水生生物多样性：

第一，水流是河流自然生境的一个主要决定性因素，而自然生境又是生物构成的一个主要决定性因素；

第二，水生物种的生活史是根据对自然水文情势的直接响应演化而来的；

第三，维持纵向和横向连通的自然模式，对于很多河流物种的种群生存能力都是至关重要的；

第四，水文情势的改变促进了河流中外来和引进物种的入侵和繁殖。

人类大规模地改变河流，强烈地改变了河流自然状况即自然水文情势，已无法维持河流自然的进程及本土生物的生存。

二、大坝对鱼类的影响

栖息在不同生态环境中的鱼类，经过长期的进化形成了各自的生态——生理类型,如鲃亚科(Barbinae)鱼类适应峡谷急流生活,裂腹鱼亚科(Schizothoracinae)鱼类喜高原环境下的急流生活,鲢(*H. molitrix*)、鳙(*A. nobilis*)等适应静水河湖的生活。每一种类都有其独特的可塑性与保守性,当环境条件发生剧烈变化,只要不超出适应范围,鱼类种群照样可以生存;反之,则将无法生存,或迁移他处,或走向灭绝。而对一些本已因各种原因处于濒危地位的鱼类,如果继续面临生存环境的破坏,必将导致其最终走向绝灭。水利工程的兴建造成流域环境不断发生变化,导致生境片段化、鱼类洄游通道阻隔、产卵场被破坏、栖息地丧失等,对鱼类资源产生严重的不利影响。

通常,库坝建设对鱼类的影响可分为直接影响和间接影响两方面。

1. 直接影响

阻隔作用是水坝对鱼类最直接、最重大的影响。

大坝与水库建设对洄游性鱼类最直接的影响是阻隔了其洄游通道,而这种影响是毁灭性的、不可逆的。大坝阻隔了鱼类索饵、繁殖、越冬的洄游通道,使它们的生长、繁殖、摄食等正常活动受到阻碍,对生活史过程中需要大范围迁移的鱼类种类引起灾难性的后果(何舜平,陈宜瑜,1996)。洄游鱼类通过水力涡轮机或经过溢洪道时造成的死亡率可能非常高。阻碍物是鱼类[如莱茵河、塞纳河及加龙河中的鲑(*S. salar*)]群体灭绝或某一种鱼类被封闭在某一个非常局限的河段的原因(Porcher, Travade,1992)。在哥伦比亚河流域,大坝截断河流蓄水使得大鳞大马哈鱼(*O. tshawytscha*)幼鱼洄游到达河口的时间比建坝前晚了约 40 天,即增加了一倍多,这种延迟对鱼类有相当大的危害(Ebel,1977)。中国各河口咸淡水洄游鱼类多分布在各江河水系下游河口水域,也有上溯到江河中上游水域的。这些鱼类多数是名贵珍稀鱼类,包括溯河产卵洄游鱼类和降河产卵洄游鱼类两大类,也有海洋与内陆河流之间的近陆洄游和远陆洄游鱼类。汉江上的丹江口大坝阻碍了鳗鲡的迁移(Liu, Yu,1992),这座大坝也阻碍了具有重要经济意义的鲤科鱼类的洄游。现在迁移主要是从大坝向下游的季节性洄游。Zhong 和 Power(1996)报道,由于新安江大坝阻断洄游,鱼类种类数量由 107 种下降到 83 种。大坝的阻隔使得大坝充当了营养物质截留器(Tolmazin,1979),尤其是汇水区和支流上多座大坝的累积影响会严重妨碍整个生态系统中的营养物质的流动。

大坝也阻断来自海洋环境的营养物质逆向流入河流环境,对溯河性洄游鱼类尤其是这样。Ceclerholm (1999)指出,太平洋鲑(*O. keta*)在河中产卵后即死亡,这些成鱼死亡后向河流返回的营养物质和能量对生态系统非常重要。这种来自海洋的外来有机物质的受阻对随后在这些河流中生长的幼鲑群体有严重限制作用，首先是直接限制了幼鲑的食物来源(死亡的成鲑)，其次是间接减少了浮游生物的初级生产和底栖大型无脊椎动物的次级生产。

此外，河流形态的非连续化使鱼类彼此被阻隔成较小的群体，相互之间不能进行种质交流，遗传多样性降低，导致种群衰退和灭绝(Barry，1990)。

2. 间接影响

大坝截断了河流，产生了沿河流生态系统连续统一体的水文改变(Vannote, et al，1980；Junk, et al，1989)，导致水文情势发生巨大变化，间接影响到水生生物的生存，并对生物多样性的变化造成影响。

(1) 流量变化

大坝建成开始蓄水后，在上游可能会淹没鱼类的天然产卵场，浮性卵因流速和流程不够而沉淀死亡，而黏性卵因天然河道水生维管束植物的消亡而失去了鱼卵赖以附着的基质，进而导致资源枯竭。上游兴修水利，拦截蓄水，导致下游的来水量减少，水位下降明显，严重时甚至导致河道断流，使鱼类产卵场干涸，从而影响鱼类生存。水电大坝运行引起的流态变化可能对鱼类区系造成严重的后果，产卵行为可能被抑制，幼鱼可能被高流量冲到下游；而流量突然下降则会使卵和幼鱼处于困境。Whitley 和 Campbell(1974)研究了美国密苏里河上的大坝造成的流量下降的影响，并且证明被淹没的洪泛平原显著减少。被淹没的洪泛平原减少可导致河流—洪泛平原生态系统内鱼类群体减少(Welcomme，1985；Junk, et al，1989；Jackson, Ye，2000)。在密苏里河一段长 145 千米的河道内，流量调节导致洪泛区减少 67%；渔获量降低 80%以上(Whitley, Campbell，1974)。密苏里河大坝下游捕捞量降低也可能是河床自然减少和水位波动的结果(Hess, et al，1982)。美国科罗拉多河格伦峡谷坝下水位每天波动 2～3 米，导致原生鱼类衰退(Petts，1988)。

对于洄游鱼类，大坝除了阻隔其洄游路径，河流流态的改变也会产生各种各样的负面影响：失去对洄游的刺激，洄游路线和产卵场的消失，卵及幼鱼的存活率下降，食物生产减少等。Zhong 和 Power(1996)指出高泄水量对诱导溯河性鱼类溯河产卵是非常重要的。钱塘江上的富春江大坝建成后，溯河性产卵鱼长颌齐(*C. macrognathos*)的捕捞量和工程泄水量间显著相关，流速的降低以及流量变小导致坝下游的产卵场被舍弃。

另外，引水式和混合式水电开发方式，如没有安排坝下下泄生态环境流量，还将造成季节性或全年一定长度河段脱水或减水，对鱼类将造成致命性打击。

(2) 底质改变

水库建成后，流速明显降低，大量泥沙沉积库区，由于泥沙在库区的淤积，下泄水流的含沙量比建坝前少，对大坝下游河床的冲刷加强，河床泥沙被带走，河床底质中沙、石的组成及比例发生改变。鱼类的产卵习性可分为产卵于水层、水草、水底和石块上等。因此，当河床底质发生变化时，一些鱼类将无法产卵或卵无法成活。淤泥减少会使大坝下游的低等生物因得不到营养而大量死亡，从而导致鱼类急剧减少。

(3) 水温和水质变化

水温降低、水体溶氧量和水化学发生变化影响着鱼类和饵料生物的繁衍，致使鱼类区系组成发生变化。水温变化通常被确定为是导致原生鱼类减少的一个原因，尤其是影响其产卵活动(Petts，1988)。由于水库经常下泄底层的低温水，造成大坝下游河道水体温度比自然状态温度低，影响大坝下游一定距离内的鱼类产卵，导致季节推迟，或影响鱼卵孵化甚至造成鱼类不产卵；降低鱼类新陈代谢能力，鱼类生长缓慢；饵料生物生长缓慢，直接影响鱼类的生长、育肥和越冬。在钱塘江的新安江大坝和汉江丹江口大坝的下游，由于水温较低，鱼类产卵的时间被延迟了 20～60 天，流速的降低以及流量变小导致这两座坝下游的产卵场被舍弃，水文特性的改变导致经济鱼类鲥(*T. reevesii*)在钱塘江灭绝(Zhong，Power，1996)。在美国科罗拉多大坝，鲑属(*Salmo*)的几种鱼类替代了约 20 种原生鱼类就是因为大坝泄出的冷水使原本的河水温度降低造成的(Holden，Stalnaaker，1975)。

水利工程泄流还造成水体溶解气体(氮气和氧气)过饱和，对部分鱼类特别是幼鱼造成严重不良影响(谭德彩，等，2006)。Bechara 等(1994 年)观察到巴拉那河上亚西雷塔大坝下游 100 米处的河道中出现了鱼类大量死亡的现象，甚至在 100 千米的河段内也看到大量死鱼(Bechara, et al，1996)

此外，筑坝建库后，由于水深增加，流速减小，水体自净能力下降。水库蓄水初期由于泥沙和营养物的沉积量不大，对库区及大坝下游水质影响不大，但随着时间的推移，上游污染物在库区中不断累积，可能导致库区及大坝下游水质恶化。对局部流速小、水较浅的库湾，支流库尾可能出现不同程度的富营养化，导致鱼类因缺氧而死亡。

三、多元的河流生境被单一的水库生境所取代

复杂多变的河道地形造就了复杂的生境，生境越复杂，生物多样性越高。

水库蓄水后淹没河道江心洲，河道断面由复式变成单一断面，同时降低了回水区江段的水头差和河道的弯曲度。河道地形的单一导致生境的单一化，相应地，鱼类的种类也有向单一化发展的趋势。大坝建成后，原有河道失去急流、浅滩和较大的弯曲度，特别是进行河流梯级开发时，急流生境丧失殆尽，原江河急流型鱼类和底栖生物因水型生态环境的剧变而逐渐消亡，水库中急流性鱼类种群会有所减少，静水性鱼类种群会相应增加。在钱塘江河口，淡水鱼类种类的数量从 96 种减少至 85 种，而海水鱼类种类的数量从 15 种增加到 80 种。在新安江水库和丹江口水库的库区内，由于生境的改变使得喜激流种类减少，现在喜静水的种类在水库鱼类集群中占主导地位(Zhong, Power,1996)。

四、中国的库坝建设与鱼类资源现状

中国是世界上内陆水域面积最广的国家之一，河流生态系统异常丰富，流域面积 1000 平方千米以上的河流就达 1500 多条(熊怡，汤奇成，1998)，其中孕育有物种丰富、习性多样的淡水鱼类资源，纯淡水鱼类计 1099 种，749 种为中国所特有(隋晓云，2010)。中国也是全球河流生态安全受威胁和鱼类多样性下降最为严重的国家之一：大规模的农业和工业生产、城镇化发展和水利工程建设等，已经造成了中国绝大多数河流生态系统呈现出流域性的生态退化和环境污染，河流鱼类多样性及其渔业资源正处于全面衰退的边缘(陈宜瑜，2005；曹文宣，2008)。《中国濒危动物红皮书：鱼类》中记载了 92 种濒危鱼类，其中绝迹的 4 种鱼类里有 3 种直接因筑坝导致，而明确将水利水电工程列入“致危因素”的有 24 种，占 27.9%(乐佩琪，陈宜瑜，1996)。

中国水库和梯级电站建设速度举世瞩目。在过去的 50 多年中，中国共修建了大小水库十多万座。截至 2010 年 8 月，中国水电装机容量突破了 2×10^8 千瓦，超过了美国而跃居于世界首位。已有计划至 2020 年，水电装机容量需要达到 3.5×10^8 千瓦。至 2008 年，中国在各大小河流上已建成水库 86 353 座，其中小型水库 82 643 座，占水库总数的 95.7%。

由于地形特点的原因，中国的西南地区是水电开发建设最为密集的地区(图

12-1,图 12-2)。四川省至 2007 年底已建成小型水库共 6610 座,这些小型水库绝大部分坝高低于 15 米,而且多位于山区溪流,属于三级乃至四级支流。如岷江干流及各支流共有大小 100 余座水电站;大渡河从上游脚木足河到下游宜宾的 1048 千米河段内早已被 28 级梯级开发、大小 365 座水库大坝切割成为阶地。按相关规划,金沙江上水电开发,已有“一江八库”,这些水电站一个个体量巍峨,规划的发电能力惊人,仅下游的 4 个巨型水电站(向家坝、溪洛渡、白鹤潭、乌东德)所发电之和,已经相当于“8 个三峡”:从四川宜宾上溯,向家坝水电站,混凝土重力大坝高 162 米,装机容量 6400 兆瓦,总投资 542 亿元,是中国第三大水电站;溪洛渡水电站,最大坝高 278 米,与 100 层大楼相仿,水库总库容 126.7×10^8 立方米,总装机容量 13.86 吉瓦,是中国仅次于三峡水电站的第二大水电站;白鹤滩水电站,坝高 315 米,总库容 188×10^8 立方米,动态投资 567.7 亿元,2013 年开工,建成后将是中国第二大水电站;乌东德水电站,混凝土双曲拱坝,最大坝高 270 米,装机容量 8700 兆瓦;再往上,则是观音岩水电站、鲁地拉水电站、龙开口水电站、梨园水电站……

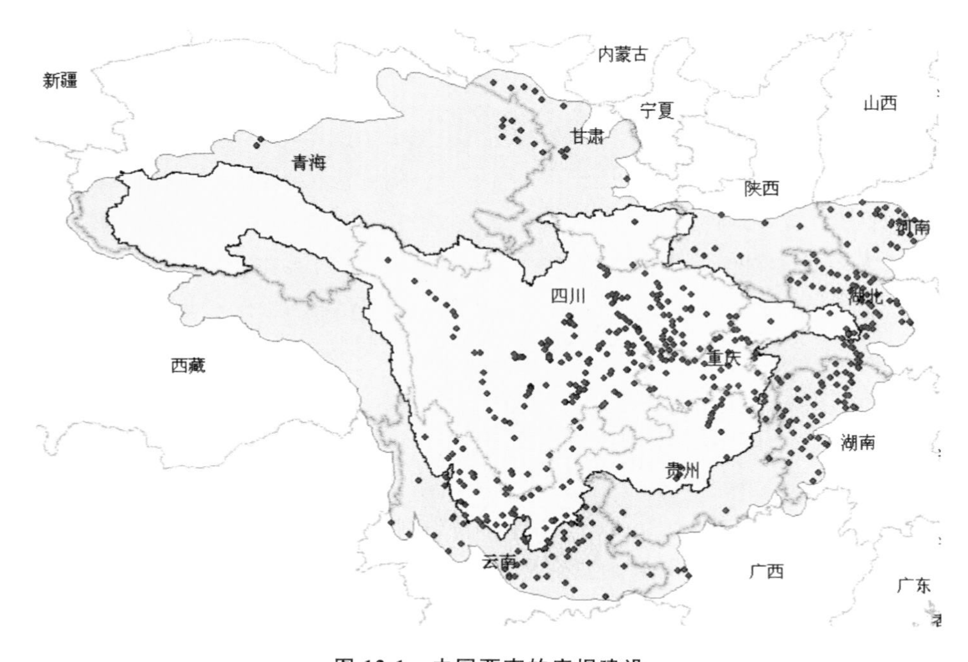

图 12-1　中国西南的库坝建设

(保护国际,北京大学自然保护与社会发展研究中心)

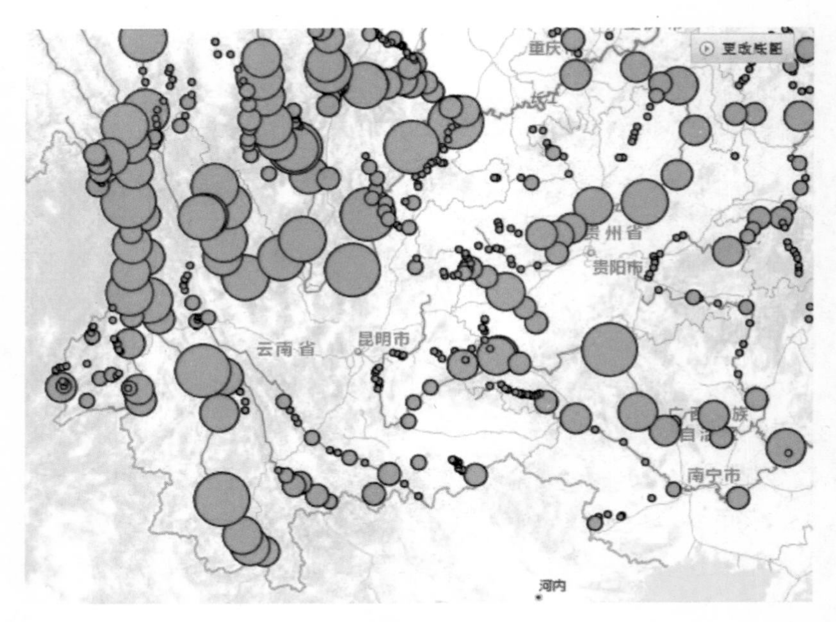

图 12-2 中国西南的水坝
(引自：http：//worldstory.org)

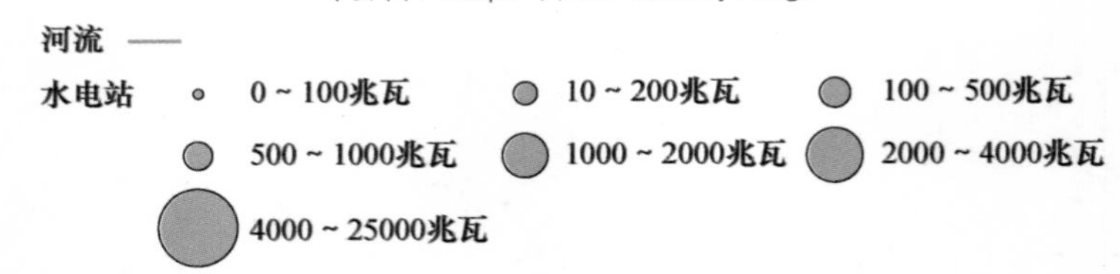

中国的水电建设特点是速度快、数量多，数以万计的水库以发电或灌溉为目的，已修建的或正在修建或计划修建的大坝呈燎原之势，遍布全国大小河流。水电建设普遍关注的是水利、发电等明显的现阶段经济效益，而缺乏长远的生态保护的通盘计划。大量小型水库、电站，基本上也未考虑任何避免或减缓鱼类受影响的设施，对鱼类造成的危害也就尤为巨大。

以长江流域和珠江流域为例。

长江是中国的第一大河，鱼类资源极为丰富，共有淡水鱼类 418 种(含亚种)及洄游性鱼类 10 种，其中特有鱼类 173 种。国务院 1988 年批准颁布的《国家重点保护野生动物名录》中，15 种鱼类被列为重点保护对象，其中 13 种淡水或过河口洄游性鱼类中有 9 种在长江水系均有分布。此外，在被列为一级保护对象的 4 种鱼类中，长江分布有 3 种，即中华鲟、达氏鲟和白鲟。还有 6 种二级保护动物也在长江水系有分布：川陕哲罗鲑(*H. bleekeri*)、秦岭细鳞鲑(*B. lenok tsinlingensis*)、胭脂鱼(*M. asiaticus*)、金线鲃、花鳗鲡(*A. marmorata*)和松江鲈(*T. fasciatus*)。

为保护长江上游珍稀特有鱼类资源及水生生物多样性，2000 年 4 月国务院〔2000〕30 号文件批准建立长江上游合江至雷波段珍稀鱼类国家级自然保护区。保护区为宜宾市珍稀鱼类保护区和泸州市珍稀鱼类保护区合并而建，并升级为国家级自然保护区。

然而仅仅过了 5 年，为了配合金沙江下游两个世界级水电站的开发建设，即溪洛渡和向家坝水电站的建设，2005 年 4 月国务院对保护区范围作了调整，将原来的合江—雷波段向下迁移，调整至重庆三峡库区库尾至宜宾向家坝坝下的江段，并更名为“长江上游珍稀特有鱼类国家级自然保护区”。保护区主要保护对象为白鲟、达氏鲟、胭脂鱼、岩原鲤（*P. rabaudi*）等 70 多种珍稀特有鱼类及其栖息生境，其中白鲟和达氏鲟是国家一级重点保护动物，胭脂鱼是国家二级重点保护动物；有 3 种鱼类被列入《世界自然保护联盟濒危物种红色名录》；2 种被列入《濒危野生动植物种国际贸易公约》（CITES）附录Ⅱ；9 种被列入《中国濒危动物红皮书》（1998）；有 15 种被列入相关省市保护鱼类名录。

但是好景不长，为了配合小南海水电站的建设，2011 年 1 月，环保部公示该保护区的第二次调整：保护区下游终点必须往上收缩 22.5 千米，将小南海江段彻底划出保护区，小南海之上的 73.3 千米江段保护级别由缓冲区降为实验区。2011 年底，国务院以国办函（2011）156 号文正式批准以上调整方案，明确长江上游珍稀特有鱼类国家级自然保护区调整后的功能区划范围，其中保护区核心区为金沙江下游三块石以上 500 米至长江上游南溪镇，长江重庆段羊石镇起至松溉镇，赤水河干流上游鱼洞至白车村，赤水河干流中游五马河口至大同河口，赤水河干流习水河口至赤水河口。拟建小南海大坝将成为一道巨大的物理屏障，直接截断大坝上下游江段的连续性，阻碍洄游性鱼类向上游或下游迁移的通道；淹没区涉及珍稀特有鱼类保护区的缓冲区和实验区，将淹没 7 处原有的珍稀特有鱼类产卵场，其中綦江和长江干流交汇处是保护区下游胭脂鱼的重要产卵场之一，使保护区内珍稀特有鱼类集中产卵场由 73 处减少为 66 处；保护区内分布的珍稀特有鱼类，绝大多数需要在流水生境中栖息，如岩原鲤、圆口铜鱼等，形成水库后，在静水中则会因溶解氧不足而死亡。

单一水利工程的环境影响相对有限，而梯级电站开发的累积效应将会严重改变河流生态系统的水域环境，对栖息的珍稀特有鱼类造成毁灭性的影响（秦卫华，2008）。根据国务院 1990 年批准的《长江流域综合利用规划》，将按照石硼（蓄水位 265 米）、朱杨溪（蓄水位 230 米）和小南海（蓄水位 195 米）三级方案进行梯级水电站开发。三个梯级水电站同时建成后，长江干流中的核心区和实验区都将不复存在，仅剩 41.9 千米缓冲区。库区将合计淹没 30 处珍稀特有鱼类产卵场及集中分布点，保护区的结构和功能将丧失殆尽。

尽管各方奔走呼吁，两次水电开发和保护区的博弈最终都以保护区的调整让步收场。值得庆幸的是赤水河流域被完整地划入保护区，成为长江上游许多珍稀、特有鱼类最后的避难所。在长江流域水电项目不断推进、梯级水电累积影响逐步显现并越发尖锐的今天，许多专家呼吁要对最后的无坝支流赤水河开展抢救性保护，并认为这是保护长江上游珍稀、特有鱼类最后的希望。

不过，这一最后的“堡垒”可能要被项目开发再度攻破。2012 年，贵州省政府要求贵州省交通运输厅、遵义市政府加快赤水河航运通道的综合治理，力争 2015 年实现赤水河航运 1000 万吨/年运输能力的目标。据贵州省航务管理局官方网站 4 月 3 日发布的“赤水河航运建设扩能工程环境影响评价公众参与公告信息（第二次）”介绍，该项目地理位置为茅台酒厂取水口下游至习水县习酒镇岔角滩，其中航道工程河段为赤水河茅台—岔角段，整治航道长 58 千米。此项目还包括航标工程和 7 处停靠点工程。工程项目全部位于该保护区核心区范围内，而一旦建成，长江上游珍稀鱼类资源将失去最后的避难所。

中华鲟是鱼类中的明星，有“水中大熊猫”的美誉，然而葛洲坝水利工程的建设阻隔了中华鲟的繁殖洄游通道，导致自然产卵场丧失，是造成中华鲟种群资源下降的主要原因（高欣，刘焕章，2007）。在葛洲坝水利枢纽修建前，中华鲟的产卵场位于长江上游干流和金沙江的下段，受葛洲坝枢纽阻隔的影响，不能溯游到上游产卵场的中华鲟，在紧接葛洲坝下的宜昌长航船厂至万寿桥附近约 7000 米江段上，形成了面积大约 330 公顷的新产卵场。中华鲟的产卵期在 10 月中旬至 11 月中旬，三峡工程建成运行后，10 月份水库大量蓄水，水库下泄流量显著减少，这使本来就不大的中华鲟宜昌产卵场的面积进一步缩小。

此外，根据 1997—2006 年在长江上游宜宾、合江、木洞和宜昌江段以及 2005 年和 2006 年对库区万州和涪陵江段的渔获物调查发现，三峡大坝蓄水后上述各江段渔获物组成变化显著，特有鱼类资源量总体有下降的趋势，圆口铜鱼（*C. guichenoti*）、铜鱼（*C. heterodon*）、长鳍吻鮈（*R. ventralis*）等喜欢急流的鱼类在渔获物中的比例逐渐减少，而南方鲇（*S. asotus*）、鲤（*C. carpio*）、长吻鮠（*L. longirostris*）等分布广泛、喜缓流或静水环境种类的优势度总体上升，在渔获物中所占比重显著提高；尤其是宜昌江段的变化最为显著，由于幼鱼和卵过坝困难，圆口铜鱼和长鳍吻鮈两种特有鱼类优势度急剧下降。

2013 年 8 月 15 日，农业部长江流域渔业资源管理委员会办公室主任赵依民在《2013 长江上游联合科考报告》发布会上表示，总体上看，长江生态已经崩溃，长江上游的金沙江干流鱼类自然资源也已濒临崩溃，可以预见，目前及规划中金沙江流域持续进行的大规模的水电项目建设，将会导致更多的长江特有物种消失。

珠江是仅次于长江、黄河的第三大河，是中国鱼类物种多样性最丰富的河流，共分布有淡水鱼类 472 种和亚种及 13 种洄游鱼类，此外还有 115 种通常在河口咸淡水水域中繁殖或觅食生长的河口性鱼类。同长江类似，珠江流域目前也面临着大规模水电开发所导致的河流生境破坏及鱼类资源的丧失。以南盘江为例，鲁布革水库、天生桥水库分别于 1985 年和 1998 年相继建成后，南盘江水系的鱼类种类至 2004 年由原来的 107 种减为 83 种，九龙河、抉择河曾拥有过丰富的渔业自然资源，水利枢纽修建蓄水后生态环境改变，许多种类便悄然消失了(许存泽，2006)。

隋晓云　中国科学院水生生物研究所

参考文献

Ackson D C, Ye Q. 2000. Riverine fish stock and regional agronomic responses to hydrological and climatic regimes in the upper Yazoo River basin. // Cowx I. Proceedings of the Symposium on Management and Ecology of River Fisheries . The University of Hull International.

Allan J D. 2004. Landscapes and riverscapes: the influence of land use on stream ecosystems. Annual Review of Ecology, Evolution and Systematics, 35: 257—284.

Allan J D, Castillo M M. 2007. Stream Ecology: Structure and Function of Running Waters. 2nd . Dordrecht: Springer Press.

Barry WM. 1990. Fishways for Queensland coastal streams: an urgent review. // Proceedings of the International Symposium on Fishways ′90, Gifu, Japan

Bechara J A, Domitrovic H A, Quintana C F, et al. 1996. The effect of gas supersaturation on fish health below Yacyretadam (Parana River, Argentina) // Leclercds M, Capra H, Valentin S, et al. Second International Symposium on Habitat Hydraulics. Québec, Canada: INRS Publisher.

Dudgeon D, Arthington A H, Gessner M O, et al. 2006. Freshwater biodiversity: importance, threats, status and conservation challenges. Biological Reviews, 81: 163—182.

Ebel W J. 1977 . Major passage problems and solutions. // Schwiebert E. Columbia River Salmon and Steelhead . Proceeding of the AFS Symposium held in Vancoucer, Special Publication no. 10, Washington DC: American Fisheries Society.

Hess L W, Schlesinger A B, Hergenrader G L, et al . 1982. The Missouri River study—ecological perspective. // Hess L W, Hergenrader G L, Lewis H S, et al. The Middle Missouri River. Missouri River Study Group. Lincoln, Nebraska (U. S. A.): Nebraska Game and Parks Commission.

Holden , Stalnaaker. 1975. Distribution and abundance of mainstream fishes of the middle and upper Colorado River basins, 1967—1973. Transactions of the American Fisheries Society, 104:217—231.

Junk W J, Bayley P B, Sparks R E. 1989. The flood pulse concept in river-floodplain systems. // Dodge D P. Proceedings of the International Large River Symposium. Ottawa: Canadian Special Publication of Fisheries and Aquatic Sciences.

Lévêque C, Balian E V. 2005. Conservation of freshwater biodiversity: does the real world meet scientific dreams? Hydrobiologia, 542: 23—26.

Palmer M A, Lettenmaier D P, Poff N L, et al. 2009. Climate change and river ecosystems: protection and adaptation options. Environmental Management, 44: 1053—1068.

Petts. 1988. Dams and geomorphology: research progress and future directions, Geomorphology, 71: 27—47.

Poff N L, Hart D D. 2002. How dams vary and why it matters for the emerging science of dam removal. BioScience, 52: 659—668.

Postel S L. 2000. Entering an era of water scarcity: the challenges ahead. Ecological Applications, 10: 941—948.

Rahbek C, Colwell R K. 2011. Biodiversity: species loss revisited. Nature, 473: 288—289.

Rosenberg D M, Berks F, Boadaly R A, et al. 1997. Large-scale impacts of hydroelectric development. Environmental Reviews, 5: 27—54.

Rosenberg D M, McCully P, Pringle C M. 2000. Global-scale environmental effects of hydrological alterations. BioScience, 50: 746—751.

Sala O E, Chapin F S, Huber-Sanwald E, et al. 2000. Global biodiversity scenarios for the year 2100. Sciences, 287: 1770—1774.

Tolmazin D. 1979. Black Sea-Dead Sea. New Scientist, 84:767—769.

Vannote R L, Minshall G M, Cummins K W, et al. The river continuum concept. Canadian Journal of Fisheries and Aquatic Sciences, 37:130—137.

Whitley J R, Campbell R S. 1974. Some aspects of water quality and biology of the Missouri River. Transactions of the Missouri Academy of Science, 8:60—72.

Welcomme R L. 1985. River Fisheries. FAO Fish. Tech. Pap. No. 262. FAO, Rome. 330.

Yiguang Zhong, Geoff Power. Environmental impacts of hydroelectric projects on fish resources in China. // Regulated Rivers: Research & Management, 12(1):1—126.

谭德彩，倪朝辉，郑永华，等. 2006. 高坝导致的河流气体过饱和及其对鱼类的影响. 淡水渔业，36(3):56—59.

熊怡，汤奇成. 1998. 中国河流水文. 北京:科学出版社.

陈宜瑜. 2005. 推进流域综合管理保护长江生命之河. 中国水利，10—12.

曹文宣. 2008. 如果长江能休息：长江鱼类保护纵横谈，中国三峡，148—155.

秦卫华. 2008. 生态影响预测生态与农村环境学报. 24 (4) : 23—26, 36.

许存泽. 2006. 浅析水利工程对鱼类自然资源的影响及对策. 云南农业，12: 31—32.

第十三章　基于鱼类物种多样性保护的“绿色水电”评估体系的建立

经济发展过程中，资源的开发利用与保护这一矛盾始终存在。

水电是世界上最为成熟、经济、绿色的可再生能源。一方面，中国拥有全球近20%尚未开发的水力资源，是世界上剩余水能开发潜力最大的国家；另一方面，中国的电力需求总量潜力巨大，而短期内又无法实现新能源开发利用以满足生产生活的需要，优先开发水电是安全、经济、满足国内能源电力需求的最佳选择。水能资源开发和水电工程建设对于社会经济的可持续发展发挥着十分重要的作用。然而，从鱼类物种多样性分布格局的分析表明，中国的南部、东部是鱼类丰富度较高的地区，但同时也是人口相对集中、工农业发达的地区，对水资源的需求高、开发力度大，水电开发对鱼类造成巨大的影响。

由于大坝对鱼类的影响复杂多样，对于不同的鱼类在环境变化时所发生的反应缺乏系统完整的研究，因此，不可能面面俱到地兼顾每一物种。针对大坝建设对鱼类所产生的主要影响，确立保护内涵，明确保护对象，才有可能既达到保护的目标又兼顾资源开发、经济发展的需要，这也正是绿色水电的目标——即达到水利资源开发与鱼类物种多样性保护之间的和谐。

一、绿色水电概念的提出

水电曾在一个多世纪里被视为无可争议的绿色能源，在世界各国广为推行。在20世纪50年代至70年代中期，世界上差不多每年有1000座大坝投入运行。但是，值得注意的是，从1986年起大坝建造的速度锐减（每年260多座），越来越多的人已经注意到大坝对流域生态环境的影响甚至破坏作用，大坝工程在公众心目中的威望逐渐降低，少数环境和自然资源保护主义者发起了反对筑坝的运动，一些国家出现了民众抗议修建水坝的浪潮。

美国在科罗拉多河上建设的胡佛大坝开启了世界大型水坝的先河，然而，美国的反坝运动同样也由来已久。美国在1900年至2005年间已确认拆除了578座水坝。许多水坝拆除后，已经对河流的环境、自然景观产生很大影响，尤其是对于鱼类的生存、洄游产生了明显的效果。如宾夕法尼亚州萨斯奎汉纳河(Susquehanna)流域的40多座小水坝被拆除后，不仅恢复了河流环境，而且鲱鱼(*C. pallasi*)的产量大幅上升，为该州带来了每年约3000万美元的收入。荷兰不久前也炸掉了16世纪修建在莱茵河上的大坝。

Carry在2007年提交给世界大坝委员会(WCD)的文件提出，大坝建设中应争取以“生物多样性无损失”为目标，具体遵循原则包括：为溯河洄游过坝的鱼类提供有效的旁路设施；为降河洄游过坝的鱼类提供安全有效的旁路设施；在大坝的水库中增进新渔业潜力；保持进入水库的支流中的鱼类多样性和生产；保持坝下游河流环境中的鱼类多样性和生产；保持坝下游咸水环境(三角洲、河口及近海)中的鱼类多样性和生产。

越来越多的国家提出了绿色水电、生态友好型水电、绿色运行管理模式的概念，目的都是为了减轻水利水电工程开发对水生生物尤其是鱼类的影响或至少是将不利影响降到最低程度。1998年、2001年美国和瑞士分别出台的“低影响水电”和“绿色水电”认证标准都将是否影响生态环境作为重要指标纳入水电大坝的评估体系，这是目前影响较为广泛的两套评价标准。

“绿色水电”(Green Hydropower)认证标准由瑞士联邦环境科学技术研究所(EAWAG)于2001年提出，它从水文特征、河流系统连通性、泥沙和地形、景观和栖息地、生物群落五个方面提出反映健康河流生态系统的特征，并提出五个方面的管理措施(包括最小流量、调峰、水库、泥沙、水电站建筑物设计)，旨在鼓励水电站业主采取措施将水电设施对生态环境的不利影响降至最低程度。根据该认证体系的规定，通过“绿色水电”认证的水电站，可以将电价上浮一个固定的价格，如0.01瑞士法郎/千瓦时或0.006欧元/千瓦时，作为“绿色电力”对外销售；每一年，这一额外收取的电费必须用于对河流生态环境的修复(称为“生态投资”)。自2001年以来，该标准已经成功应用于瑞士的60多项水电工程，并且被欧洲绿色电力网确定为欧洲技术标准，向欧盟其他国家推广。

“低影响水电”(Low Impact Hydropower)认证标准由美国低影响水电研究所

(LIHI)于1998年提出，该标准从河道水流、水质、鱼道和保护设施、流域保护、濒危物种保护、文化资源保护、公共娱乐功能、是否已被建议拆除8个方面提出了低影响水电所应满足的条件，旨在减少水力发电对环境的影响，并建立一套可信的、可接受的标准供消费者对水电站进行评估。截至2007年1月，LIHI已经采用这项标准对22座水电站(总装机容量为1524兆瓦，包括46个水坝)进行了认证，另有7座电站(总装机容量为409兆瓦，包括9个水坝)正在申请中，该认证标准开始推广到加拿大。

中国目前在水电工程建设、施工及设备制造技术方面的发展已经比较成熟，但在水电工程的生态环境保护的理念、理论和技术方面与国际水平还有很大差距。现有的相关环境保护标准如《环境影响评价技术导则——水利水电工程(HJ/T88-2003)》《江河流域规划环境影响评价规范(SL45-2006)》《水电水利工程环境保护设计规范(DL/T5402-2007)》和《建设项目竣工环境保护验收技术规范——生态影响类(HJ/T394-2007)》主要规定了水电工程环境影响评价、设计和竣工验收的程序、方法和要求，属于基础性的技术规范，但缺乏专业技术标准，在实际工作中这些规范一般适合作为导则性文件，加之很大一部分江河流域已经或正在进行着的水电开发也更多地只是关注经济利益，使得生态环境保护难以落实。

在世界自然基金会(WWF)等环保组织的推介下，中国在2005年首次引入绿色水电概念，贯彻生态指标更为严格的瑞士“绿色水电”认证标准，然而一直以来并未能取得利益相关部门的一致认同。近年来，中国关于水电开发的生态忧虑频频引发争议，对于水电这种绿色能源，到底应把持怎样的开发底线？究竟什么样的水电开发标准才符合中国的实际国情，也越来越为社会各界所关注。

流域无序的、高强度的开发，尤其是星罗棋布的小型水电站设计未考虑任何避免或减缓鱼类受影响的设施，严重破坏了鱼类的生境，改变了鱼类的区系和鱼类种群结构，对鱼类多样性造成巨大危机。鱼类是河流生态系统中的高级消费者，是水生态系统中的关键组成，物种繁多且习性多样，对河流生态系统的结构稳定和功能维持有着极其重要的作用，被称为河流生态系统的“工程师”(Holmlund, Hammer, 1999)。保护鱼类就是保护河流生态系统，而目前尚未有基于水电工程对鱼类多样性影响的评价体系，因此，我们尝试将鱼类多样性是否受到损失作为水电工程评估的原则，通过筛选相应的评估指标，建立以争取“鱼类物种多样性的无损性”为目标的“绿色水电”评估体系。

二、绿色水电的内涵

物种多样性高低并不是单指物种数绝对数值的高低，单纯数值的高低也并不是保护的唯一依据，事实上一些水库蓄水后由于养殖业的发展和外来物种的进入，物种数还出现了增高的趋势。

原生鱼类往往对所在河流生境的依存度很高，活动区域有限，一旦生境条件遭到破坏就可能引起物种的灭绝。一些鱼类在特殊的生命阶段要求特别的生境条件，如多种鱼类对产卵条件均具有较高的要求，如产卵条件得不到满足将会造成危机；某些物种在分类地位上具有独一无二的重要性，物种的消失意味着整个分类系统的波动。

洄游鱼类在它们的生活史中，总要进行一定范围的洄游，或为生殖洄游，或为索饵洄游，或为越冬洄游。根据洄游范围，洄游鱼类分为降河洄游鱼类和溯河洄游鱼类。大坝的修建会使洄游性鱼类因生活史中所需的年度洪水泛滥、完整的栖息环境以及流畅的洄游通道受到破坏而难以完成其生活史过程。

对大多数鱼类产卵有两个重要影响因素，即水的较高流速和适宜水温，而漂浮性卵的孵化则需要一定的漂浮距离（流速与时间的乘积），由于河流建坝导致水的流速减缓和水温降低，以及鱼卵漂流行程过短，会阻碍鱼卵的正常孵化，从而影响鱼类的繁殖行为。

大坝建成后，库内水流流速降低，流态趋于稳定，使急流生境丧失殆尽。一般来说，在激流中栖息的种类、喜流水性生活的中下层种类受到的干扰影响最大，最终这些种类在干流很可能消失或者种群仅萎缩生存于一、二级支流。

中国目前有 92 个受威胁鱼类物种，分为 6 个等级（表 13-1）。其中 29 种是单属种，占全部受威胁物种的 31.5%，60 个为中国特有种，占 65.2%。事实上，中国鱼类目前面临危机的程度愈演愈烈，不断有新的物种跨入濒危行列中，名录中所列受威胁鱼类其濒危等级也普遍提高。

表 13-1　中国受威胁鱼类物种及其濒危等级[①]

濒危级别	物种名	濒危级别	物种名
濒危（E）	白鲟 *Psephurus gladius*	易危（V）	雷氏七鳃鳗 *Lampetra reissneri*
	鲥 *Tenualosareevesii* ▲		日本七鳃鳗 *Lampetraj aponica* ▲
	台湾马苏大马哈鱼 *Oncorhynchusmasou formosanum* *		史氏鲟 *Acipenser schrenckii*
	川陕哲罗鱼 *Huchobleekeri* *		达氏鲟 *Acipenser dabryanus* *
	花鳗鲡 *Anguilla marmorata* ▼		中华鲟 *Acipenser sinensis* ▲
	双孔鱼 *Gyrinocheilus aymonieri*		鳇 *Huso dauricus*
	稀有鮈鲫 *Gobiocypris rarus* *		哲罗鱼 *Hucho taimen*
	大鳍鱼 *Macrochirichthys macrochirus*		秦岭细鳞鲑 *Brachymystax lenok tsinlingensis* *
	银白鱼 *Anabarilius alburnops* *		乌苏里白鲑 *Coregonus ussuriensis*
	云南鲴 *Xenocypris yunnanensis* *		黑龙江茴鱼 *Thymallus arcticus grubei*
	滇池金线鲃 *Sinocyclocheilus (Sinocyclocheilus) grahami* *		香鱼 *Plecoglossus altivelis* ▲
	角鱼 *Epalzeorhynchus bicornis* *		胭脂鱼 *Myxocyprinus asiaticus* *
	大眼卷口鱼 *Ptychidiomacrops* *		须鱲 *Candidia barbatus* *
	小银鮈 *Squalidus minor* *		异鱲 *Parazacco spilurus spilurus*
	北方铜鱼 *Coreius septentrionalis* *		成都鱲 *Zacco chengtui* *
	塔里木裂腹鱼 *Schizothorax (Racoma) biddulphi* *		鯮 *Luciobrama macrocephalus*
	大理裂腹鱼 *Schizothorax (Racoma) taliensis* *		新疆雅罗鱼 *Leuciscus merzbacheri* *
	扁吻鱼 *Aspiorhynchus laticeps* *		台细鳊 *Rasborinus formosae* *
	尖裸鲤 *Oxygymnocypris stewarti* *		裂峡鲃 *Hampala macrolepidota*
	小鲤 *Cyprinus (Mesocyprinus) micristius* *		单纹似鳡 *Luciocyprinus langsoni*
	大眼鲤 *Cyprinus (Cyprinus) megalophthalmus* *		高体白甲鱼 *Onychostoma alticorpus* *
	云南鲤 *Cyprinus (Cyprinus) yunnanensis* *		叶结鱼 *Tor (Parator) zonatus*
	翘嘴鲤 *Cyprinus (Cyprinus) ilishaestomus* *		长麦穗鱼 *Pseudorasbora elongata* *
	平鳍鳅鮀 *Gobiobotia (Gobiobotia) homalopteroidea* *		裸腹叶须鱼 *Ptychobarbus kaznakoviv* *
	平鳍裸吻鱼 *Psilorhynchus homaloptera*		骨唇黄河鱼 *Chuanchia labiosa* *
	昆明鲶 *Silurus mento* *		极边扁咽齿鱼 *Platypharodon extremus* *
	中臀拟鲿 *Pseudobagrus medianalis* *		乌原鲤 *Procypris merus* *
	金氏鉠 *Liobagrus kingi* *		岩原鲤 *Procypris rabaudi* *
	松江鲈 *Trachidermus fasciatus* ▼		春鲤 *Cyprinus (Cyprinus)longipectoralis* *
			大头鲤 *Cyprinus (Cyprinus) pellegrini* *
			拟鲇高原鳅 *Triplophysa siluroides* *
			长薄鳅 *Leptobotia elongata* *
			怀头鲶 *Silurus soldatovi*
			长臀鮠 *Cranoglanis bouderius bouderius* *
			𫚔 *Bagarius bagarius*
			长身鳜 *Siniperca roulei*
			丝足鲈 *Trichogaster trichopterus*

续表

濒危级别	物种名	濒危级别	物种名
国内绝迹(Et)	北鲑 *Stenodus leucichthys nelma*	野生绝迹(Ex)	唐鱼 *Tanichthys albonubes* * 林氏细鲫 *Aphyocypris lini* * 异龙鲤 *Cyprinus (Mesocyprinus) yilongensis* *
		稀有(R)	黑线 *Atrilinea roulei* * 须鳊 *Pagobrama barbatula* * 锯齿海南 *Hainania serrata* * 小似鲴 *Xenocyprioides parvulus* * 无眼金线鲃 *Sinocyclocheilus (Sinocyclocheilus) anophthalmus* * 裸腹盲鲃 *Typhlobarbus nudiventrus* * 方口鲃 *Cosmochilus cardinalis* * 袋唇鱼 暗色唇鲮 *Semilabeo obscurus* * 华缨鱼 *Sinocrossocheilus guizhouensis* * 缺须盆唇鱼 *Placocheilus cryptonemus* * 长须片唇鮈 *Platysmacheilus longibarbatus* * 鲃鲤 *Puntioplites proctozystron* 无眼岭鳅 *Oreonectes anophthalmus* * 个旧盲条鳅 *Triplophysagejiuensis* 保亭近腹吸鳅 *Plesiomyzon baotingensis* * 厚唇原吸鳅 *Protomyzon pachychilus* * 湄南缺鳍鲶 *Kryptopterus moorei* 半棱华𩷶 *Sinopangasius semicultratus* 长丝𩷶 *Pangasius sanitwongsei* 短须粒鲇 *Akysisbranchybarbatus* * 长丝黑鮡 *Gagata dolichonema*

注　①依乐佩琪和陈宜瑜(1996)整理；*，中国特有鱼类；▲，溯河洄游鱼类；▼，降河洄游鱼类

生物致危的原因许多，既有内因(如遗传多样性衰竭、生殖障碍、竞争产生特化)，也有外因(地质历史与气候变迁、人类过度利用、人类对鱼类生境的破坏、生物入侵、外来疾病等)。某些物种对栖息环境要求苛刻，性成熟晚，繁殖率低，群体数量小，剩余群体大于补充群体，资源破坏以后恢复困难(Conway，1980；Foose，1983)。某些鱼类由于分布范围窄，其物种许多生态学特征已特化，种群数量比较小，对环境变化、外来种入侵和人为干扰等比较敏感。鱼类栖息地特化程度越高，对栖息地的改变越敏感(Angermeier，1995)。一些物种的更新能力较弱，随着群落的发育，种内和种间竞争作用加剧和密度制约的影响，使得物种个体在群落中逐渐下降，呈随机分布，这也是导致物种濒危的重要原因(Rails，1979；Pulliam，1988，1994；Wells，1995)。有的因其生物学特性的本身决定资源破坏后恢复困难。受威胁物种本身已处于危机中，即便遭受较小强度的生境变化，也很可能内外交困导

致其走向绝灭。

关键种(Key Species)概念由Paine于1969年首先提出，其最初意义是指捕食者对群落中物种多样性的控制作用(Paine，1966，1969)，后来逐渐扩展为这样一种认识：关键种，就是它们的丢失导致生态系统其他种群或其功能过程的变化比其他物种丢失造成的影响更大(Sanford，1999；Heywood，1995)。随着近年来生物多样性保护逐渐成为热点，关键种的研究也随之升温。研究者普遍认为，为了最大限度地保护生物多样性，关键种可以作为优先保护的目标，这是解决生物多样性保护和资源利用之间矛盾的根本出路之一(Burky，1989)。但是韩兴国等(1996)认为，关键种概念只是一个用于描述物种在群落中相对重要性的术语，而不能作为生物多样性保护的依据。这是因为：关键种的定义太广；无法确定衡量关键种的定量标准；过分强调关键种的作用实际上等于承认生态系统中有冗余种；以关键种作为生物多样性保护重点的策略不利于那些具有特殊意义的物种(如生物活化石)和农业生物资源的保护；生境的完整性是生物多样性保护的中心，而不仅仅是保护群落中的几个关键种。

综上，我们将绿色水电的内涵总体定义为：能最大限度地保留原生鱼类物种多样性(特别是特有种、珍稀和濒危物种以及分类地位具有独特意义的物种)；对鱼类的影响要在一定阈值范围内，以维持流域鱼类的可持续性(但不包括外来物种)；优先考虑对河流环境依赖性强、受水利工程影响更为明显的鱼类(如急流性鱼类、洄游鱼类、产漂浮卵鱼类)；消减措施有效；鱼类保育措施落实。

三、评估指标的选择

基于绿色水电的目标及内涵，我们考虑指标的选择应包括：① 原生物种丰富度及物种密度；② 中国特有种丰富度；③ 区域特有种丰富度及占全部物种的比例；④ 是否有洄游鱼类；⑤ 是否有珍稀或濒危鱼类；⑥ 是否有产漂浮性卵鱼类及所占比例；⑦ 是否有急流性鱼类及所占比例；⑧ 河道水流连续性与变化性；⑨ 过鱼设施；⑩ 下游流域鱼类保护措施。其中指标④～⑤或具有一票否决权。

理想情况下，可以通过我们所获得的中国鱼类多样性数据信息对指标进行赋值，根据得分情况将中国各流域进行功能区划分，分为禁止开发、限制性开发、保护性开发三个级别，以此判断某一河流或河段是否被允许进行水电建设。这样的划分对中国水电布局具有指导性意义。

(1) 一级:禁止开发

通常河流或者河段物种多样性极高,或洄游鱼类、濒危物种分布集中,如澜沧江。澜沧江分布有原生鱼类 151 种,隶属 6 目 18 科 78 属,其中 5 目 14 科 50 属都拥有特有种。共有 3 个特有科 23 个特有属 95 个特有种,特有属、种数分别占全江鱼类属、种的 29.5%和 62.9%。分布上尤以下游(自景临桥至勐腊县南腊河口,河长 355 千米,天然落差 253 米,一般海拔 1500～2000 米)为胜,115 种鱼类中,特有鱼类 76 种,除去与上游共有的 1 种,与中游共有的 6 种,其余 69 种均仅见于下游,占下游全部鱼类的 60%。澜沧江流域内的鱼类被列入《中国濒危动物红皮书》的有 13 种,占澜沧江流域鱼类物种总数的 8.6%,中国受威胁物种总数的 7.6%。

(2)二级:限制性开发

河流或者河段通常具有较高的物种多样性,原则上应属于禁止开发河段,但流域环境中具有可作为替代生境的备用河段,综合其他条件考虑若确需开发时可做局域开发,但设计中须将作为鱼类后备区的河段划定为禁止开发级别。如,2006 年阿海水电站环评初审曾提出以水洛河作为金沙江中游水电站淹没珍稀鱼类产卵区以及隔断鱼类洄游路线的替代生境,水洛河禁止一切开发。

(3)三级:保护性开发

河流或者河段物种多样性较低。可以实行限制性开发,即先期设计中必须落实大坝建设对相关鱼类影响的消减措施。

但是,由于我们所获得的大部分鱼类分布数据来源为文献、查看标本以及实验室多年的工作基础,文献资料本身存在不同地区科研工作基础的差异,而实验室的工作亦有区域强度的差异,导致资料翔实程度不均。更为遗憾的是这些年来在中国水电高强度及无序开发下,在水电项目不断推进的今天,绝大多数河流已千疮百孔,面目全非,虽然许多专家、学者、保护机构奔走呼吁,希望减轻水电建设对鱼类的影响,但现实却不容乐观。目前,没有被开发建坝的河流已很少,鱼类栖息地支离破碎,鱼类多样性丧失已十分严重,许多物种在原有的分布区已经消失。鉴于中国水电开发的客观现实,仅以文献资料做功能区规划并无实际的有效性,因此,为更有效地体现绿色水电评估指标的实用性及指导性,我们更倾向于将此指标体系应用于水电工程开工之前的评估论证,在具体区域工作中依据指标对该流域进行评估,根据评估结果确定是否允许建坝以及选择相应的解决方案。同时,此指标体系或亦可用于工程运行后对鱼类影响效应的复评,通过工程建设前后相关指标的变化反映工程的正面或负面效应。

四、评估流程

1. 评估树

绿色水电评估体系要求，为实现水电开发中对鱼类物种多样性的保护，每一项水电工程在评估阶段期间都需要按上述的10个指标建立评估树（图13-1），进行相关环节评估，原则上在评估树的任一环节出现了否定回答都将导致评估停止，直到这一环节得到正确的解决方能继续进入下一环节。所有环节得到解决后，工程即可进入施工阶段。

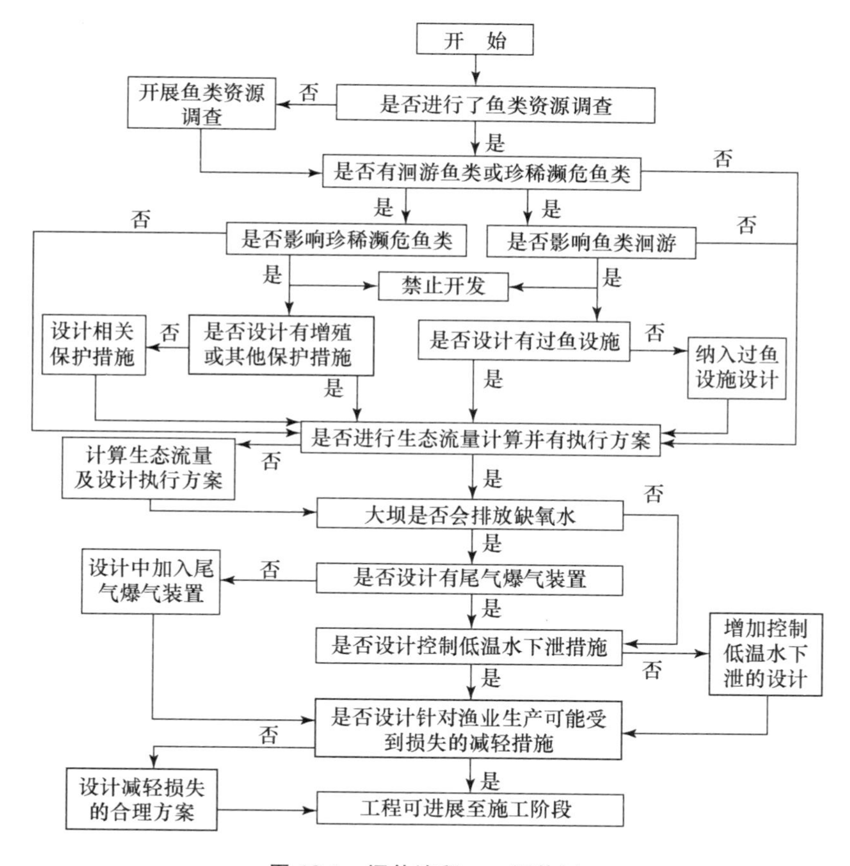

图 13-1　评估流程——评估树

2. 解决方案——大坝对鱼类影响的主要消减性措施

大坝评估中要求对于鱼类有不良影响的环节须提出相应的解决方案方能进入下一环节。综合起来，目前世界范围内所采取的减轻大坝对鱼类影响的主要措施包括以下几个方面：

(1) 生态流量保证措施

最开始，生态流量只是被作为水体和沿岸带生物需求的基本水量保障，最小生态流量是指为了维持和保护河流最基本的生态功能不受破坏而在河流中所需要保留的流量(徐志刚，2003；李刚，2004)。各国水利环境专家均热衷于最小生态流量的计算。随着人们逐渐认识到水文过程和生态过程的高度相关性后，认为仅仅维持最小生态流量是远远不够的，保证生态水文特征(流量大小、发生时间、频率、持续时间和变化率)才是其中最关键的因子。苏飞(2006)认为最小生态流量的生态意义是可以维持河流的连续性，并且这一流量是有效维持河流形态的必要条件，能够使河流的某些水生生物在枯水期尽快地适应不利的生态环境。一旦低于这一流量，河水又将面临断流或干涸的危险，河流的自我生存功能受损。

河道生态需水量的研究迄今已取得大量成果，据不完全统计，生态需水量的各种计算方法已达 200 多种(Tharme，2003)，根据不同的生态目标和条件可以分为四大类：基于历史和现状生态水文特征的水文指标法(Hydrological Index Methods)、基于生物理论的栖息地法(Habitat Methods)、基于水力学基础的水力学法(Hydraulic Methods)和基于河流系统理论的整体分析法(Holistic Methods)。

① 较为常用的水文指标法是 Tennant 法(Tennant，1976)和枯水频率法(7Q10)法。其特点是只需要历史流量资料，使用简单方便，容易将计算结果和水资源规划相结合，具有宏观的指导意义。在中国其他地区此类方法也得到较广泛的应用。但此类方法仍然存在一些问题，譬如，Tennant 法基于美国蒙大拿州流域的鲑鱼保护，其采用的多年平均径流量百分比不一定适合其他地方的生物保护。而且，应用该法时通常是照搬该比例。即使有一定的生物调查资料支持，仍缺乏建立生态需水量与河流生物观测信息的直接联系的有效手段。

② 栖息地法以栖息地生态流量为考量。保护水生物栖息地生态流量的推荐值一般是基于这样的一种假设：即保护水生生物指示种，例如虹鳟、鲑鱼等所需的水量与保护整个生态环境所需的水量是相同的。国际上已发展了许多较好地考虑水—生态联系的方法，目前应用较为广泛的是针对单一物种(鱼类)的栖息地的河

道内流量增量法，即 IFIM 法(In-stream Flow Incremental Methodology)(Bovee, 1982)。IFIM 法把大量的水文水化学现场数据与选定的水生生物种在不同生长阶段的生物学信息相结合，进行有关流量增加的变化对栖息地影响的评价。考虑的主要指标有水的流速、最小水深、底质情况、水温度、溶解氧、总碱度、浊度、透光度等。河道内流量增量法并不产生特定的河道内流量目标值，除非栖息地保护的标准能被确定。河道内流量增加法的结果通常用来评价水资源开发建设项目对下游水生栖息地的影响。

IFIM 法的优点在于能将生物资料与河流流量研究相结合，使其更具有说服力。但是，传统 IFIM 法分析的重点是目标物种而非整个河流生态系统。因此，它的输出结果也非整个河流管理计划所要求的流量推荐值。同时，由于定量化的生物信息较难获得也大大限制了该方法的使用。

生态水深流速法认为，对于特定的河段，为保证一定的生态目标，河道内既应保持一定的水深，也应具有一定的流速。水深太浅，河道生态系统的基本生态功能将不复存在，也就是说，一定的生态水深是保持生态系统的基本生态功能的必备条件。而生态流速反映的是生态目标对流速的要求，流速过大或过小均不利于该生态目标的实现。将鱼类作为河流生态系统中的指示物，认为鱼类的需水得到满足，其他生物的需水也得到满足。为尽量减免河流中的鱼类受水库下泄流量减少的影响，满足鱼类通道要求，河道断面最大水深必须达到一定要求。描述鱼类生存空间的要素有水面宽率、平均水深和最大水深。水面宽率为水面宽和多年平均天然流量相应的水面宽的比值，是河流生态系统维持生物多样性水平的一个指标。平均水深是整个断面上的平均深度，代表生物在整个断面上的生存空间情况。最大水深是鱼类通道指标，要求断面的最大水深达到一定值，以保证鱼类通道的畅通。研究表明，对自由流动的中型河流，鱼类需求的最小生存空间可表示为：水深不小于栖息鱼类体长的 3 倍。

③ 水力学法最为典型的是美国的“湿周法”(Nelson, et al, 1982)和“R2CROSS 法”(Mosely M P, 1982)。河道湿周法的依据是基于这样的一种假设：即保护好临界区域的水生物栖息地的湿周，也将对非临界区域的栖息地提供足够的保护。该方法利用湿周(指水面以下河床的线性长度)作为栖息地的质量指标来估算期望的河道内流量值。通过在临界的栖息地区域(通常大部分是浅滩)现场搜集渠道的几何尺寸和流量数据，并以临界的栖息地类型作为河流的其余部分的栖息地指标，河道的形状影响该方法的分析结果。该法需要确定湿周与流量之间的关系。这种关系可从多个河道断面的几何尺寸-流量关系实测数据经验推求，或从单一河道断面

的一组几何尺寸-流量关系数据中计算得出。湿周法河道内流量推荐值是依据湿周—流量关系图中影响点的位置来确定的。

以曼宁公式为基础的计算方法，即“R2CROSS 法”，适用于一般浅滩式的河流栖息地类型。该方法的河流流量推荐值是基于这样的假设，即浅滩是最临界的河流栖息地类型，而保护浅滩栖息地也将保护其他的水生栖息地，如水塘和水道。在该方法中确定了浅滩的平均深度、平均流速以及湿周长百分数等冷水鱼栖息地指数，平均深度与湿周长百分数标准分别是河流顶宽和河床总长与湿周长之比的函数，所有河流的平均流速推荐采用 1 英尺／秒(0.3048 米／秒)的常数，这三种参数是反映与河流栖息地质量有关的水流指示因子。如能在浅滩类型栖息地保持这些参数在足够的水平，将足以维护冷水鱼类与水生无脊椎动物在水塘和水道的水生环境中的生存。起初河流流量推荐值是按年控制的。后来，生物学家又研究根据鱼的生物学需要和河流的季节性变化分季节制订相应的标准。

研究认为，保持 60%以上的河床湿周就可以基本维持原有的物种数目；一般的河流，保留流量取多年平均流量的 10%～20%就可以基本满足生态要求。

④ 整体分析法。目前较实用的是 Holistic 法(Art Hington，1998)和 BBM 法(Building Block Methodology)(King，Louw，1998)。BBM 法集中于流量的变化对河流生态环境的影响分析，该方法不仅考虑河道，还考虑包括湿地、河口、地下水在内的整个生态系统，也就是说，将河道内外的生态需水量联系在一起进行研究。这种方法需要对流量大小变化与相应的河流生态系统进行长年的观测，不仅需要进行鱼类栖息地的野外调查，还需实地调查整个生态系统(包括岸边植被、无脊椎动物、底栖生物、两栖动物等)的生存水量需求；不仅考虑流量的平均状况的改变，还研究流量的年内、年际变化等各项指标的改变。由于考虑的问题非常全面，得到的生态需水量较合理。但是这些方法均需要花费较大的财力和人力，整个过程需要由水生生态学家、水利工程师等多个学科团体的参与，使用起来比较困难。

与整体分析法的核心思想类似，美国学者 Brain D. Richter 1996 年提出了 IHA 法(Indicators of Hydrologic Alteration)，即水文变动指标法。IHA 法主要是采用流量大小、发生时间、频率、持续时间和变化率等具有生态意义的五个方面的水文特征值来评估整个河流系统(水文变化指标中水文参数及其生态响应见表 13-2)，其基本原则是保持河流流量的完整性、天然来水的季节性和变化性。该法已在美国、加拿大、澳大利亚等国家的 30 多项研究中得到了应用，中国学者也开展了相关的研究(陈启慧，2006；李羽中，2007；萧政宗，2004，2005)。

表 13-2 水文变化指数 IHA 表

水文变化指数	水文参数	对生态系统的可能影响
月流量	月平均流量或中值流量	影响水生生物栖息地的可获得(利用)性 植物生长所需土壤水分的可获得性 陆生动物饮水的可获得性 被毛哺乳动物食物与藏身处的可获得性 陆生动物饮水的可靠性 捕食者对营巢地的侵入 影响水体温度、溶氧水平与光合作用
年极端水文状况的大小和历时	年最小1日平均流量 年最小连续3日平均流量 年最小连续7日平均流量 年最小连续30日平均流量 年最小连续90日平均流量 年最大1日平均流量 年最大连续3日平均流量 年最大连续7日平均流量 年最大连续30日平均流量 年最大连续90日平均流量 基流指数:年最小连续7日流量/年平均流量	影响生物之间的平衡 植物定殖地点的新建 通过生物与非生物因子改变水生生态系统的结构 改变河道形态与栖息地的物理条件 植物土壤水分胁迫的改变 动物脱水状况的改变 植物厌氧胁迫的改变 河流与洪泛平原营养物质交换量的改变 胁迫条件持续时间的改变 植物群落在池塘、湖泊和洪泛平原分布的改变 改变废物处理(水体自净)与河道沉积物中的孵化场所进行气体交换所需要的高流量水流的持续时间
年极端水文状况出现时间	年最小1日流量出现时间 年最大1日流量出现时间	生物生活史适应性的改变 生物体对胁迫的预见性与逃避能力的改变 改变繁殖或避害所需特殊生境的可到达性 洄游鱼类产卵所需信号的改变 生活史策略与行为机制的演化
高流量和低流量的频率和历时	年出现低流量脉冲事件的次数 年低流量脉冲事件的平均历时 年出现高流量脉冲事件的次数 年高流量脉冲事件的平均历时	植物土壤水分胁迫频率与大小的改变 植物厌氧胁迫频率与持续时间的改变 洪泛平原作为水生生物栖息地的可获得性 营养物质与有机物质在河道和洪泛平原间的交换 土壤矿物质的可获得性 水禽摄食、栖息与繁殖场所的可到达性的改变 影响推移质输送、河道沉积物粒径组成以及高洪峰条件下底质扰动的持续时间
水文条件改变的变化率和频率	连续日流量上涨率 连续日流量下降率 流量逆转次数	改变对植物的干旱胁迫(退水期) 生物在岛屿或洪泛平原的集群(导致易于被捕捉) 栖息在溪河边缘(消落区)、移动能力较弱的生物的干燥胁迫

RVA 法(Range of Variability Approach)建立在 IHA 法之上，对与生态有关的水文特征的变化进行分析、量化并形成河流生态水文目标，将其作为实施河流管理的可调控变量，指导河流的管理和生态修复实践。RVA 法可用于分析河流在人类干扰活动前后与生态相关的水文过程的变化，确定基于流量的能够协调河流水文变动与水生态系统关系的河流管理目标。RAV 的优点在于可以量化水利工程对河流水文变化的影响，在河流管理和水生态理论之间构筑一条通道。

(2) 控制下泄水体气体过饱和

水库调度可考虑在保证防洪安全的前提下，适当延长溢流时间，降低下泄的最大流量。若有多层泄洪设备，则可研究各种泄流量所应采用的合理泄洪设备组合，做到消能与防止气体过饱和的平衡，以尽量减轻气体过饱和现象的发生。此外，还可以通过流域干支流的联合调度，降低下泄气体过饱和水体流量比重，减轻气体过饱和对下游河段水生生物的影响(蔡其华，2006；楚凯锋，等，2008)。

(3) 控制低温水下泄

根据水库水温垂直分布结构，结合取水用途和下游河段水生生物特性，利用分层取水设施，通过下泄方式的调整，如增加表孔泄流等措施，提高下泄水的水温，满足坝下游水生动物产卵、繁殖的需求(张士杰，等，2011；张陆良，2009；薛联芳，2007)。

(4) 主要过鱼设施及特点

过鱼设施的种类包括鱼道、鱼闸、升鱼机、集运鱼船等，它不仅是洄游性鱼类穿越大坝上溯产卵的通道，也可作为协助大坝上游的亲体或幼鱼下行的设施。

① 鱼道。鱼道的优势在于不需要人工操作，可以持续过鱼，因此运行费用低。其缺点是鱼道设计长度一般较长，设计难度高，造价高。在过鱼效果上，由于鱼道进口和出口的位置、高程都是固定的，鱼道运行时的流速、流态受上游水位和流量影响很大，很不稳定。因此鱼道一般只适用于低水头水利枢纽。

② 鱼闸。鱼闸是利用闸室充水的方式诱鱼过闸，其运行操作次序与船闸相似。鱼闸自连通水库的上游闸室口引入一股穿过闸室的诱鱼水流，把鱼诱入闸室，随后关闭下游闸门，继续灌水，使闸室水位继续上升至与水库水位齐平以后，继而导鱼出闸入库。建设鱼闸的优点是：鱼类过坝不费劲，不管体质强弱或个体大小，都能安全过闸。缺点是建设投资大，为适应水库水位的变化需要修建多个上闸室，不能连续过鱼，仅适用于过鱼量不大的枢纽。另外，需较多的机电设备，维修费用较高。

③ 升鱼机。美国和加拿大此类设施应用较多，通常用缆车起吊盛鱼容器至上游，或用专用运输车转运到别处投放。升鱼机适用于高坝过鱼和水库水位变幅较大的枢纽，也适用于长距离转运。升鱼机优点是适于高坝过鱼，尤其洄游鱼类的过

坝问题，又能适应库水位的较大变幅，与同水头的鱼道相比，造价较省、占地少，便于在水利枢纽中布置。缺点是机械设施发生故障的可能性较大，不能大量过鱼。

④ 集运鱼船。集运鱼船分集鱼船和运鱼船两部分。集鱼船可驶至下游鱼类集群区，打开两端，水流通过船身，并采用补水措施使进口流速比河床中略大，以诱鱼进入船内，再通过驱鱼装置将鱼驱入紧接在其后的运鱼船。运鱼船可通过船闸过坝，将鱼放入上游。集运鱼船机动灵活，可在较大范围内变动诱鱼流速，可将鱼运往上游适当的水域投放，对枢纽布置无干扰，适用于已建有船闸的枢纽补建过鱼设施。其缺点是运行费用大，诱集底层鱼类较困难，噪声、振动及油污也影响集鱼效果。

⑤ 捕捞过坝。捕捞过坝是减缓大坝阻隔效应的一种简单易行而且成本低廉的辅助措施。但缺点是不能大规模连续过坝，过坝鱼类成活率降低，也较为费时耗力，因此，捕捞过坝往往作为缓解大坝阻隔影响的辅助措施。

⑥ 仿自然通道。在岸边挖掘类似自然河汊的溪流，溪流底部铺设各种大小的砾石以增加摩阻以起减缓流速的目的。由于通道长度较长，需要在岸上蜿蜒，对场地有较高要求。仿自然通道长度一般宽大于 5 米，深 1～2 米。

五、“绿色水电”评估方法的应用案例

——伊犁河拦河引水枢纽及北岸干渠工程对鱼类的影响评估

伊犁河流域位于新疆西部，地处东经 80°09′42″ — 84°56′50″，北纬 42°14′16 — 44°50′30″。地理界限北以天山北支科古琴山为界，与博尔塔拉蒙古自治州为邻；东北与塔城地区的乌苏县相连；南以南部天山为界，与阿克苏地区的拜城、温宿县连接；东南是巴音郭楞蒙古自治州的和静县；西部从霍尔果斯河向南到昭苏县的可拉爱格尔山口与哈萨克斯坦接壤。

伊犁河是新疆最大的一条河流。全长 1236.5 千米，流域总面积 15.2×10^4 平方千米。中国境内河流长 442 千米，流域面积 5.67×10^4 平方千米，年平均径流量 167×10^8 立方米，水资源丰富。伊犁河水系由 120 多条支流组成，特克斯河是伊犁河第一大支流，全长 408 千米，中国境内长 258 千米，年径流量 81.7×10^8 立方米，恰甫其海水库位于其上。喀什河是伊犁河第二大支流，全长 296 千米，年径流量 39.25×10^8 立方米，吉林台水库位于其上。巩乃斯河是伊犁河第三大支流，年径流量 22.95×10^8 立方米。

拦河引水枢纽及北岸干渠工程由拦河引水枢纽、北岸干渠、北岸干渠灌区六条

分干渠、察渠总干渠连接段及改建段组成。

拦河引水枢纽工程位于伊宁县与察布查尔县交界的伊犁河干流段，工程地点处于东经 81°42′40″、北纬 43°38′33″，河道纵坡约为 1/700，河床底高程 675.0 米，北岸河岸高程 681.0 米，南岸河岸高程 683.5 米。工程距察布查尔县城约 50 千米，距伊宁市约 55 千米，距雅玛渡水文站以西 9600 米，距伊犁河卡拉塔木吊桥以西 1900 米处。

拦河引水枢纽布置在主河道左岸河道滩地上，主要由 8 孔泄洪闸、4 孔泄洪冲砂闸、4 孔南北岸进水闸，共计 16 道闸孔组成。其中泄洪闸布置在枢纽中部，泄洪冲砂闸布置在闸两端，进水闸布置在南北岸，紧邻泄洪冲砂闸；泄洪闸和泄洪冲砂闸组成拦河闸。伊犁河拦河枢纽为大(1)型Ⅰ等工程。

北岸干渠工程地处伊犁河冲积平原区。干渠自伊犁河拦河引水枢纽北岸进水闸起，自东向西经伊宁县南部、伊宁市东郊及北郊，末端止于霍城县境内中哈边境附近处代维尔河。北岸干渠沿途跨越铁厂沟、肖尔布拉克、萨尔布拉克、果子沟、黑水沟、大东沟、小西沟、切得克苏等 11 条大山沟和百余条小干沟。其渠线总长度 132.91千米。北岸干渠为大(1)型Ⅰ等工程。输水规模设计流量为67.5 立方米/秒，加大流量为 78 立方米/秒。

北岸干渠沿线规划有 6 条分干渠，分布在伊宁市、伊宁县、霍城县以及兵团农四师 63、64 团境内。总长度 113.68 千米，其中一分干渠(全长 31.75 千米)为老渠防渗改造，其余分干渠均为新建渠道。

察渠总干渠工程位于伊犁河南岸山前冲洪积平原。工程包括新建察渠连接段和老察渠总干渠改建段。察渠总干渠工程为大(2)型Ⅰ等工程。

受新疆伊犁河流域开发建设管理局委托，我们开展了拦河引水枢纽及北岸干渠工程对水生生物及鱼类的影响专题研究，以评价该工程对水生生物的影响并提出可供参考的解决方案。

根据绿色水电评估体系的要求，如图 13-2 所示建立工程评估树，按照相关环节要求设计调查研究方案，根据调查研究结果逐一回答各环节的问题并对问题环节提出解决方案。

1. 设计鱼类资源现状调查方案

(1) 鱼类资源现状调查方案的内容

① 流域鱼类多样性。

② 流域关键鱼类洄游生态习性和生态需求：

a. 重要经济洄游鱼类,判定其洄游时间、地点和所需的环境因子刺激;

b. 依据流域地形图,鱼类洄游路线,叠加洄游时间、所需的水温、水流等环境因子阈值,绘制流域重要经济鱼类洄游路线图谱。

③ 鱼类多样性、渔业资源与流域环境的关联:

a. 流域关键水道环境对鱼类多样性及渔业资源的制约;

b. 流域水文情势对鱼类多样性及渔业资源的制约。

④ 鱼类关键栖息地变动:

a. 鱼类关键栖息地及其特征;

b. 关键栖息地在流域的分布;

c. 梯级电站开发下流域鱼类栖息地环境的变动趋势;

d. 鱼类栖息地变动下对鱼类多样性和渔业资源的影响。

(2) 技术路线

① 确定调查样点。

选取中国境内伊犁河流域的干、支流共 24 个样段(图 13-2),涵盖境内伊犁河干流、三大支流及其二级支流。

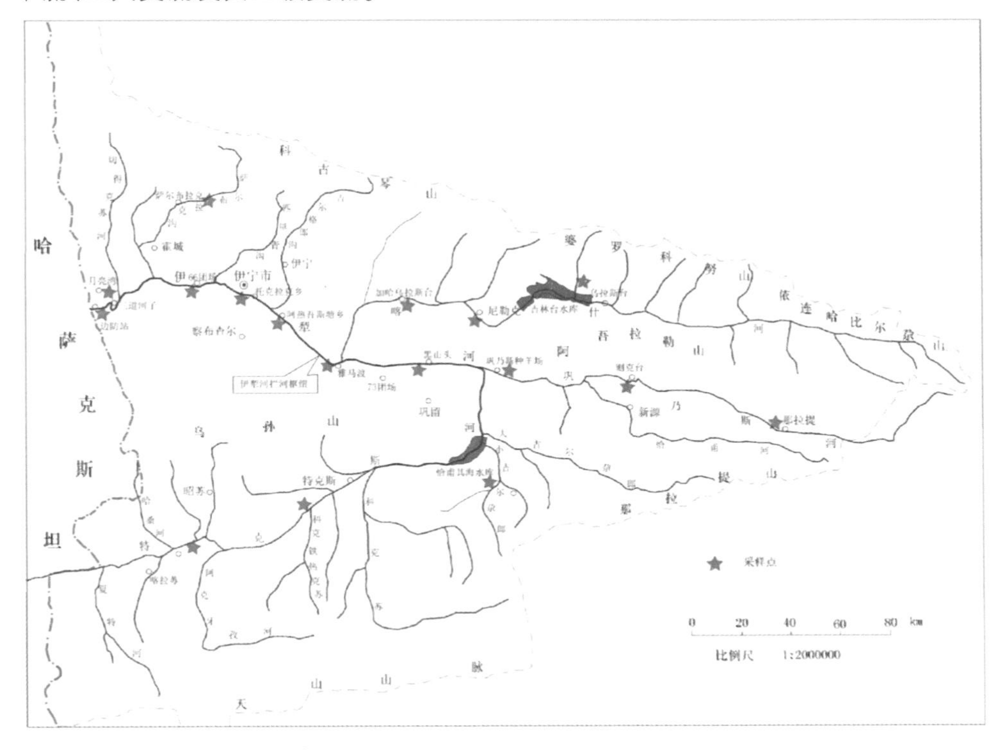

图 13-2　伊犁河鱼类资源调查采样样点图

② 调查方法。

参照《内陆水域渔业自然资源调查手册》,以野外实地调查和资料收集为主。

在野外实地调查方面,重点调查伊犁河干支流是否存在洄游性鱼类,以及伊犁河原生和外来上溯鱼类的栖息地、产卵场、索饵场及洄游路线等。调查方法为:观察生活在不同生态环境,如干流、支流、急流、缓流中的鱼的种类,统计分析多种渔具(刺网、流刺网和抬网等)渔获量。同时走访当地渔民,从渔民处或鱼市上购买渔获,收集当地水产、渔政部门逐年统计的渔业捕捞数据和放养数量及种类。

在资料收集方面,中国科学院水生生物研究所从 20 世纪 50 年代起就对新疆各地的鱼类资源进行过调查研究,此外还参考了《中国淡水鱼类原色图集》(Ⅲ)、《新疆水生生物与渔业》《新疆鱼类志》《伊犁河鱼类资源及渔业》和《新疆北部鱼类的调查研究》等文献资料。

采集的标本于室内进行分类鉴定并测定生物学指标(体长、体重、年龄、成熟系数、丰满度)、进行胃肠含物分析。

2. 分析调查结果

(1) 伊犁河鱼类区系组成

中国境内伊犁河水系的鱼类属于伊犁河—巴尔喀什湖水系,据 Л. С. Берг (1949)记载,伊犁河—巴尔喀什湖水系有原生鱼类 13 种:其中 10 种鱼类在中国境内伊犁河有分布。分别为巴尔喀什**鱥**、短尾**鱥**(*Phoxinus brachyurus*)、真**鱥**(*Phoxinus phoxinus phoxinus*)、伊犁裂腹鱼(*Schizothorax (Racoma) pseudaksaiensis*)、银色裂腹鱼(*Schizothorax (Racoma) argentatus*)、斑重唇鱼(*Diptychus maculatus*)、新疆裸重唇鱼(*Gymnodiptychus dybowskii*)、新疆高原鳅(*Triplophysa strauchii*)、穗唇须鳅(*Barbatula labiata*)、黑背高原鳅(*Triplophysa dorsalis*)、斯氏高原鳅(*Triplophysa stoliczkae*)和伊犁鲈(*Perca schrenki*)。廖文林(1965)在《伊犁河流域上游鱼类调查》一文中报道伊犁河有裸腹鲟(*Acipenser nudiventris*)、东方欧鳊(*Abramis brama orientalis*)、鲤、银色裂腹鱼、伊犁裂腹鱼、新疆裸重唇鱼、瓦氏雅罗鱼(*Leuciscus waleckii waleckii*)、圆腹鲦、硬刺条鳅(新疆高原鳅)、伊犁鲈和梭鲈(*Lucioperca lucioperca*)等 11 种鱼类。李思忠(1966)等撰写的《新疆北部鱼类的调查研究》涉及伊犁河水系的鱼类 16 种:裸腹鲟、鲤、银色裂腹鱼、伊犁裂腹鱼、宽口臀鳞鱼、斑重唇鱼、新疆裸重唇鱼、贝加尔雅罗鱼(*Leuciscus baicalensis*)、短尾**鱥**、东方欧鳊、穗唇须鳅、新疆高原鳅、黑背高原鳅、斯氏高原鳅、伊犁鲈和梭鲈等,其中原生鱼类 11 种。1979 年出版的《新疆鱼类志》记载中国伊犁河有原生鱼类仅 10 种，移殖鱼类 5 种。中国 20 世纪 60 年代以后在伊犁河水系开展了以草鱼（*Ctenopharyngodon idellus*）、鲢（*Hypophthalmichthys molitrix*）、鳙（*Aristichthys nobilis*）等长江家鱼苗为主的人工养殖工作。

结合我们此次实地调查结果，分布于中国境内伊犁河水系现有鱼类 34 种，隶属 6 目 9 科 27 属。

伊犁河原生鱼类的区系组成较为简单，仅有 10 种，其中除银色裂腹鱼已趋灭绝外，其他种类尚有一定的种群数量。在三大支流中，巩乃斯河种类最多，有短尾鱥、伊犁裂腹鱼、斑重唇鱼、新疆裸重唇鱼、穗唇须鳅、新疆高原鳅、斯氏高原鳅、黑背高原鳅和伊犁鲈 9 种；特克斯河次之，有 8 种，无伊犁鲈；喀什河最少，仅有 6 种，无伊犁裂腹鱼、伊犁鲈和短尾鱥。

移殖的种类包括鲤、短头鲃（*Barbus brachycephalus*）、裸腹鲟、楚德白鲑（*Coregonuscylindraceum*）、高白鲑（*Coregonus peled*）、东方欧鳊、梭鲈、贝加尔雅罗鱼、赤梢鱼（*Aspius aspius*）、欧鲇（*Silurus glanis*）、草鱼、鲢鱼、虹鳟（*Oncorhynchus mykiss*）、食蚊鱼（*Gambusiaaffinis*）、麦穗鱼（*Pseudorasbora parva*）、棒花鱼（*Abbottina rivularis*）、北方泥鳅（*Misgurnus bipartitus*）、青鳉（*Oryzias latipes sinensis*）、黄黝（*Hypseleotris swinhonis*）、子陵吻鰕虎鱼（*Rhinogobius giurinus*）和波氏吻鰕虎鱼（*Rhinogobiuscliffordpopei*）。其中一些种类如欧鲇、赤梢鱼、裸腹鲟、东方欧鳊和梭鲈等成为中国境内伊犁河特有鱼类。

（2）渔业资源现状

本次调查利用各种网具共采集鱼类标本 19 种，总数 2251 尾，渔获物总重 50.19千克。其中斯氏高原鳅占首位，为 27%，其次为新疆高原鳅，为 20%，第三位为新疆裸重唇鱼，为 16%（图 13-3）。原生鱼类伊犁裂腹鱼和新疆裸重唇鱼在伊犁河干流和支流特克斯河为主要的经济鱼类，由于采样季节的限制，未能采集到境外上溯的东方欧鳊、赤梢鱼和裸腹鲟等外来鱼类。

伊犁裂腹鱼和新疆裸重唇鱼是伊犁河上游和支流的主要渔获物。新疆高原鳅和穗唇须鳅在干流数量大，斯氏高原鳅分布广，为三条支流及其二级支流的优势种群。在伊犁河上游三条支流及其二级支流虽然无专业渔民进行捕捞，产量也不高，但确有一部分当地人农闲捕捞。同时，休闲钓鱼风气在上游地区的兴盛和旅游业的发展，刺激大型原生鱼类的价格，因而带动了少数以捕鱼为主要收入来源的少年和渔民等在干支流的不同河道捕捞各种规格的原生鱼类。渔获物小型化的现象十分突出，上市的伊犁裂腹鱼大约有 95%以上的个体全长在 20～25 厘米之间，并有逐年减小之势。

伊犁河渔业捕捞主要集中在伊犁河大桥下至三道河子一带长约 40 千米的河道内，根据调查和资料研究发现，自 20 世纪 80 年代以来，伊犁河主要经济鱼类的组成和数量年际间不断变动，并且随季节而呈现规律性的更替。渔获物年际变化规律表现为：外来鱼类种类多样化，最初以上溯的东方欧鳊为主要捕捞对象，其次为赤梢鱼。裸腹鲟已成为中国境内河段的偶见种，鲤鱼的产量逐年减少，而草鱼、鲢鱼和欧鲇的数量则相应增多。春季渔汛以东方欧鳊为主要捕捞对象，其次为赤梢鱼。4 月下旬以后，以捕获鲤鱼、欧鲇和草鱼为主；进入秋冬季节东方欧鳊数量相应开始增加。

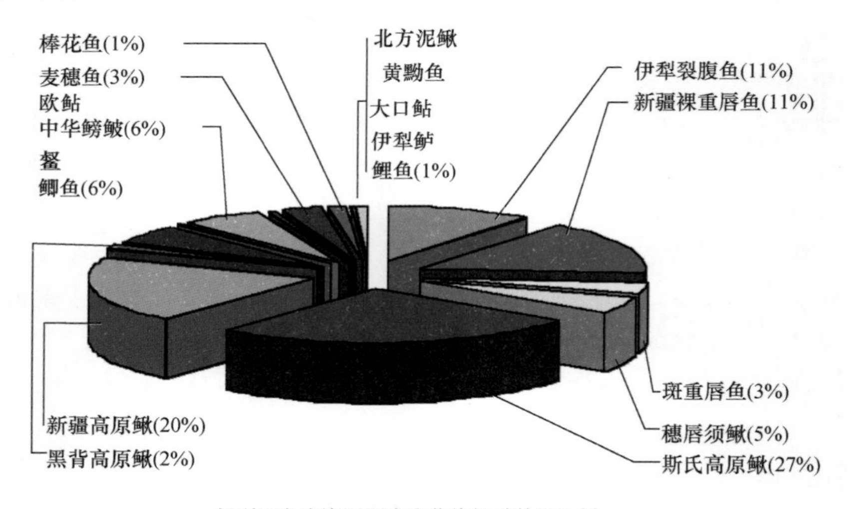

图 13-3　伊犁河鱼类调查渔获物组成

在三道河子一带进行的捕捞主要为溯河产卵的鱼群。在每年亲鱼上溯产卵季节，固定的从业人员达十余人，捕捞船只在 6～10 艘之间，捕捞工具主要有拖网、流刺网、定置圈网、扳张网和下食钩等。在三道河子河段调查期间，鲤鱼和欧鲇每天的渔获量还维持在 10 千克以上，另外，在惠远河段，专门捕捞伊犁裂腹鱼的渔民每天的渔获量同样在 5 千克以上。通过访问渔民和市场调查获悉，在伊犁河冬季结冰后，渔民利用冰下挂网主要捕捞深水处越冬和逆流上溯的东方欧鳊和赤梢鱼。

拦河引水枢纽工程涉及河段的另一个主要商业捕捞带分布在巩乃斯种羊场-黑山头河段，当地渔民多数通过下置挂网等捕获伊犁裂腹鱼和新疆裸重唇鱼，虽然捕捞方式简单，但参与人员多，所以每天的渔获量可达10千克，渔获在路边销售或被鱼贩子送往伊宁和新源等市场。近年来，外来大口鲇、鲤鱼等在该地渔获物中所占比例迅速增加。

(3) 主要原生鱼类和经济鱼类及分布

新疆裸重唇鱼和斯氏高原鳅在三大支流和二级支流中分布范围广，数量大。斑重唇鱼，个体小，比较集中在河道的深水潭和回水处等水流较缓的地方，其分布范围在伊犁河干流雅马渡以上，在喀什河和特克斯河支流和二级小支流也有分布，数量较少。伊犁裂腹鱼个体相对较大，体形侧扁，一般分布于干流流速稍缓的河道和特克斯河的缓水区，栖息于河水的中下层，不适应喀什河河道急剧的坡降和湍急的山间溪流。新疆高原鳅在喀什河无分布，黑背高原鳅主要分布在海拔600～700米的干流河道中(图13-4)。

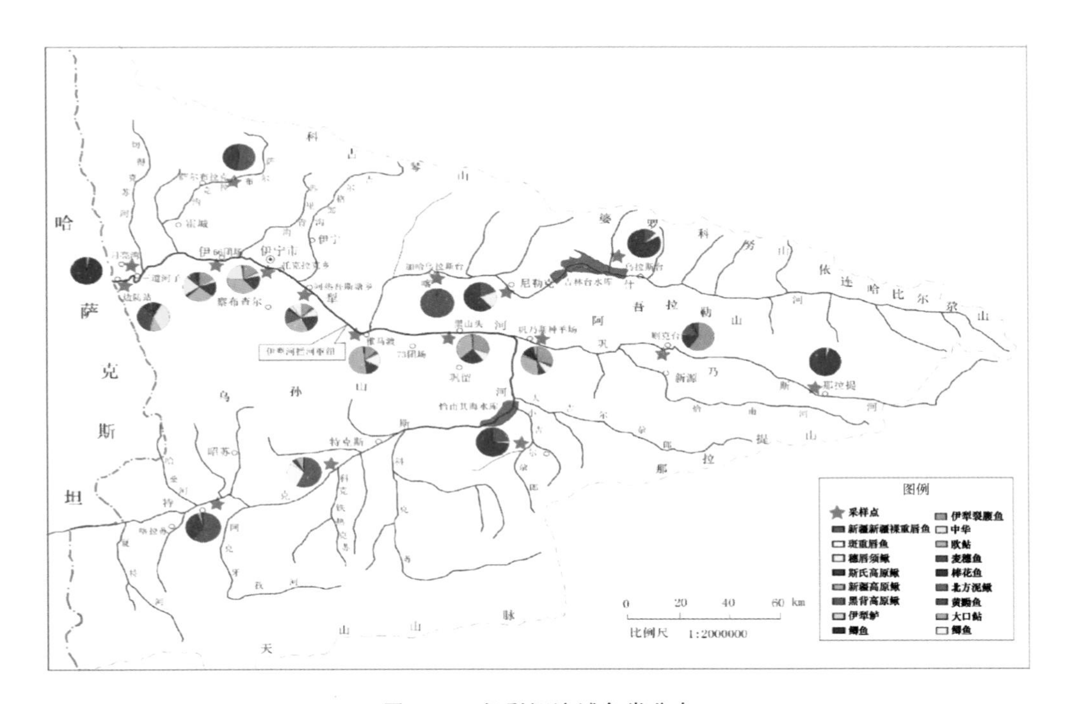

图13-4　伊犁河流域鱼类分布

由于野外调查的时间限制，外来鱼类裸腹鲟、赤梢鱼和东方欧鳊未能采集到样本，采集的欧鲇、鲢鱼和鲤分布在中国境内三道河子河段。根据走访渔民获悉，除极少数个体外，大多数境外上溯鱼类群体在伊犁河大桥至三道河子河段内。此外，在水流平缓的巩乃斯苇湖和干流静水环境中分布着每年大量人工放流的鲤鱼、大口鲇和鲫(*Carassius auratus*)等种类。

(4) 主要经济鱼类产卵需求、索饵、育幼场所及越冬场所

伊犁河原生鱼类基本上都是喜急流底栖习性的小型种类，它们的产卵洄游常常是沿着干流溯河向上移动很短的距离，在石砾底质的浅水滩上产卵，或进入附近的山涧溪流并沿这些溪流溯河产卵。未发现有产卵群体特别集中、产卵规模特别大的产卵场，产卵地点比较分散。具有产卵洄游习性的草鱼、鲢鱼和赤梢鱼在产卵季节溯河最远可到伊犁河中游雅马渡一带产卵；同时可在湖泊沿岸产卵又可溯河产卵的半洄游性鱼类，如西鲤、东方欧鳊(包括在河道中越冬的群体)和欧鲇，每年春季产卵期间大批亲鱼溯河而上。此外，放养的鲤鱼和鲫鱼等在巩乃斯种羊场的浅滩和苇湖中产卵繁殖(表 13-3，图 13-5)。

表 13-3　伊犁河主要经济鱼类产卵需求

鱼类名称	产卵期	产卵底质	产卵场
裸腹鲟	4 月中旬—5 月底	砾石河道	惠远至三道河子河段
东方欧鳊	4 月中旬—5 月底	附着于水草上	三道河子河段集群
欧鲇	6 月	附着于植物根上	三道河子河段
草鱼	5 月下旬—6 月底	附着于水草上	雅马渡以上河道
赤梢鱼	3 月中下旬	砾石河道	雅马渡以上河道
鲢鱼	5 月下旬—6 月底	漂流	雅马渡以上河道
西鲤	5 月下旬—6 月底	附着于水草上	三道河子
新疆裸重唇鱼	5—9 月	砾石河道	急流浅滩处
伊犁裂腹鱼	4—6 月	砾石河道	急流浅滩处
斑重唇鱼	5—9 月	砾石河道	急流浅滩处

每年 3 月份后，随着水温升高，来水量逐渐增大，鱼类开始“上滩”索饵。伊犁裂腹鱼多在水流平缓的曲流和回水湾索饵。育幼是鱼类生活史中一个非常关键的阶段，由于仔幼鱼游泳能力差，主动摄食能力不强，抗逆性弱，因此，适宜的育幼环境是鱼类种群增长的必要条件。产卵场孵化的仔鱼随水流进入河流缓水深潭、回水湾和宽谷河段育幼。特别是宽谷河段，宽谷上游峡谷段、支流和宽谷上游部分往往分布着鱼类产卵场。河床宽阔，河道河面开阔，水流平缓，为仔幼鱼的索饵肥育创造了良好的条件。例如，阿热吾斯塘、伊宁大桥、养鱼场和清水湾江段是重要的

鱼类索饵和育幼场所，这些江段水流较缓，河面宽阔，水位较浅，浅水区非常适合仔鱼和幼鱼栖息。

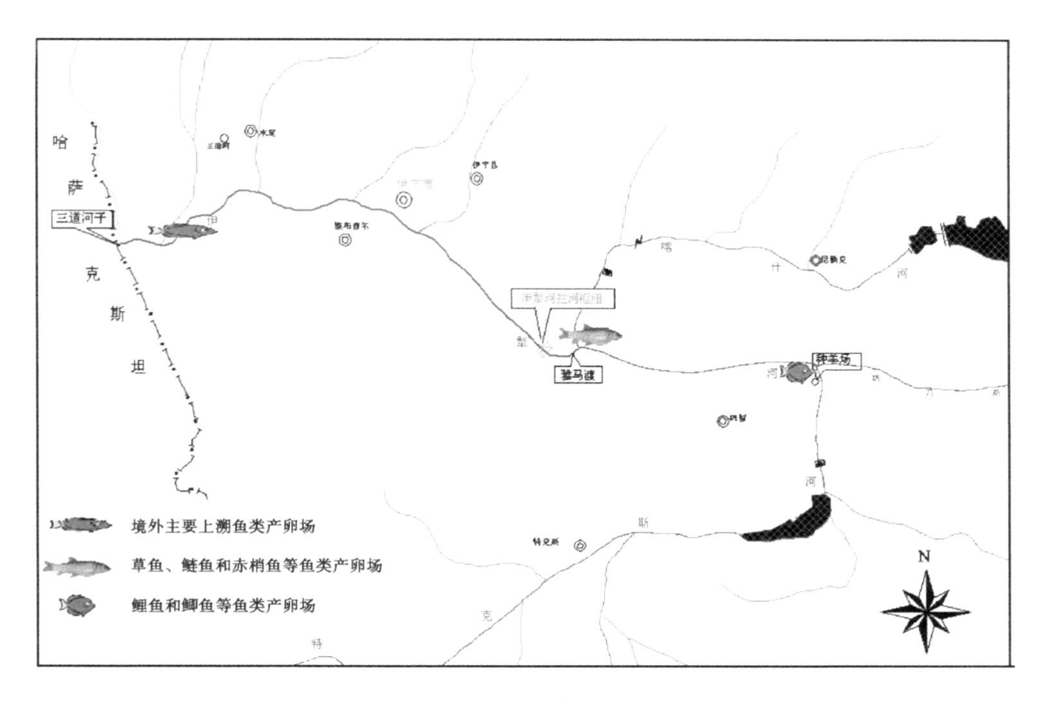

图 13-5 伊犁河鱼类产卵场分布

对于外来上溯鱼类，仅有少数个体在中国境内的深水河段肥育和越冬，大多数上溯群体在中国境内完成溯河繁殖后就回到下游肥育和越冬。例如，每年秋季部分东方欧鳊群体由索饵场进入河道开始越冬洄游，在河道深水湾处越冬。据渔民介绍，也有很少一部分的赤梢鱼和欧鲇个体常年生活在伊犁河大桥下的河道中，渔民在春季、秋季和冬季均可捕获到。冬季枯水期水量小，水位低，鱼类进入缓流的深水河槽、回水深潭中越冬，这些水域多为岩石、砾石、沙砾底质，冬季水体透明度高，着生藻类等底栖生物较为丰富，为其提供了适宜的越冬场所。因此，水位较深的主河道江段都是裂腹鱼类适宜越冬场所，如惠远、伊犁三桥和边防站江段河床水位较深，河道单一，水流较快，是鱼类重要的越冬场所。

(5) 洄游鱼类与上溯区间

经过走访调查和查阅研究资料，中国境内伊犁河三道河子河段的急流滩是现在裸腹鲟的产卵场之一(图 13-6)；可在湖泊沿岸产卵又可溯河产卵的半洄游性鱼类：西鲤、东方欧鳊（包括在河道中越冬的群体）和欧鲇，每年春季产卵期间大批亲鱼溯河而上。根据草鱼、鲢鱼和赤梢鱼的产卵习性，推测其在产卵季节可溯河到雅马渡一带产卵；除草鱼和赤梢鱼等溯河幅度较远外，西鲤、东方欧鳊和欧鲇等鱼类上溯行程较短，同时，由于雅马渡河段为三条源流的汇合处，流速快，流量大，4—7 月的月平均流量为 412～821 立方米/秒，阻挡了这些上溯鱼类的洄游。从产卵习性上看，这些鱼类繁殖季节始于3 月，每年的 4—6 月为鱼类集中的产卵季节，产卵活动都需要流水的刺激，甚至是水量的适当增加。裂腹鱼类和条鳅类的产卵活动多集中在砂砾底质的河漫滩，其流速需求大致为 1.06～4.16 米/秒，绝大多数鱼类多产沉性卵或黏性卵，繁殖期间可能逆流进行短距离迁移，完成生长、发育和繁殖。

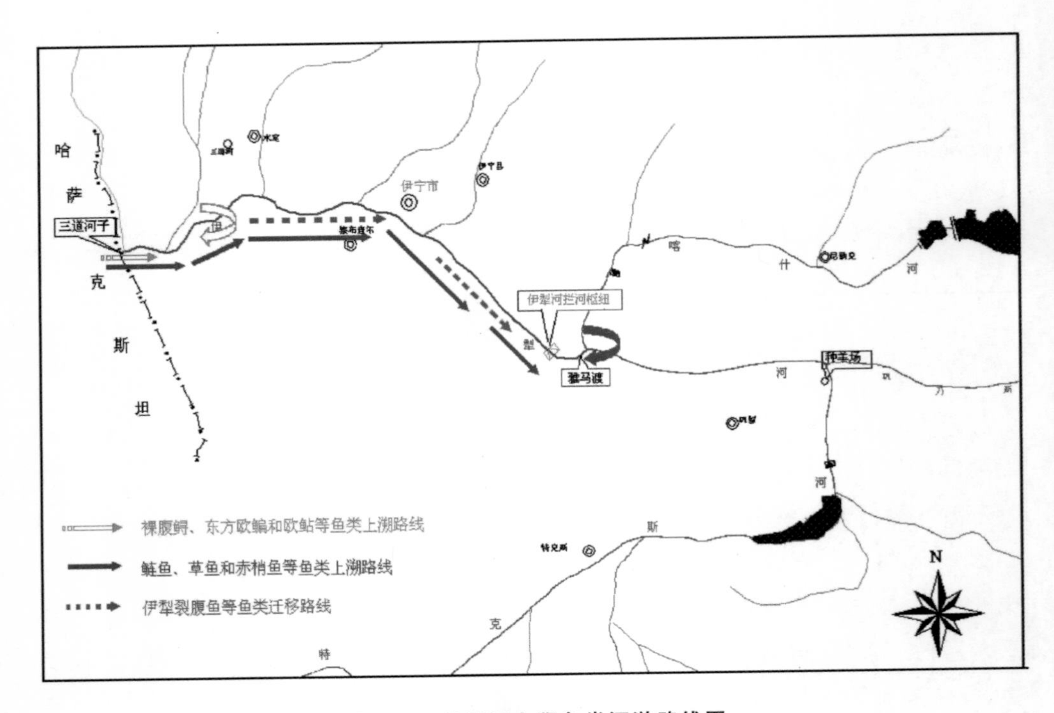

图 13-6　伊犁河上溯鱼类洄游路线图

3. 分析工程对鱼类的影响预测

(1) 施工期间对鱼类的影响

水利工程对环境的影响在施工期和运行期各有不同表现。施工期工程对环境的影响主要局限于拦河坝施工工地周围，主要表现为施工期间施工营地的生活污水和垃圾、施工机械维修和运行产生的含油污的污水、废渣等，这些污染对水体产生一定程度的影响，并在一段时间内影响到某些河段的浮游生物的种类组成和优势种的数量；生活污水和机械废水的排放对水质产生影响，将导致坝区适于在较洁净水体栖息的蜉蝣目物种的减少；工程开挖会使河流内的泥沙含量增加，这对靠视觉主动捕食的鱼类有较大影响，其他鱼类也因环境的改变而受到一定的影响。施工期间水文条件的改变也影响鱼类的活动。但这些影响是局限的，并且在施工完成后将不复存在，巨大的影响还是存在于拦河坝建成以后的运行期。

(2) 拦河引水工程运行以后对鱼类影响

拦河引水工程对坝上游河段鱼类影响有限，对坝下游鱼类的影响显著：下游流量显著减少，鱼类所适宜的生境减少，影响鱼类的重要繁殖场和育幼、索饵场所；下游水文情势改变，影响鱼类的繁殖活动；水文条件的改变影响鱼类的群落结构，导致部分体型较大的种类数量下降，而适应缓流浅水的小型种类数量会有所增加；拦河坝阻隔了鱼类正常迁移通道。预计鱼类资源显著减少是不可避免的结果。

① 由于伊犁拦河引水枢纽是低坝，在拦河枢纽建成后，坝上回水区的范围有限，且水文环境不会明显改变，坝上水域将保持近河流状态，水生生物群落变化不大。对于坝下水域，引水导致丰水季节(4—10 月)的流量减少 5%～20%，水位、流速和含沙量相应降低，从而对生态系统的结构和功能造成较大影响。首先，水位降低将阻碍河流与洪泛平原间的物质和能量联系，导致湿地面积和生境异质性减小，水生生物总体多样性下降。其次，泥沙减少和水流变缓将改变生物组成，偏好缓流环境的浮游生物和底栖生物增多，单位面积的生物生产力有所提高。在枯水季节(11 月至次年 3 月)，拦河枢纽不引水，故对水生生物没有影响，但丰水期引水的滞后效应在此期间显现。

② 伊犁河共分布有 34 种鱼类。其中，裸腹鲟被《濒危野生动植物种国际贸易公约》收录为重点保护水生野生动物和国家二级重点保护水生野生动物，裸腹鲟、短头鲃和新疆裸重唇鱼被列为自治区一级重点保护水生野生动物，斑重唇鱼被列为自治区二级重点保护水生野生动物。裂腹鱼类和条鳅类等是工程影响敏感区的常见种类，外来上溯产卵群体是伊犁河的主要经济鱼类，其种群大小直接影响着伊犁河的渔业资源。

③ 本拦河枢纽的主要生态影响有三个。首先是由于调水改变了河流自然的水文情势，对鱼类等水生生物，乃至涉水动物的正常繁衍造成影响；其次是调水减少了流量，河流丰水期水位降低，导致湿地面积减小；再次是水坝对鱼类种群的阻隔作用，拦河坝将阻碍上下游原生鱼类种群的正常迁徙，在一定程度上会导致濒危珍稀原生鱼资源下降。

④ 伊犁河主要的原生鱼类，如伊犁裂腹鱼、新疆裸重唇鱼、斯氏高原鳅、新疆高原鳅、穗唇须鳅、黑背高原鳅、伊犁鲈和短尾鱥等，多为喜急流底栖习性的中小型种类，它们的产卵洄游常常是沿着干流溯河移动很短的距离，在石砾底质的浅水滩上产卵，或进入附近的支流汇合处产卵。因此，枢纽建设对原生鱼类繁殖的影响不大。洄游性鱼类中的裸腹鲟、西鲤、东方欧鳊和欧鲇等，其产卵场主要位于坝下游河段的三道河子河段，拦河枢纽工程不影响其洄游过程，但是下泄水量减少可能会降低上溯鱼群的规模。洄游性鱼类中的草鱼、鲢鱼和赤梢鱼，其产卵场雅马渡一带，建坝可能会阻碍它们的产卵洄游。

⑤ 枢纽建成运行后，在设计流量范围内，干流河道水深仍可达到鱼类体长的3倍以上。坝址至三道河子之间182千米河道仍然满足这些鱼类的产卵、越冬、摄食、藏匿等正常的生态需水，因此流量减小不会造成现有鱼类物种的绝灭。

⑥ 坝下干流的鱼产量将下降。主要原因有两方面：一是鱼类产卵规模受到一定程度的影响，天然种苗资源量有所减少；二是鱼类索饵范围缩小。湿地的水生和湿生植物及其附着藻类和无脊椎动物是伊犁河鱼类的主要食物来源。湿地萎缩必然减少食物资源总量，从而降低鱼产量。

4. 提出解决方案

① 建议与上游水库合理调度，增加4月中下旬来水流量并适度减少4月份引水量，使4月份拦河坝下断面流量维持在240～260立方米/秒之间。建议与上游水库合理调度，使非灌溉期流量维持现状，非灌溉期多余的水量补充到灌溉期。此外，北疆调水应进一步对下游水生生态和陆地生态系统进行系统评价后再做定论。

② 为减小引水对湿地和鱼类的影响，建议丰水期对拦河枢纽和上游水利工程进行综合调度，在干流制造洪峰，使水位接近多年平均洪水位，并尽可能地长时间维持，以满足湿地发育和鱼类产卵的水文需求。

③ 建议在伊犁河三大支流及其二级支流上建立重点保护河段，对伊犁河原生

鱼类资源达到长期和稳定保护效果(图 13-7)。

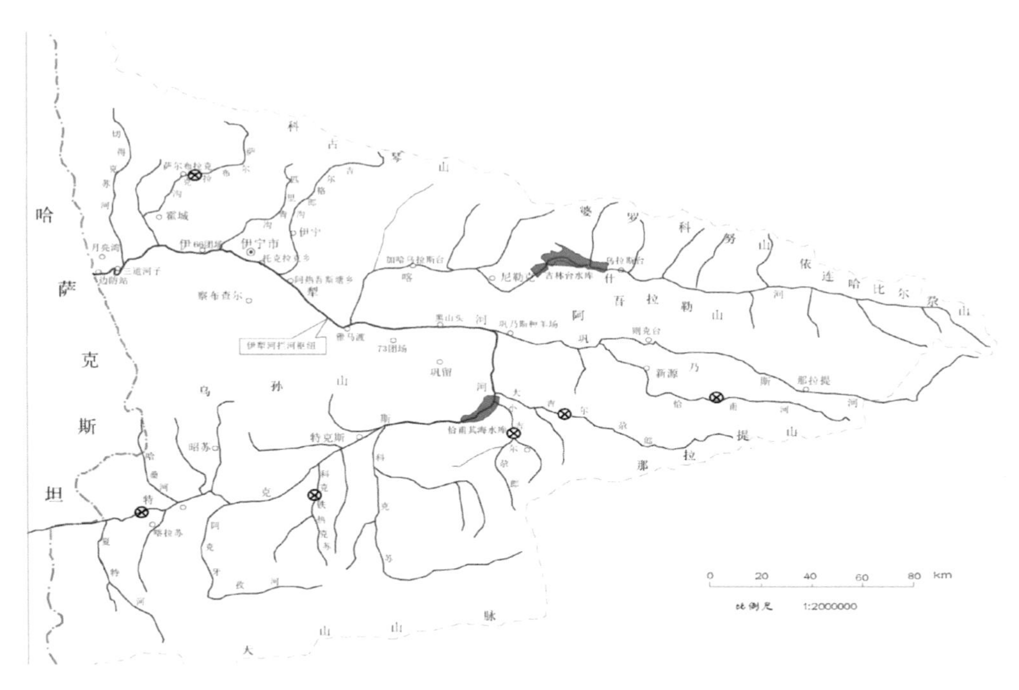

图 13-7　伊犁河鱼类自然保护区规划示意图

④ 根据伊犁河引水工程和水生生态系统特点,我们采用 Tennant 法和生态水深流速法(李梅,等,2007)方法计算生态流量。伊犁河拦河引水枢纽规划方案较理想状态的基本下泻流量不低于 158 立方米/秒(4 月)～497 立方米/秒(7 月);最基本的生态流量应保证每月不低于 120 立方米/秒的下泄流量,而且在灌溉期(4—8 月)需大幅增加下泄流量,以保证下游生态需水。

⑤ 优先推荐保留自然河道过鱼方案,以最大限度保证过鱼设施发挥作用。

⑥ 实施多种补救措施,如建设珍稀特有鱼类增殖站,制订科学的渔业政策法规,大力发展重要经济原生鱼类养殖业,减少对自然资源的破坏,增加宣传力度,提高公众生态保护意识等。

⑦ 伊犁河流域水电梯级开发导致的叠加效应将远大于单一工程的影响。若规划的梯级开发全部实施,伊犁河中上游河流生态系统将发生根本性改变,对水生生物特别是必须在流水中繁殖的鱼类将产生十分严重的影响。因此,建议高度重视梯级开发的叠加效应,在全流域层次综合协调水利水电开发与生态系统保护的矛盾。

⑧ 水利工程将导致水环境发生改变,为外来种入侵提供便利条件。因此,建

议有关部门慎重对待引种，避免引入种与原生种的生存竞争，切实保护野生鱼类种质资源。

⑨ 建议建立伊犁河水系生态系统监测体系，监测梯级开发对水环境和水生生物的影响，以充分发挥工程的有利作用、减免不利影响。

⑩ 根据调查和相关资料，河道中的鱼类对水流是比较敏感的，常会顺水流从引水建筑物入口进入渠道中。本工程闸址所处河段主要栖息的保护鱼类有新疆裸重唇鱼、斑重唇鱼以及原生鱼类（伊犁裂腹鱼、短尾鱥、穗唇须鳅、斯氏高原鳅、新疆高原鳅、黑背高原鳅、伊犁鲈），上述鱼类均有可能进入引水干渠，最终进入灌溉农田，从而对其种群数量产生影响，因此需采取拦鱼设施进行拦截。

5. 完成工程评估

对于不同类型的水电工程，最终完成评估后的评估树会有不同程度的简化或分支。图 13-8 为完成评估后较为简化的评估树。

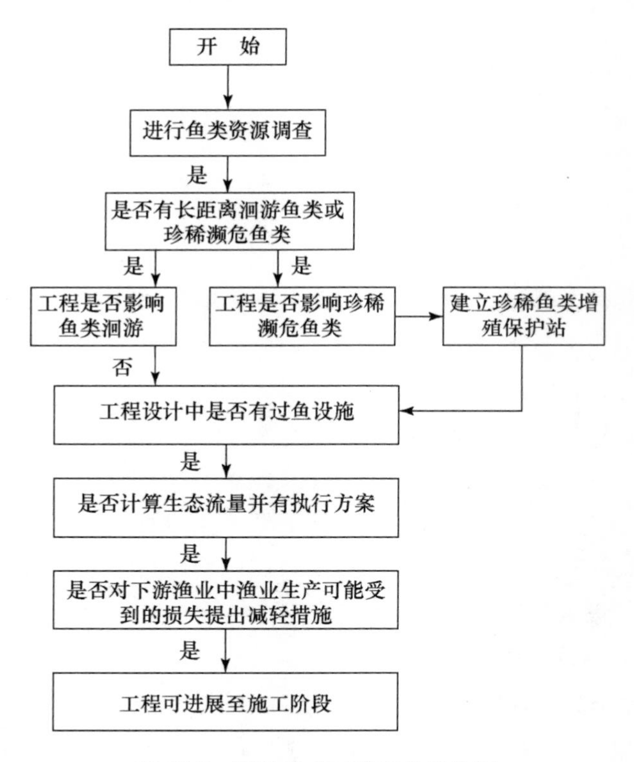

图 13-8　评估完成后简化的评估树

隋晓云　中国科学院水生生物研究所

参考文献

Allan J D, Castillo M M. 2007. Stream Ecology: Structure and Function of Running Waters. 2nd. Dordrecht:Springer Press.

Allan J D. 2004. Landscapes and riverscapes: the influence of land use on stream ecosystems. Annual Review of Ecology, Evolution and Systematics, 35: 257—284.

Barry W M. 1990. Fishways for Queensland coastal streams: an urgent review. // Proceedings of the International Symposium on Fishways'90,Gifu, Japan

Bechara J A, Domitrovic H A, Quintana C F, et al. 1996. The effect of gas supersaturation on fish health below Yacyreta dam (Parana River, Argentina). // SLeclercds M, Capra H, Valentin S, et al. Second International Symposium on Habitat Hydraulics. Québec, Canada: INRS Publisher.

Bernasek G M. 1984. Guidelines for dam design and operation to optimize fish production in impounded river basins. CIFA Technical Paper No. 11, FAO, Rome.

Burky T V. 1989. Extinction in nature reserves: the effect of fragmentation and the importance of migration between reserve fragments Tormod Vaal and Burkey Oiko, 55: 75—81.

Cederholm C J, Kunze M D, Murota T, et al. 1999. Pacific salmon carcasses: essential contributions of nutrients and energy for aquatic and terrestrial ecosystems. Fisheries, 24 (10):6—15.

Dudgeon D, Arthington A H, Gessner M O, et al. 2006. Freshwater biodiversity: importance, threats, status and conservation challenges. Biological Reviews, 81: 163—182.

Ebel W J. 1977. Major passage problems and solutions. //Schwiebert E. Columbia River Salmon and Steelhead. Proceeding of the AFS Symposium held in Vancoucer, Special Publication no. 10. Washington DC:American Fisheries Society.

Fisheries Institute. Blackwell Science. London, United Kingdom. 242—257.

Hess L W, Schlesinger A B, Hergenrader G L, et al . 1982. The Missouri River study—Ecological perspective. // Hess L W, Hergenrader G L, Lewis H S, et al. The Middle Missouri River. Missouri River Study Group. Lincoln, Nebraska (U. S. A.): Nebraska Game and Parks Commission.

Heywood V H. 1995. Global biodiversity assessment. Cambridge: Cambridge University Press.

Holden,Stalnaaker. 1975. Distribution and abundance of mainstream fishes of the middle and upper colorado river basins, 1967—1973. Transactions of the American Fisheries Society, 104:217—231.

Kreft H, Jetz W. 2007. Global patterns and determinants of vascular plant diversity, 269: 347—350.

Holmlund C M, Hammer M. 1999. Ecosystem services generated by fish populations. Ecological Economics, 29: 253—268.

Jackson D C, Ye Q. 2000. Riverine fish stock and regional agronomic responses to hydrological and climatic regimes in the upper Yazoo River basin. //Cowxl. Proceedings of the Symposium on Management and Ecology of River Fisheries. The University of Hull International.

Junk W J, Bayley P B , Sparks R E. 1989. The flood pulse concept in river——floodplain systems. // Dodge D P. Proceedings of the International Large River Symposium. Canadian Special Publication of Fisheries and Aquatic Sciences, 110—127.

Lévêque C, Balian E V. 2005. Conservation of freshwater biodiversity: does the real world meet scientific dreams? Hydrobiologia, 542: 23—26.

Paine R T. 1966. Food web complexity and species diversity. The American Naturalist, 100 (910): 65—75.

Paine R T. 1969. A note on trophic complexity and community stability. The American Naturalist, 103(929): 91—93.

Palmer M A, Lettenmaier D P, Poff N L, et al. 2009. Climate change and river ecosystems: protection and adaptation options. Environmental Management, 44: 1053—1068.

Petts. 1988. Dams and geomorphology: research progress and future directions. Geomorphology, 71: 27—47.

Poff N L, Hart D D. 2002. How dams vary and why it matters for the emerging science of dam removal. BioScience, 52: 659—668.

Postel S L. 2000. Entering an era of water scarcity: the challenges ahead. Ecological Applications, 10: 941—948.

Vannote R L, Minshall G M, Cummins K W, et al. The river continuum concept. Canadian Journal of Fisheries and Aquatic Sciences, 37: 130—137.

Rahbek C, Colwell R K. Biodiverisy: species loss revisited. Nature, 473: 288—289.

Rosenberg D M, Berks F, Boadaly R A, et al. 1997. Large-scale impacts of hydroelectric development. Environmental Reviews, 5: 27—54.

Rosenberg D M, McCully P, Pringle C M. 2000. Global-scale environmental effects of hydrological alterations. BioScience, 50: 746—751.

Sala O E, Chapin F S, Huber-Sanwald E, et al. 2000. Global biodiversity scenarios for the year 2100. Sciences, 287: 1770—1774.

Sanford E. 1999. Regulation of keystone predation by small changes in ocean temperature, Science,283:2095—2097.

Tolmazin D. 1979. Black Sea——Dead Sea. New Sciencist, 84:767—769.

Welcomme R L. 1985. River Fisheries. FAO FishTech Pap, 262:330.

Whitley J R, Campbell R S. 1974. Some aspects of water quality and biology of the Missouri River. Transactions of the Missouri Academy of Science,8:60—72.

Zhong Y, Power G. 1996. Environmental impacts of hydroelectric projects on fish resources in China. Regulated Rivers: Research and Management, 12:81—98.

蔡其华. 2006. 充分考虑河流生态系统保护因素完善水库调度方式. 中国水利, 2: 14—17.

曹文宣. 2008. 如果长江能休息: 长江鱼类保护纵横谈. 中国三峡,148—155.

陈宜瑜. 2005. 推进流域综合管理保护长江生命之河. 中国水利, 10—12.

楚凯锋,薛联芳,戴向荣,谢恩泽. 2008. 水电工程下泄水体气体过饱和影响及对策措施探讨. 中国水力发电工程学会环境保护专业委员会2008年学术论文集.

韩兴国,黄建辉,娄志平. 1996. 关键种概念在生物多样性保护中的意义与存在的问题. 植物学通报,12(生态学专辑):168—184.

秦卫华. 2008. 生态影响预测生态与农村环境学报,24 (4) : 23—26, 36.

谭德彩,倪朝辉,郑永华,等. 2006. 高坝导致的河流气体过饱和及其对鱼类的影响,淡水渔业, 36(3):56—59.

熊怡, 汤奇成. 1998. 中国河流水文. 北京:科学出版社.

许存泽. 2006. 浅析水利工程对鱼类自然资源的影响及对策. 云南农业, 12: 31—32

薛联芳. 2007. 基于下泄水温控制考虑的水库分层取水建筑物设计. 水利工程建设管理,6 : 45—46.

张陆良,孙大东. 2009. 高坝大水库下泄水水温影响及减缓措施初探. 水电站设计,25(1): 76—81.

建设中的澜沧江中游大华桥电站（杨勇　摄）

第十四章　基于水生态功能分区的水环境管理体系建设

一、前　言

环境问题是人类活动作用于周围环境所引起的环境质量变化，以及这种变化对人类的生产、生活和健康造成的影响。由于其发生、演变和管理的特殊性，环境问题是一个典型的公共问题，其管理主要通过公共政策来合理调控利益攸关者之间的关系，最大限度地保护环境。由于水在国民经济和人们生活中的特殊地位，水环境管理一直是环境管理的重要组成部分，也是公共政策涉及的主要领域之一。

过去，中国水环境管理的重点是水质的管理，即根据不同用途的水资源，保证其基本的水质标准。而在管理措施上，主要通过污染物排放的控制，企图实现水质管理的目标。但是，中国水环境管理的公共政策实施效果并不尽如人意，水污染仍然是重要的环境问题(孟伟，等，2004)。在诸多水质管理政策失灵的原因中，缺乏政策的科学支撑，是重要的原因之一。所以，建立水环境管理政策的科学支撑，是提高中国水环境管理能力的重要任务。

进入“十一五”计划以来，中国政府越来越重视水环境管理，加强了水环境管理的科学力度。基于水质目标的水环境管理，主要依据是水资源的直接利用价值。随着对水资源功能认识的不断深入，水环境管理逐渐从水质管理向综合管理演变。这种演变的一个重要特征，就是对水资源功能的重新认识，即水资源除了其直接利用价值外，其生态服务功能在维持生态系统健康中有不可替代的作用。为了加强水环境综合管理，国家在“十一五”计划期间，启动了国家水体污染控制与治理科技重大专项(以下简称为“水专项”),开展水环境综合管理的研究(孙小银,等,2010;黄艺,等,2009)。水专项的一个重要研究内容,是如何建立基于水生态功能的水环境目标管理体系。本项研究,在总结国内外水环境政策实施的经验基础上,提出构建水生态功能分区在水环境管理中实施的科学支持体系以及建立该体系的政策支持和行动计划。

二、国内外水环境管理政策的差异性分析

在公共政策领域,我们所说的政策体系,包括了元政策、基本政策和部门或地方政策等,围绕一个核心目标而组成的一系列政策群。在水环境管理的公共政策体系中,则是指由相互联系、相互制约、相互补充的,旨在实现水资源利用、水环境保护以及其他与水有关的管理目标的各种方针、路线、原则、制度和其他对策组成的完整系统。

在中国,水管理领域的政策体系比较重视法律法规的制订,而对其中的技术要素重视不足。诸如《地表水环境质量标准》《工业废水排放标准》等规定了与水管理有关的具体评价指标的文件,虽然也构成了政策体系的一部分,但它们在整个体系中的地位低,与体系的联系也不够密切,这使得中国水管理领域,由于缺乏有效的科学支撑,而出现目标的科学性和法律政策的可操作性不强,管理效率较低而管理成本较高的现象。

一项成功的公共政策,往往需要建立科学的技术体系来支持政策的全过程,政策的科学技术体系在政策体系的诸要素中,应该有较高的地位。只有将技术要素与法律法规等执行框架有机地结合起来,使整个政策技术体系能够高质高效地运转,才能更好地实现水环境管理目标。世界上比较发达的国家,在水环境管理的政策体系中,都有一项或者几项重要的技术体系来支撑整个政策体系的运作。

美国作为世界上一个重要的经济体,对清洁水资源的需求成为支持其国民经济发展的重要条件。美国从 20 世纪 70 年代开始形成完整的国家水资源管理战略,其代表法律文件包括《美国联邦水污染控制法》。针对水环境管理战略,美国提出了日最大排放负荷(TMDL)概念,并在 90 年代形成完整的技术标准体系,作为控制水质的重要手段(Arturo, et al, 2008)。TMDL 作为一个完整的技术体系,为制

订合理的水环境管理目标和实现的技术途径提供了强有力的科学支持。

欧盟在水资源管理中，为全球的区域性水资源管理机制提供了示范。欧盟的水资源管理政策随着其水法体系的发展经历了三个阶段：第一个阶段是水质标准阶段，欧洲水立法的理事会在20世纪70—80年代颁布的一系列水保护指令，规定了水质标准，以控制水中危险物质的指令的形式发布；第二个阶段为排污限制阶段，1988年在法兰克福召开的水研究会审查当时的立法之后，制订了如《城市废水处理指令》《杀虫剂指令》等以控制污染为中心的水指令，这些水立法突破了传统的水立法模式，试图将水政策与其他领域的政策结合起来；第三阶段则是以综合管理为目标的水管理阶段。在这个阶段，欧盟基于过去的技术积累和经验，制订了完整的《欧盟水框架指令》(Water Framework Directives)(Giorgok, et al, 2001)。《欧盟水框架指令》是在原有的地方立法基础上形成的，包括了26个条例和11个附件，这11个附件则是该政策体系的重要技术支撑，包括各类用水导则和关键技术导则。很显然，新时期的欧盟水环境管理的政策体系，也是由强大的技术体系来支持的。

从以上分析，我们可以看出中国和西方较发达国家之间水环境政策体系的差距。中国水环境政策体系强调的是通过立法建立水环境管理的理念，反映的是一般的政策方向。而西方较发达国家的水环境体系更强调水环境管理的技术标准，通过系统的科学研究，建立水环境的科学管理体系，并以立法的形式固定下来。比较分析容易看出，中国和西方较发达国家相比，水环境的政策体系存在较大的差异。中国以问题和概念为主导的政策体系，有较大的灵活性和随意性，由于缺乏具体的技术指标和标准，导致实施过程中可操作性不强，更是难以对其实施效果实行有效的监督。而西方基于具体技术体系的水环境管理政策体系，管理目标明确，技术路线清楚，具有很强的操作性和可监督性。

三、水生态功能分区体系及其在水环境管理中应用的保障机制

1. 水生态功能分区体系及其优势

功能分区一直是中国水环境管理中的一个重要技术路线。水功能区划分的立

法实现和水环境功能区划分的尝试，在一定程度上实现了中国对水管理政策技术体系的探索过程。水功能区划分主要从水资源开发利用的角度，将水资源划分成不同类型，并施以分类管理的标准，是满足社会经济发展需要而设立的一个技术体系。从技术路线上分析，水功能分区类似于西方国家早期的各类用水指标体系的建立，即根据不同的用途，确定其水资源从数量和质量上的保护标准。很显然，水功能分区本身不能作为制订全国性水资源管理目标和战略的依据。而水环境功能区则是以水质管理为基础，采用了水功能区划分类似的技术路线，确定不同水环境管理目标类型区及要求。另外，以上两个"功能区"的政策手段，仍然没有摆脱中国一贯的公共政策思路，政策的核心仍然是概念高于技术标准，所以在具体实施中仍然存在较大的困难，推行缓慢。

水生态功能区划，即以恢复流域可持续性、完整性生态系统健康为目标，针对流域内自然地理环境分异型、生态系统多样性以及经济与社会发展不均衡性的现状，结合水资源保护和可持续开发利用、流域综合管理与流域生态系统管理的思想，整合与分异流域生态系统服务功能对流域水陆耦合体影响的生态敏感性，进而在流域尺度上进行的水生态功能的划分。其目标是根据流域内不同的自然地理条件，结合社会经济发展的需要，以水生态功能指标为基础提出的类型划分。从技术上分析，水生态功能分区和其他单目标的技术标准相比较，有很大的优势。首先，其基于生态健康的划分标准，符合流域综合管理的技术需求。其次，以水生态健康为目标，其分区划分标准中成功实现了"水-陆"关系的耦合，能够将水生态功能管理目标和土地利用紧密结合，为其标准的"落地"奠定了技术基础，为实现流域综合管理提供了技术保障。

2. 水生态功能分区在水环境管理中实施的技术体系建设

虽然，水生态功能分区从概念上奠定了建立中国水环境综合管理的技术基础，在今后很长一段时间内，有望成为中国水环境政策的关键技术体系。但是，要实现该目标，仍然需要从两个方面努力，即技术体系的完善和政策保障机制的建立。

(1) 水生态功能分区技术体系的完善

水生态功能分区仍然处于理论探索阶段，主要解决实现各级分区的指标选择、分区方法等理论问题。要建立一个能指导水环境综合管理的技术体系，还只是走出了第一步。要将理论的分区体系，转变成支持水环境管理的技术体系，至少还要解决以下几个方面的问题。

① 水生态功能分区基础数据库建设。在水生态功能分区理论和方法完善的基础上，应该开展全国性的水生态功能分区的基础数据库建设，包括根据水生态功能分区方法要求，进行流域分级、编号和基础信息数据库的建设。

② 水生态功能分区与水环境管理目标。水生态功能分区是根据流域内的自然地理环境和社会经济条件的异质性，划定不同的区域，其意义在于对流域内的所有区域确定其最佳可达到的生态功能状态，是为确定最高生态功能目标提供依据的。所以，要将水生态功能分区结果赋予管理和政策的含义，就是确定各分区的水环境管理目标。利用水生态功能分区结果确定的水环境管理目标，通常是实现水环境可持续管理的最高目标，其实现需要一个较长的时间。所以，在最终目标的基础上，对不同分区类型要进行综合分析，提出不同类型区实现最高目标的技术路线，为区域性水环境管理战略规划的制订提供技术方案。

③ 水生态功能分区与水环境管理区。水生态功能分区是一个主要以流域自然属性划分的体系。而水环境管理要同时考虑流域特征和行政边界的关系，将水生态功能分区转化为水环境管理中的管理区，通过管理措施，对水环境实行综合管理。所以，水生态功能分区应用于水环境管理的另外一个技术任务就是如何处理流域自然边界和行政边界之间的关系，将水生态功能分区的管理目标转化为可操作的水环境管理区目标。

④ 水环境管理关键技术和决策体系。实现水环境管理目标的过程是一个运用综合技术手段，减少生产生活对水环境污染的过程。所以，水生态功能分区技术体系不仅要为水环境管理提供数据支持、目标确定和管理区界定，还需要为不同类型的管理区实现水环境管理目标提供关键技术及其实施导则，并提供决策模型和综合决策系统，为管理区正确挑选综合技术手段，实现管理目标提供技术支持。这就需要对关键水环境保护技术开展田间试验，形成规范的技术导则和决策技术，应用于水环境管理实践。

⑤ 监测和评估体系建设。基于水生态功能分区的水环境综合管理需要有力的监测评估体系的支撑。水环境管理是一个漫长的过程，其目标的实现也是循序渐进的过程。随着水生态功能分区方法的不断完善和水环境管理技术的不断提

高，水环境管理的政策及其实施会不断地调整和改进。而支持这种调整和改进的有力工具就是完善的监测评估体系。所以，基于水生态功能分区技术体系的水环境管理需要一个高效的监测评估体系来提供支持。而这个体系的建设需要大量的研究，包括指标的选择、抽样和数据采集方法、数据分析和评价模型的建立以及综合评估方法。

(2) 基于水生态功能分区的水环境管理实施保障

要建立以水生态功能分区体系为基础的水环境综合管理技术支撑体系，即要完成以上的技术体系并得到应用，需要相应的政策保障机制和条件。保障机制还应保证水生态功能分区体系的技术完善，并使之成为指导中国今后很长时间内水环境综合管理的技术体系。

① 法律和政策保障。水生态功能分区能否成为指导中国水环境综合管理的技术支撑，很大程度上取决于中国环境管理相关法律和政策能否为水生态功能分区管理提供法律保障。只有从法律和政策层面得到“通行证”，水生态功能分区管理才能得到立法和政策体系的承认。很显然，为一项技术体系立法，是一个漫长的过程，而水生态功能分区作为指导水环境管理的核心技术支撑，其效果不可能在短期内显现出来。所以，通过正常的立法程序，在短期内是难以实现的。但是，指导水生态功能分区的基本理念及其支持的水环境综合管理的概念，已经在全球很多地区得到了成功的案例，并得到中国业界的重视。所以，可以利用国家相关法规修订的机遇，将水生态功能分区管理的思想纳入到修订内容中，并在其中体现流域综合管理思路。另外，可以利用国家标准政策，将水生态功能分区管理的关键技术标准纳入国家标准制订内容，建立水生态功能分区管理的技术标准体系。同时，利用主管部门环境保护部的行政权力，为水生态功能分区管理建立行业标准体系，并利用地方政府的立法权力，为开展区域性试验提供政策保障。

② 机构和能力保障。需要建立的水生态功能分区技术体系是一个庞大的系统，需要专门的机构并需要具有相应的技术能力，才能付诸实施。所以，要通过建立国家水生态功能分区研究实验室等手段，保证水生态功能分区技术体系建设的机构、人才和资金的需要。只有稳定研究机构和队伍，并有足够的资金和其他条件的支持，才能使水生态功能分区技术体系的研究可持续地开展下去，才能不断完善水生态功能分区技术体系，并建立完善的监测评估体系，形成综合技术支撑体系，

服务于水环境综合管理。

③ 专项政策试验条件保障。水生态功能分区体系的科学性和可操作性，需要通过综合试验才能得到证明。所以，在完善水生态功能分区技术体系的过程中，需要特定的区域性试验条件。开展此项试验的关键条件是不受已有水环境管理政策的约束，能够根据技术的要求，设计特殊的政策和实施框架。要满足这样的条件，需要建立多个“水环境综合管理特区”，借鉴中国改革开放初期经济特区运作的经验，为所设特区提供特定政策环境，允许特区试验各种新的技术和政策体系，实现水环境管理目标。

四、结语

基于水生态功能分区的水环境管理的实质就是以水生态功能分区作为制订水环境管理目标的基础。与传统水环境管理相比，这种新的水环境管理在运作机制和方法上有很大的转变。首先，水环境管理目标的制订不再是基于行政区划，而是以流域为基础，综合流域的自然属性，结合行政边界，正确制订水环境管理目标的分解方法。其次，基于流域综合管理理念的水环境管理，可以更好将管理政策、措施与水环境过程有机结合起来，提高管理的效率。实现这些转变，涉及复杂的关系和过程，需要有效的技术支持。建立基于水生态功能分区的技术体系，服务于水环境综合管理，具有非常重要的意义。通过完善水生态功能分区技术体系的建设，并为其在水环境管理中的广泛应用提供法律、政策和其他条件的保障，将会建立一个更加有效的水环境管理体系，为保证中国水环境的健康提供有效的途径。

蔡满堂　教授，北京大学首都发展研究院副院长，联合国教科文组织亚太世界遗产培训研究院北京中心副主任

参考文献

Arturo A, et al. 2008. Assessing the US Clean Water Act 303(d) listing process for determining impairment of a waterbody. Journal of Environmental Management, 86(4): 699—711.

Giorgos Kallis, et al. 2001. The EU water framework directive: measures and implications. Water Policy,3(2): 125—142.

黄艺，蔡佳亮，吕明姬,等. 2009. 流域水生态功能区划及其关键问题. 生态环境学报，18(5): 1995—2000.

孟伟,等. 2004. 中国流域水污染现状与控制策略的探讨. 中国水利水电科学研究院学报,2(4): 242—246.

孙小银,周启星. 2010. 中国水生态功能分区初探. 环境科学学报,30(2): 415—423.

第十五章　凉山山系小水电开发的现状与对策

一、凉山山系水电资源及开发状况

凉山山系包括大凉山和小凉山，大小凉山习惯上以美姑县境内的黄茅埂为界，以东为小凉山，以西为大凉山。凉山山系东起犍为县境内的马边河，西至甘洛河、越西河和金阳与布拖交界的西溪河，北抵大渡河，南到普格县金沙江。南北长约210千米，东西宽约135千米，面积约为19 200平方千米，总体呈南北走向，其所属行政区划为四川省的凉山彝族自治州和乐山市。区域内生物多样性丰富，亚热带常绿阔叶林保存完好，是古老的第三纪古热带和温带植物群的衍生物和植物物种再度分化的策源地，也是中国珍稀濒危物种——大熊猫(*Ailuropoda melanoleuca*)、四川山鹧鸪(*Arborophila rufipectus*)、大凉疣螈(*Tylototriton taliangensis*)等的主要分布区和重要栖息地。

凉山山系不仅是中国生物多样性的富集区域，也是中国水能资源蕴藏量最丰富的区域之一。

据2002年国家水利部对外公布的数据表明，凉山山系所在的凉山州水能资源蕴藏总量达到71吉瓦，可开发量为53.51吉瓦，水能资源模数为1181千瓦/平方千米，尽管凉山的辖区面积仅占全国国土面积的6‰，但却拥有占全国15%的水能资源量(占四川的57%)和13.1%的可开发量。平均每平方千米可发电337千瓦时，是世界平均水平的48倍，是全国平均水平的17倍，比世界上水能资源最密集的瑞士还高4.4倍。若将这些可开发的水能资源全部开发出来，每年可发电2970亿度，平均每个中国人每年可用230度，按目前二

致谢：感谢世界自然基金会(WWF)和四川省野生动物资源调查保护管理站对研究的资金支持。感谢马边大风顶、美姑大风顶、黑竹沟、麻咪泽、申果庄和马鞍山自然保护区管理处对调查工作的大力支持。

滩、三峡等电站的入网价格计算，每年可为凉山带来740亿元的工业产值。凉山州境内流过的金沙江、雅砻江、大渡河（合称“三江”）是中国水电开发的“富矿”。

国家规划“三江”干流水电开发量为88.10吉瓦，凉山境内或界河约占53吉瓦，居“三江”流域之首。国家在“三江”干流上规划了装机容量1000～10 300兆瓦以上的巨型水电站14座，凉山有9座（表15-1）。国家规划的13个水电基地，凉山有3个。中国在建和拟建的10^7千瓦级水电站有3座，凉山界河就有两座。凉山境内和界河上目前建设的巨型水电站就有溪洛渡、锦屏一级和二级、瀑布沟、深溪沟水电站，正在开展建设工作的就有白鹤滩、乌东德、官地等水电站。

表15-1　凉山州境内或交界处巨型水电站开发情况

水电站名称	总装机量/兆瓦	年均发电量/亿度	水电站位置
金沙江溪洛渡水电站	12 600	571.2	凉山州雷波县与云南永善县的金沙江界河
雅砻江锦屏一级水电站	3600	116.2	凉山州盐源县和木里县境内
大渡河瀑布沟水电站	3300	145.8	凉山州甘洛县与雅安市汉源县交界处
雅砻江锦屏二级水电站	4400	232	凉山州木里、盐源、冕宁三县交界处
金沙江白鹤滩水电站	12 000	546.2	凉山州宁南县与云南省巧家县的金沙江界河
金沙江乌东德水电站	7400	394	凉山州会东县与云南省禄劝县的金沙江界河
雅砻江官地水电站	2200	111.29	凉山州西昌市与盐源县交界的雅砻江
雅砻江杨房沟水电站	1100	70.53	凉山州木里县与甘孜州九龙县界河的雅砻江
雅砻江卡拉水电站	1100	52.44	凉山州木里县境内
合　计	47 700	2239.66	

凉山境内的总装机容量达53.51吉瓦，年均发电总量为2362.11亿度，比3个三峡电站的总和还多，除此之外，凉山还有流域面积100平方千米以上的河流149条，水能技术可开发量超过10吉瓦。目前，全州境内已建中小水电总装机容量达1600兆瓦，在建中小水电站92座，总装机容量2400兆瓦。

二、凉山山系大熊猫分布县水电站建设状况

2008年对凉山山系有大熊猫分布的甘洛、雷波、美姑、越西、峨边和马边6个县水电站建设情况进行了实地调查，据不完全统计6个县在建和已建水电站共有

160 座。峨边县规划建设的水电站有 53 座，其他 5 个县还有正在规划和办理批准手续的水电站若干。6 个县水电站大坝分布情况见图 15-1。

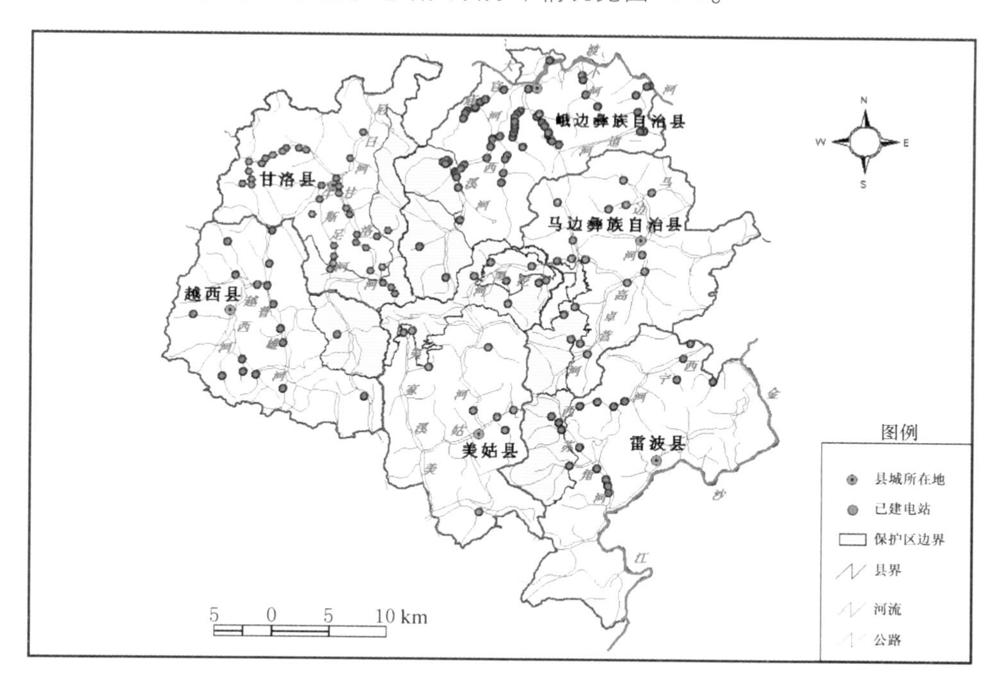

图 15-1　2008 年调查凉山山系大熊猫分布县水电站大坝分布示意图

（说明：现本图的保护区边界已经发生改变）

初步统计，甘洛县已建水电站有 36 座，主要分布于尼日河（14 处），甘洛河（11 处）和牛斯足河（7 处）等几条主干河流上。其中，尼日河上的水电站主要密集分布在主干河道的下游处；牛斯足河上的水电站主要分布于主干河流的上游和下游处，中间河段的水电站较少；甘洛河主干河道上的水电站分布较为均匀。马鞍山自然保护区的河流内基本都有水电站，一水电站已经修到与越西申果庄保护区交界的河边。

雷波县共建有水电站 17 座，主要集中在西宁河（7 处）和西苏角河（9 处），其他河流上少有水电站分布。麻咪泽自然保护区内也有水电站分布。统计时，未将金沙江上的溪洛渡水电站计算在内。

美姑县建有水电站 16 处。主要分布在挖黑河（7 处）、美姑河（4 处）、夷家溪（3 处）等三条主干河流上，分布松散、不均匀。美姑大风顶国家级保护区内也有多个水电站分布。

越西县建有水电站 17 处，主要分布于普雄河(7 处)、越西河(5 处)，其他河流上也有零星分布的水电站。申果庄自然保护区内没有商业性水电站，现有的唯一一处水电站为原凉北森工局修建供自用和周边社区居民使用。

马边县建有水电站 16 处，主要集中在马边河(12 处)和高卓营河(4 处)主干及其支流上。水电站主要分布于区内的中西部。马边国家级自然保护区内有水电站建设，位于马边县与雷波麻咪泽自然保护区交界的金河二级水电站也已开工建设。

峨边县境内已建成水电站 81 座，在建水电站 16 座，即将新建水电站 12 座，主要分布于大渡河和西溪河主干及其支流上。所建水电站较多且较为集中于新林镇、大堡镇和黑竹沟镇。从整体上看，区内现有水电站多且密集。黑竹沟保护区内也修建有大量的水电站。

从调查情况看，凉山山系能开发的河流大多都已基本开发殆尽，区内已没有一条完整的生态河流，能建水电站的地方基本都已经建设，难以建设的地方，也在创造条件建设。各县对水电站建设都具有较高的开发热情，马边县的马边河、甘洛县的尼日河、美姑县的美姑河、雷波县的西苏角河和西宁河的水电开发都已接近极限。

三、小水电开发对大熊猫及环境的影响

水电站建设在带来巨大的经济效益的同时，也给当地环境带来了显著的影响。水利水电工程对环境的影响主要源于水库淹没、水库水文情势的变化、水质、水温、环境地质、景观、土壤侵蚀、土地利用等，受影响最大和最为重要的通常是生物多样性(特别是水生生物)，影响的时间一般是长期的，影响的范围因区域的特点不同各异，有些通过采取一定的措施可以避免或减小，而有些影响是不可避免的。

1. 对水环境的影响

水电站大坝会阻断天然河道，引发整条河流上下游和河口的水文特征和结构发生改变，使上游水流速减缓、水深增大、水体自净能力减弱，水温结构发生变化，对水体密度、溶解氧、微生物和水生生物都会产生影响。从野外调查情况看，绝大多数水电站在枯水期都没有生态水流量，有的水电站在平水期和丰水期都没有生态水下泄流量，水坝以下全部为干沟，坝下残留的积水发黑发臭，河流生态系统的功能基本丧失。

2. 对大熊猫的影响

在凉山,由于经济贫困、发展落后,人类活动对大熊猫栖息地的影响是十分严重的,这是多年来凉山山系大熊猫数量持续下降的主要原因。大规模的水电开发必然对大熊猫保护产生重要影响。根据实地调查结果表明,这种影响包括正面的影响和负面的影响。

(1) 正面影响:

① 由于水电站的建设,保护区周边社区经济有所发展,用电水平提高,社区居民对保护区自然资源的依赖性有一定程度的降低;

② 由于水电站的建设,部分保护区获得比原来多的保护管理资金,可以改善保护管理水平,同时由于水电站道路修建,有利于保护区巡护。

(2) 负面影响:

① 水电站施工炮声、噪声的影响;

② 高海拔水电站造成大熊猫栖息地减少、破碎化加重。调查显示,有相当数量的水电站分布于大熊猫栖息地内。在峨边县关于“水电站周边以前有无大熊猫活动”的调查中,60.7%的居民曾经见到或听说有人见到过大熊猫;而水电站建成后,仅有39.3%的被调查者还发现过大熊猫的活动痕迹,这部分人大多居住于巴溪村、茨竹村等大熊猫主要分布区。具体表现可能为:施工期间,工程施工对植被的破坏将对大熊猫栖息地和潜在栖息地产生较大影响,并影响大熊猫在附近局部地区的活动;而爆破和机械噪声等可能使大熊猫受惊而远离施工区域;水电站运行期间带来的人为干扰可能进一步影响大熊猫在局部区域的活动。

四、小水电开发管理建议

1. 科学规划,走可持续发展道路

水电开发必须根据水资源状况、生态状况和经济发展需要,按照“统筹兼顾、科学论证、合理布局、有序开发、保护生态”的原则科学规划,走可持续发展道路。保护区和环境保护部门应该早期介入流域水电规划,充分考虑水电站对环境的影响。水电实行流域综合开发是市场经济发展的必然要求,也是充分利用水能资源和其他自然资源振兴流域经济的根本途径,流域综合开发应充分实现在资源利用上的最佳配置和上、下游的统一部署,这样才能避免工程的盲目上马和资源的无序开

发，进而形成流域的良性开发机制。流域水资源综合利用要根据河流的自然特性，充分利用水力资源，结合沿岸城乡发展，做到统一规划、有序建设、分步实施、统一调度，把水力开发同解决水资源问题、推动经济社会发展、消除贫困、改善生态环境紧密结合起来，实现水资源开发的综合效益。流域开发应科学规划，划出“禁止开发”“限制开发”和“重点开发”区域。以峨边县为例，位于官料河的三叉河电站（茨竹河）、白沙河的药子垭电站（白沙河）及治岩河的大岩筐电站（治岩河）对天然林影响较大，应禁止开发；位于官料河的向阳沟电站（杉木沟）、山峰电站（无名沟）、罗索湖电站（罗索依打）及马祖先电站（官料河）、母举沟电站（母举沟）、黄铜沟电站（黄铜沟）等涉及黑竹沟自然保护区或“天保工程”天然林，应禁止开发或限制开发。

2. 科学施工，保护环境

地方政府和环境保护部门应在电站设计过程中发挥作用，把河流生态系统作为一个有生命周期的整体看待，保证足够的河流生态流量，以保持水生生态系统的正常运行，保护水生生物的多样性。在大坝施工建设过程中，必须注意施工对环境的影响，采取现代先进的施工技术以减少不利影响。如砂石骨料加工废水、混凝土拌和系统冲洗废水和机修系统含油污水等生产废水及生活污水，应通过细砂回收处理器、自然沉淀法、混凝沉降法、机械加速澄清、修建化粪池以及成套设备处理等多种方法进行处理，并尽量使废水循环利用或就近林灌、农灌，不外排。水电站运行期间，库区及脱减水河段应限制排污企业的兴建，对已有排污点应进行达标处理或转移，同时应重视库区和脱减水河段的水质监测。植被保护措施方面，在规划阶段工作的基础上，慎重、合理地选择各电站的坝、厂址和施工场地，减少对农田和植被的淹没及占用；优化施工设计，引水线路优先考虑隧洞引水，以减少工程占地；规划实施过程中应严格控制施工用地，尽量减少施工对现有植被的直接破坏，以避免带来水土流失等其他更为严重的后果。各梯级施工后期，与水土保持植物措施相结合，对受影响植被进行恢复。对电站厂房等永久占地区周边进行绿化，对渣场等临时占地，在施工结束后全部进行复耕或植林种草。物种选择应从当地自然条件出发，尽量选择当土物种，既要达到快速恢复的目的，又要考虑适宜性以及恢复后植被的多样性，同时需防止生态入侵问题。

3. 严格水电开发环评程序、监督工程项目实施

目前的水电开发项目，虽然有综合的环境影响评价报告，与保护区有关的电站建设项目还有工程对保护区自然资源及生态影响评价报告，但大多流于形式，即使

有好的建议也没有得到采纳，保护经费没有得到落实。因此，保护区管理部门要与地方环保部门密切合作，对区内规划建设的水电项目要求严格按照环境影响评价程序进行，得到相关部门审批后方能开工，对在建项目要实行严格的环保监管，项目建设完成后，应该实行严格的运营后评价，检查环境保护措施的落实情况。

4. 加强减水河段生态用水保障的监管

凉山水电站多为引水式开发，形成不同长度的脱减水河段。脱减水河段的生态用水需求主要为满足鱼类生存用水和景观用水，即维持水生生态系统稳定所需水量。按照国家环境保护总局办公厅《关于印发水电水利建设项目水环境与水生生态保护技术政策研讨会会议纪要的函》(环办函[2006]11 号)的要求，各水电站按闸址处多年平均流量的 10%进行生态流量下泄(当多年平均流量大于 80 立方米/秒时按 5%取用)。在项目环评阶段进一步分析确认下泄流量，并根据主体建筑物设计方案确定下泄措施。

河流生态需水是水库进行生态调度的重要依据，水库下泄水量，包括泄流时间、泄流量、泄流历时等应根据下游河道生态需水要求进行泄放。水库生态调度既要在一定程度上满足人类社会经济发展的需求，同时也要考虑满足河流生命得以维持和延续的需要，其最终目标是维护河流健康，实现人与河流的和谐发展。但根据目前的调查结果，绝大部分水电站没有严格执行下泄流量的有关规定，减水河段出现季节性干枯断流的现象较为普遍，对水生生物影响严重，必须加强监管。水生生物监测应在水库下游河段设置几个不同的监测点，在水库形成运行一段时间内，监测下游河段内水体理化指标、饵料生物、鱼类资源及鱼类生态习性等，了解鱼类生长发育规律，并及时将结果反馈到工程运行调度中。下泄流量监测必须设计和建立合适的下泄流量监测系统，即采用生态环境流量在线监控措施，利用电站远程监控系统，在拦河闸上设置视频监视器，在水电厂远程集控中心对生态环境流量的泄放情况进行视频监控。在监测的同时，应将流量监测数据实时发送至电站远程集控中心，同时注意要长期备份流量监测原始数据。

5. 加大对违规电站建设的惩处力度

由于地方政府从经济角度出发，一直采取鼓励和激励的政策开发小水电。政府将开发权卖给企业，并对开发活动进行大力支持，这造成了未批先建、地方管理部门的监管流于形式等现象。2011 年和 2012 年有许多电站已经违规在保护区内建设，而当地保护区管理部门由于受当地政府的领导，同时缺乏执法权，也难以对违规行为进行处理。上级人民政府和主管部门应加大对这种公然违背国家法律法规的惩处力度。

6. 加强对未开发河段的保护力度

在凉山山系内的河流已基本开发殆尽，部分未开发河段各县也在积极准备开发。从现有的情况看，在保护区外的河流大多已经开发和准备开发，即使在保护区内的河流大多也已经开发和正在开发。由于保护区的河流开发要比保护区外难度大（增加了保护区主管部门的审批程序），在保护区内暂时还会有少量的生态河流保留。从有大熊猫分布县的6个保护区来看，保护区内没有进行商业开发的河流只有越西县的申果庄保护区，该区内还保留有一段较好的生态河流，而且鱼类资源较丰富。

管理部门需要从审批程序上严格禁止在保护区内的小电站建设，同时在申果庄保护区要加强执法与宣传，禁止过度捕鱼行为，使之能成为高山鱼类和水生生物的避难所。

冉江洪　博士，教授，四川大学自然博物馆馆长，国家林业局大熊猫咨询专业组成员，四川省动物学会秘书长，四川大学生命科学学院